高等学校环境设计专业系列教

乡村环境设计理论与方法

张鸽娟　编著

中国建筑工业出版社

图书在版编目（CIP）数据

乡村环境设计理论与方法 / 张鸽娟编著. —北京：中国建筑工业出版社，2021.12
高等学校环境设计专业系列教材
ISBN 978-7-112-26756-9

Ⅰ.①乡…　Ⅱ.①张…　Ⅲ.①乡村规划—环境设计—中国—高等学校—教材　Ⅳ.①TU982.29

中国版本图书馆CIP数据核字（2021）第211079号

责任编辑：张幼平　费海玲
责任校对：刘梦然

高等学校环境设计专业系列教材
乡村环境设计理论与方法
张鸽娟　编著
*
中国建筑工业出版社出版、发行（北京海淀三里河路9号）
各地新华书店、建筑书店经销
北京点击世代文化传媒有限公司制版
北京君升印刷有限公司印刷
*
开本：787毫米×1092毫米　1/16　印张：18½　字数：275千字
2022年5月第一版　2022年5月第一次印刷
定价：**58.00**元
ISBN 978-7-112-26756-9
（38583）

目录

绪　论 / 002

第一节　乡村溯源 / 002

一、人类聚居历史溯源 / 002

二、与城市相关联的乡村 / 003

第二节　解读乡村 / 004

一、不同学科视角下的乡村 / 004

二、相关概念辨析 / 006

第三节　中国乡村的历史、现状与未来 / 008

一、中国乡村的历史 / 008

二、中国乡村的现状 / 008

三、中国乡村的未来 / 010

第一章　乡村环境的组成要素及系统构成 / 012

第一节　乡村环境的组成要素 / 012

一、自然要素 / 012

二、人工要素 / 016

三、文化要素 / 018

第二节　乡村环境的系统构成 / 022

一、乡村生态环境 / 023

二、乡村生产环境 / 024

三、乡村生活环境 / 028

第二章　乡村环境的特征 / 034

第一节　乡村环境的共性特征 / 034

一、与自然环境相依存 / 034

二、与生产形态相关联 / 035

三、与社会生活相契合 / 035
第二节　乡村环境的地域性特征 / 036
一、华东地区：江南水乡村落 / 036
二、华南地区：岭南村落 / 041
三、西南地区：特色民族村落 / 044
四、华中地区：湘西古村落 / 046
五、华北地区：晋中平原村落 / 047
六、西北地区：生态脆弱区多民族村落 / 048
七、东北地区：白山黑水村落 / 055
第三节　乡村环境地域性的保持与传承 / 056
一、认同与适应 / 056
二、共生与对话 / 057
三、求同与存异 / 057
四、寓于共性，追求个性 / 058

第三章　乡村聚落环境解析 / 062
第一节　乡村聚落的整体解析 / 062
一、乡村聚落的选址 / 062
二、乡村聚落的布局 / 063
三、乡村聚落的形态 / 067
第二节　乡村聚落空间解析 / 068
一、从院落到聚落的组合 / 068
二、作为村落形体骨架的街巷 / 069
三、作为村落公共节点的广场 / 071
四、乡村聚落空间特征 / 072
第三节　乡村聚落景观要素解析 / 080
一、入口与路径 / 080
二、屋顶与造型 / 082
三、景观节点 / 083
四、材料与色彩 / 086

第四章 乡村环境中的朴素生态思想及适宜性技术 / 092
第一节 村落选址布局中的传统思想 / 092
一、传统思想与聚落择址 / 092
二、宏观尺度的统筹规划 / 094
三、村落单元的选址分析 / 095
四、村落空间布局与自然生态系统 / 100
五、村落空间组织与格局 / 104
第二节 乡村民居营建中的自然生态观 / 105
一、院落布局与环境小气候 / 105
二、建筑形式与室内环境微气候 / 108
三、地方性建筑材料的运用 / 109
第三节 传统农业景观中的生态技术 / 112
一、陕北地域典型场地建设雨水利用模式 / 112
二、新疆“坎儿井”地下引水工程 / 115
三、浙江青田“鱼稻共生”系统 / 117
四、太湖南岸地区“桑基鱼塘”生态农业 / 118

第五章 乡村环境规划设计基础知识与方法 / 122
第一节 乡村规划基础知识 / 122
一、村庄布点规划 / 122
二、村庄建设规划 / 125
三、乡村住房设计导则 / 133
第二节 乡村环境规划基本理论 / 136
一、乡村环境规划与建设现状 / 136
二、乡村环境规划的意义和特点 / 137
三、乡村环境规划的内容和依据 / 139
四、乡村环境规划的指导思想和原则 / 140
第三节 乡村环境规划设计方法与步骤 / 141
一、乡村环境总体规划设计要点 / 141
二、乡村环境设计方法 / 142

三、乡村环境规划设计的程序与步骤 / 143

第四节　乡村环境建设的方式 / 145

一、保护的方式：展现特色 / 145

二、改造的方式：传承特色 / 149

三、创新的方式：发扬特色 / 150

第六章　乡村聚落生活空间环境设计 / 154

第一节　乡村居住建筑及其环境设计 / 154

一、居住建筑的选址与布局 / 154

二、居住建筑的组成与组合形式 / 158

三、居住建筑的造型 / 159

四、农家庭院设计 / 161

五、乡村庭院绿化 / 162

第二节　乡村公共建筑与公共活动空间设计 / 164

一、乡村公共建筑的布局与设计 / 164

二、乡村公共活动空间及其环境设计 / 166

三、乡村公共设施与景观小品设计 / 172

四、乡村公共空间绿化 / 174

五、乡村滨水景观设计 / 176

第三节　乡村环境整治规划与设计 / 180

一、乡村环境整治规划思路 / 180

二、村庄建筑形态梳理设计 / 181

三、公共空间体系梳理设计 / 183

四、居住环境整治设计 / 184

五、绿化及水体环境整治设计 / 186

第七章　乡村生态景观规划与设计 / 190

第一节　乡村生态景观规划基础理论 / 190

一、乡村生态系统服务功能 / 190

二、乡村生态景观的尺度层次 / 190

三、乡村景观生态安全格局的构建 / 191

四、乡村景观生物多样性的保护 / 193
五、流域生态安全与水环境保护 / 195
第二节　乡村生态景观规划设计方法与工程技术 / 196
一、生态景观规划策略 / 196
二、乡村生态景观设计方法 / 197
三、乡村生态景观工程技术 / 200
第三节　乡村聚落环境中的生态技术应用 / 207
一、乡村聚落环境生态设计导则 / 207
二、污水及雨水处理技术 / 208
三、废弃物循环再生技术 / 211
四、清洁能源开发利用技术 / 212
五、乡土材料和构造技术的更新 / 214

第八章　乡村农田景观规划与设计 / 218
第一节　农田景观的概念和类型 / 218
一、农田景观的概念及系统构成 / 218
二、影响农田景观的因素 / 219
三、农田景观的类型 / 219
第二节　农田景观规划与设计方法 / 223
一、农田景观规划与设计原则 / 223
二、农田景观规划与设计步骤 / 224
三、农田景观设计方法与案例 / 225
第三节　农田景观塑造要求与标准 / 229
一、大田景观的塑造 / 229
二、林果景观的塑造 / 231
三、设施景观的塑造 / 232
四、坡地景观的塑造 / 234
五、园区景观的塑造 / 236

第九章　乡村产业规划与景观设计 / 242
第一节　乡村产业发展分析与规划策略 / 242

一、乡村产业发展环境分析 / 242
二、乡村产业规划策略与原则 / 244
第二节　乡村产业发展模式与空间布局 / 246
一、乡村产业发展模式 / 246
二、乡村产业空间布局 / 251
第三节　乡村旅游开发与景观规划设计 / 253
一、乡村景观的旅游价值 / 253
二、乡村旅游开发策略 / 255
三、乡村聚落旅游开发与景观规划设计案例 / 256
四、现代农业旅游与景观规划设计案例 / 259

第十章　乡村营建中的公众参与 / 264
第一节　当代乡村建设与公众参与 / 264
一、乡村建设主体的转变 / 264
二、乡村规划模式的转变 / 265
三、公众参与的基本方法 / 266
四、公众参与的多方力量及其作用 / 267
第二节　公众参与乡村营建的基本模式 / 269
一、政府主导型 / 269
二、社会推动型 / 270
三、内生发展型 / 271
第三节　公众参与下的乡村营建案例 / 272
一、内生力量发展的典型——袁家村自组织营建 / 272
二、民间非营利环保组织——“北京绿十字”的乡建实践 / 274
三、“无止桥”慈善基金项目——青灵村实践 / 278
四、专家团队推动下的社区参与——元阳阿者科村社区营造 / 281

参考文献 / 285

绪　论

◆ 第一节　乡村溯源

一、人类聚居历史溯源

二、与城市相关联的乡村

◆ 第二节　解读乡村

一、不同学科视角下的乡村

二、相关概念辨析

◆ 第三节　中国乡村的历史、现状与未来

一、中国乡村的历史

二、中国乡村的现状

三、中国乡村的未来

绪 论

第一节 乡村溯源

一、人类聚居历史溯源

从人类聚居的角度来看，乡村与城市都是人类的聚落形式，是人类活动的中心。因此，我们可以通过了解乡村和城市的形成过程去认识乡村。

乡村与城市的产生可以追溯到人类的定居阶段。原始社会时期，由于人类尚无自觉的生产意识，也没有掌握必要的生产手段，只能像其他动物一样过居无定所的生活，靠采集自然界的果实、捕食猎物来勉强充饥，依靠在较大的范围内不断变换位置来获取相对充足的食物资源，同时躲避自然界的种种危险。但渐渐地，对农作物种植技术和家畜驯化技术的掌握使人类获得了较为稳定的食物来源。这意味着人类一方面不必再依靠迁移来获取食物；另一方面，作物的定点种植和剩余食物的储藏都需要生活地点的相对固定和对来自聚落外威胁的防御，这样就出现了原始聚落。

考古发现以狩猎、采集为主要生产方式的原始聚落出现在距今大约 15000 年的中石器时期。此后，在距今 12000 ~ 10000 年前，农业与畜牧业分离，人类完成了第一次社会分工，人类的居所逐渐趋于稳定。人类以群体为单位的活动方式决定了一旦因生存需要在某一个地方永久性停留下来的话，那么最初的定居形式——村庄也就产生了。人类早期的原始聚落主要分布在尼罗河、底格里斯河、幼发拉底河、印度河、黄河、长江流域等农业文明发达的地区。从这些农业文明形成的年代来推测，早期原始村落应在公元前 9000 年 ~ 前 4000 年以不同的形式出现。

随着生产力的进一步发展和农业生产技术与工具的进步，在一些农业生产较好的地方，农产品逐渐有了剩余，部分人从土地上解脱出来，成为专门的手工业者，出现了人类社会第二次社会大分工。从事加工业的人们，在一些交通方便和利于交换的地点聚集，以进行手工业产品与农牧产品交换，这样的集聚地也就是城市的最初形态。人类进入奴隶社会后，出现了专门从事交换的商人，形成了人类社会的第三次社会大分工。而且由于阶级的出现以及部落之间的战争，人类开始出于政治、军事、宗教等目的在聚集区周围筑城，兴建城市。世界上最早的城市出现在尼罗河谷地、美索不达米亚平原、印度河谷地、黄河—长江中下游地区和中美洲等地。

社会分工的出现、农业生产力的提高有力促进了城市的发展，同时城市反过来为农业成果提供了军事上的保障和技术上的支持。乡村—城市相互依赖、相互促进，明晰的“乡村—城市”概念形成。

二、与城市相关联的乡村

乡村与城市是一对矛盾的统一体，二者相比较而存在，也只有在与城市的比较中才能正确地理解乡村。从乡村和城市的关系来看，乡村的实质就是：

1. 人类聚居的场所之一

无论城市进化到什么程度，城市化的水平有多高，乡村始终是人类居住生活的场所之一。与城市相比，乡村的聚落规模要小很多。

2. 城市存在的基础

同样起源于原始聚落的乡村与城市相互依赖，城市往往更多地处于主导地位，但乡村是城市存在的基础，因为当原始聚落演进为城市的时候，城址的选择除了保证城市的安全之外（避免自然界的威胁和异族的掠夺），周围还要有作为其腹地的农业地区，并且具有较为便捷的交通到达这些地区，以便形成区域范围内人力、物资的汇集。

3. 以农业为主的生产方式

乡村以农业（可广义地理解为农林牧副渔，即第一产业）生产为主要经济基础，生活可以自给自足。

因此“乡村”可以解释为“非城市化地区”。一般来说，乡村的人口密度低，聚居规模较小，以农业生产为主要经济基础，社会结构相对较简单，居民生活方式及景观与城市有明显差别。

第二节　解读乡村

一、不同学科视角下的乡村

1. 自然地理视角的乡村

自然地理视角的乡村，其土地使用构成以耕地和林地为主，包括星罗棋布的小型定居点、辽阔的地貌以及与广阔的空间地形紧密相连的生活模式。森林、农田、湿地、牧场及其他开放地带构成了围绕乡村居民点的环境。

自然地理环境为乡村人口和产业发展提供生产生活条件和经济发展所需的物质和能量资源，乡村社会的衣食住行、经济生产和消费生活都受到自然资源和环境条件的制约；另一方面，人类通过生产劳动对自然地理环境产生影响，从早期的被动适应到后来的主动改造，人类活动与自然地理环境之间的冲突日趋尖锐。乡村发展对自然地理环境的影响表现在乡村社会经济发展对环境的作用程度是否超过了自然地理环境的承载能力，因此维护乡村地域物质能量平衡，确保乡村可持续发展的意义和作用巨大。

2. 社会文化视角的乡村

社会文化视角的乡村被认为是一种社会文化构成。乡村社会行为相对单一，风俗、道德的习惯势力较大，社会生活以大家庭为中心，家庭观念、血缘观念比城市重。乡村聚落是农村社会存在的基础，具有宜居、食物自给、生计满足等功能，作为基层的社会共同体，是乡土文化形成的场域。组织系统是乡村管理的核心部分，乡村组织是指非血缘性的正式组织与团体，是乡村地域系统的重要组成部分。

在中国传统农村社会，“家”的含义宽泛，既代表一个个共同生活实体，又是具有某种亲属关系的社会群体，家族组织或宗族组织是乡村的管理组织方式。家族组织下的家族村落，一般是以一姓家族分户聚居，各个家庭一脉相承，有着共同的血缘关系。现代时期，乡村地域系统中的组织分为政治组织（党政机构）、经济组织（乡镇企业、农工商联合体）、事业组织（文化、体育、教育、卫生和服务体系）和群众组织（共青团、妇联和民兵组织）。组织和管理的目标是追求乡村地域系统的经济社会繁荣和乡村居民生活水平的提高。

3. 产业经济视角下的乡村

乡村生产系统中第一、第二、第三各产业部门的构成与比重，是乡村经济结构的基本特征。

乡村第一产业包括种植业、林业、牧业、渔业和副业。农业是整个国民经济以及乡村经济的基础产业。第二产业是从农业中分离出来的物质生产部门，随着乡村工矿业的不断发展，逐渐在乡村经济中取得独立而占主导的地位，包括乡村工业、采掘业和建筑业等。乡村第三产业是乡村的流通部门和服务部门，隶属于非物质生产部门，包括乡村商业、运输业、服务业和旅游业等。

改革开放之前，我国乡村经济结构属于单一的农业生产模式。目前我国乡村经济结构发生了深刻变化，农村第二、三产业加快发展，农业现代化进程加快，乡村经济结构朝着工业化和现代化的方向发展。在乡村经济的各个行业中，农业产品性质和生产特点以及各种生产项目也在发生变化，经济作物的地位在提高，农业种植结构得到优化。农畜产业、林业等传统产业与现代农产品加工业、旅游业等产业之间的融合作用正在加强。

乡村三次产业融合是以农业优势特色产业为基础，发展农产品初加工、精深加工、商贸物流、休闲旅游等后续产业的乡村经济发展模式，以产业链延伸、产业范围拓展和产业功能转型为表征，以产业类型和发展方式转变为结果，通过新技术、新业态、新商业模式，带动资源、要素、技术、市场需求在乡村地区的整合集成和优化重组。构建农业与二、三产业交叉融合的现代产业体系，是提升乡村产业发展速度、质量、效益，拓宽农民增收的渠道；提高农民在一、二、三产融合发展中的收益，是促使传统农业走向现代农业的重要途径。

4. 景观生态学视角下的乡村

景观生态学从城市与乡村之间的人口分布、景观、土地利用特征、相对隔离程度等生态环境与景观差异着手，将乡村界定为土地利用方式粗放，郊外空间开阔，聚居规模较小的地区。这一定义将乡村认为是一个特定的空间地域单元，既包括乡村居民点，又包括居民点所管辖的周围地区。

从景观生态学角度分析，乡村生态景观是指以大面积森林、农田、草原、湿地等基质的，由农田、果园、设施农业、林地、聚落等斑块，沟、路、林、渠等廊道，以及水塘、小片林地甚至一棵树等点状景观要素构成的景观综合体。

当前我国乡村生态环境面临一系列问题，人居环境恶化，景观风貌受损，生态服务功能下降。农业集约化发展导致的面源污染惊人，如化肥、农药等过量使用，家禽粪便、农作物秸秆等废弃物的不合理处置，以及生活垃圾、污水处理不当等，使得水土污染问题严重。在农业基础设施建设过程中没有理解当地地形，植物及水系生物构成等生态系统结构功能，生硬追求“田成方、路成网、渠相通、树成行”的标准化建设而导致田园均质化。单一化的林地树种也导致生物多样性下降等生态风险。因此从生态学角度对乡村环境进行分析并提出相关策略和技术，具有重要意义。

二、相关概念辨析

1. 乡村与农村

“乡村”的英文是“rural area”。“乡”古文写作“郷”,与“向”“享”“饗”等通用，本意并无划地而居之意，而指众人共享之状，最初含义是族人“共祭共享”。村的原形“邨”，基本含义为野外的聚落，后来的村也基本上承袭了这一意义。“乡”为野域，“村”为聚落，但因古代乡、村均为县以下的地方基础组织，因此常将乡、村二字连用，指代城以外的区域。“乡村”一词最早出现于南朝宋文人谢灵运的《石室山诗》:“乡村绝闻见，樵苏限风霄。”此后“乡村”开始成为具有地域含义的固定词语。现代“乡村”的字义更多地带有行政划分之意，即“乡”和“村”的范围指定，乡是县级以下的基层行政管辖单位，村是农民居住的村庄聚居地。

“农村”的英文“countryside”，指以从事农业生产为主的人们生活和聚居的地方，包括农田、自然环境、生产环境和生活聚居地。但从当今中国农村的生产现状来看，农村的生产内容很早就从农业扩展到林、牧、副、渔业，农民由从事单纯的农业发展到植树林、造果园、养家禽以及畜牧、养鱼等副业，甚至还发展到农副产品的加工业及工业，农村的生产内容发生了很大的变化，而农民依旧居住在农村这块土地上，每人都拥有一定的田地面积。因此，“农村”一词可解释为“从事以农业为主，林、牧、副、渔业为辅的人们生产、生活、居住的整体空间”。

从环境范围来看乡村与农村几乎是同义词，只是划分角度不一。“乡村”是行政划分，“农村”则是行业划分。虽然农村的生产有部分转入农业深加工，农民也进入了工厂工作，但并不妨碍将农村理解为以农业生产加工为主的产业基地。“农村”的字义随着历史的发展在扩展，这种变化已无形中被大众接受和普遍认同。

2. 村落与村庄

“村落”为中文常见词语，属于地理学、人类学和社会学相关的概念词汇。在考古学和其他语言汉译时，“村落”和“聚落”常混合使用来表示同一概念，指由相对稳定的人口长期居住生活在一定的地域范围内而形成的一种聚落生活共同体。村落包括自然村落（自然村）、村庄区域。规模较大、居住密度高、人口众多的聚落形成“村镇”“集镇”。

“村庄”多作为中国北方地区的乡村居住地形用语，这与北方地区地形多平原有关。村庄通常为平原、盆地居住地形，人口居住相对集中，由成片的居民房屋构成建筑群。

3. 村落遗产与历史文化名村

村落遗产属于国家文物局公布的国家文保单位，以某个村内的古建筑群为名义公布，如“安徽黟县宏村古建筑群”等。

历史文化名村由住房和城乡建设部与国家文物局共同组织评选。依据2003年发布的中国历史文化名村评选办法，从历史价值与风貌特色、原状保存程度、现状规模等方面评定，指保存文物特别丰富、具有重大历史价值或纪念意义、能较完整地反映一些历史时期传统风貌和地方民族特色的村。

4. 古村落与传统村落

“古村落”一词强调村落形成的年代悠久，指形成较早，拥有较丰富的传统资源，具有一定历史、文化、科学、艺术、社会、经济价值，应予以保护的村落。最早由中国民间文艺家协会评定，各省民协负责组织评选，以学术会议的方式，组织建筑学和民俗学专家探讨古村落的文化价值和保护方式。

2012年4月，住房和城乡建设部、文化部、财政部、国家文物局共同发起传统村落保护工作，对传统建筑风貌完整、选址和格局保持传统特色、非物质文化遗产活态传承的村落进行调查；2012年9月，传统村落保护和发展专家委员会第一次会议决定，将习惯称谓“古村落”改为“传统村落”，并将更多承载传统文化的村落纳入保护体系。

5. 乡村环境

相对城市环境来说，乡村环境的人类干扰强度较低，自然属性较强；而相对于纯自然环境来说，乡村环境又具有一定的人工气息。乡村环境区别于城市环境和纯自然环境的关键，在于乡村环境具有以农业为主的生产景观以及乡村特有的田园文化和田园生活。

本书中的乡村环境即乡村景观（rural landscape），就是指乡村地区范围内，人类因生产、生活的需要，在地表之上叠加人类活动形成的人文景观以及自然景观的综合表现，既包括乡村人文景观，也包括乡村自然景观。

第三节　中国乡村的历史、现状与未来

一、中国乡村的历史

在中国，乡村的历史很长，但“村”字作为一个行政区划诞生的时间却相对很迟。农耕文明5000年，“村”的历史只有2000年。据考证，村首见于三国，在东汉魏晋时期，因三国战乱，村民流动，村庄迁徙而渐渐形成。魏晋南北朝时期，称城外之丘邑聚落为“村”。唐以后以“村”为代表的自然聚落是历代基层制度的基础，但绝大多数时期朝廷都是在其上另起炉灶，建立名目各异的制度。如宋代设乡、里、管、保甲，金代的乡、里，元代的乡都、社制，明代的乡、都、图（里）等，清代的里甲、保甲制等。民国时期则实行乡、保、甲三级管理。

传统农业时代，精工细作的传统农业和风水观念指导下的乡村聚居模式塑造着乡村环境。古代的乡村聚落一般聚居密度小，分布不平衡，房屋结构简单，村落中的公共设施简单，少数村落设“家塾”“村塾”等，推行文化教育。

二、中国乡村的现状

进入现代尤其是改革开放以来，在经历了40余年快速工业化、城镇化发展后，乡村发展日益萎缩，乡村地区出现了人口快速、大规模减少现象，乡村聚落进入停滞与转型发展阶段，人地关系和聚落形态呈现新的特征，面临新的变化。现代农业、乡村旅游改变了传统的乡村风貌，乡村环境面临着众多危机和困境的同时，也面临着整合重构的契机。

1. 数量锐减

自 2000 年至 2010 年，我国自然村由 363 万个锐减至 271 万个，10 年间减少了 90 多万个，平均每天消失 80 到 100 个，其中包含大量传统村落。

2. “空心村”现象

“空心村”是我国现代化和城市化进程中的产物。

农村建设上，在农民新建住宅的过程中，由于村庄规划严重滞后等原因，农村居民点用地往往不能合理、有效地利用。新建住宅大部分都集中在村庄外围，而村庄内却存在大量的空闲宅基地和闲置土地，形成内空外延的用地状况，即所谓的“空心村”。

经济上，空心村是指随着我国城市化和工业化进程，大量的农村青壮年涌入城市打工，除去一些节假日返乡，其他的时间均工作、生活在城市，使得农村常住人口有如大树之空心，故名之“空心村”。

3. 建设误区

城镇化建设过程中，一部分乡村建设出现误区，如模仿城市样式规划设计、改造农村，不符合农村环境现状和村民需求；追求“面子工程”“涂脂抹粉”，房子外面刷层白灰等，影响了传统村落的风貌，破坏了传统村落的历史原真性，破坏了其良性发展；乡村开发旅游过程中，单纯追求经济利益，忽略地域特色和乡村风情的延续，破坏生态环境；大规模大幅度开发，基础设施建设未跟进，引发一系列不良后果。

4. 面临转型

乡村人地关系直接导致了乡村聚落的演变，现有的乡村聚落已不适于新时期多元化的发展。人口规模减小与密度降低、生产技术提高与组织方式的转型、生活方式的转变与公共服务的普惠等，要求乡村聚落在空间布局、形态、肌理等多方面转型发展。

5. 发展瓶颈

在工业化和城镇化不断推进的过程中，村落社会面临着来自工业和城镇的空间挤压。村落内部则难以依靠自身资源开发新的市场机会，满足村民新的职业需求。

三、中国乡村的未来

由于乡村在地理分布上的多样性和复杂性，在城镇化过程中虽然会有多种不同方式的变迁，但是由于乡村自然、经济、社会和文化的延续，在变迁过程中会相对稳定和连续。另外，由于村落人口的流动影响有限，村落社会结构具有再生产功能，因此家户和人口会继替更新，使村落最终得以保留和延续。

随着城市的快速发展，乡村被迫发生改变。与此同时，在乡村的另一端，因为乡村的没落，城市发出了“乡愁”的呐喊:“让城市融入大自然，让居民望得见山、看得见水、记得住乡愁。”

农业部（现为农业农村部）于2013年启动了“美丽乡村”创建活动，于2014年2月正式对外发布美丽乡村建设十大模式，为全国的美丽乡村建设提供范本和借鉴。习近平同志提出:“农村绝不能成为荒芜的农村、留守的农村、记忆中的故园。城镇化要发展，农业现代化和新农村建设也要发展，同步发展才能相得益彰，要推进城乡一体化发展。”

2017年10月18日，习近平同志在党的十九大报告中提出了“乡村振兴”的战略。2018年1月2日，国务院公布了2018年中央一号文件《中共中央国务院关于实施乡村振兴战略的意见》;2012年4月至2018年12月，由住房和城乡建设部、文化部、国家文物局、财政部联合开展了中国传统村落的调查，中国被列入保护名单的传统村落总数达6799个。2021年2月21日，中央一号文件《中共中央关于全面推进乡村振兴加快农业农村现代的意见》发布，文件指出要举全党全社会之力加快农业农村现代化，让广大农民过上更加美好的生活。

与此同时，乡村环境、旅游业、电商、金融、扶贫等一系列利好政策的出台和实施为乡村振兴和发展提供了极好的机遇，中国乡村的未来将在信息化和后工业时代中朝着生态和可持续方向继续发展。

1 乡村环境的组成要素及系统构成

◆ 第一节　乡村环境的组成要素
　一、自然要素
　二、人工要素
　三、文化要素
◆ 第二节　乡村环境的系统构成
　一、乡村生态环境
　二、乡村生产环境
　三、乡村生活环境

第一章　乡村环境的组成要素及系统构成

第一节　乡村环境的组成要素

乡村环境是在特定的自然地理条件以及人文历史发展的影响下逐渐形成的。从一般意义上讲，乡村环境的组成要素可以概括为两大类，即物质要素和非物质要素（文化要素），物质要素又分为自然要素和人工要素。正是这些错综复杂、千变万化的环境要素，才构成了丰富多彩、各具特色的乡村环境。

一、自然要素

自然要素包括地形地貌、气候、土壤、水文、动植物等，它们共同形成了不同乡村地域的自然环境，是乡村生活和生产活动的基底，和乡村的经济生产、民风民俗、聚落形态等有着密切的关系。

1. 地形地貌

地形地貌是乡村环境构成的基本要素之一，它们形成了乡村地域景观的宏观面貌。地形地貌按海拔高度可分为山地、高原、丘陵、平原、盆地五大类型。通常所说的山区包括了山地、丘陵和起伏的高原。在我国，山区面积约占陆地面积的2/3。

不同地形地貌形态反映了其下垫物质和土壤的差异及植被的区别，因而是进行景观分析和景观类型划分的重要依据。海拔高度影响着气候、植被、土壤的变化；坡度影响地表水的分配和径流形成，进而影响土壤侵蚀的可能性和强度，也决定了土地利用的类型和方式；坡向影响着局部小气候的差异，不同的坡向造成光、热、水的分布差异，直接决定了植被类型及其生长状况。

地形地貌不仅形成了乡村景观的空间特征，而且对乡村自然景观、农业景观和村镇聚落景观都产生了很大的影响。如山区用地紧张，可耕地面积少，农业生产通常结合地形地貌来进行，依据等高线修山建田，这样产生了与平原完全不同的农业生产景观。传统村落的选址和民居的建设都与自然的地形地貌有机地融合在一起，互相因借、互相衬托，从而创造出地理特征突出、景观风貌多样的自然村落景观。同一地域的单体建筑形式大同小异，但一经与特定的地形地貌相结合，便形成千姿百态的建筑群，从而极大地丰富了村镇聚落整体的景观变化（图 1.1，图 1.2）。

图 1.1　山区村落

图 1.2　平原村落

2. 气候

气候是形成不同地域乡村环境差异的重要因素。各种植被的水平地带和垂直地带分布、土壤的形成主要取决于气候。气候因素包括太阳辐射、温度、降水、风等，其中温度和降水不仅是气候的主要表现方式，而且是更重要的气候地理差异因素。不同的气候区会形成特定的行为反应和形式，人们的衣食住行、身体状况和精神状态等都与当地气候环境密切相关。在景观范畴内的气候环境，包括光照、风、湿度等要素，这些都是乡村景观形成的先决条件。

中国地域辽阔，横跨热带、亚热带、温带和寒温带，拥有多种多样的气候类型以及对农业生产有利的气候资源。可以说，在不同气候条件下形成了明显不同的乡村区域景观类型，主要表现在建筑的形式和农作物的分布上。

（1）气候对建筑布局和形式的影响

中国从南到北纬度相差大，从严寒的东北、西北到酷热的华南，从东南沿海到青藏高原，气候条件变化极为悬殊，使得建筑对日照、通风、采光、防潮、御寒的要求也各不相同，从而创造出了丰富多彩的建筑布局和形式。如北方的四合院、徽州的徽派建筑、云贵的干栏式建筑、黄土高原的窑洞等。

（2）气候对农作物分布的影响

由于气候类型的多种多样，中国的各种植物资源也极其丰富。农业生产根据不同的自然条件，因地制宜地选择不同的粮食作物和经济作物，由此形成了五种耕作地区：一年一熟区、两年三熟区、一年两熟区、双季水稻区和一年三熟区。

3. 土壤

土壤是乡村环境的一个重要组成要素。对于乡村自然环境和农田环境而言，土壤是决定其景观异质性的一个重要因素。中国地域辽阔，气候、岩石、地形、植被条件复杂，加以农业开发历史悠久，因而土壤类型繁多。从东南向西北分布着森林土壤（包括红壤、棕壤等），森林草原土壤（包括黑土、褐土等），草原土壤（包括黑钙土、栗钙土等），荒漠、半荒漠土壤等。

不同类型的土壤适合不同植被的生长，对农业生产尤为重要。因此，乡村的农业生产性景观是由土地的适宜性所决定的，是在土地上生存的技术和艺术的表现载体，村民们通过合理灵活并最小限度地利用和改造原有地形，达到人与自然大地的和谐状态（图 1.3，图 1.4）。

图 1.3　西北黄土地

图 1.4　东北黑土地

4. 水文

水资源是人类赖以生存和发展的必要条件，而农业是目前世界上用水量最大的部门，一般占总用水量的 50% 以上，中国农业用水量则占总用水量的 85%。

水资源不仅是农业经济的命脉，而且也是乡村环境构成中最为生动、最具活力的要素之一，这不仅在于水是自然环境中生物体的源泉，而且在于它能使景观变得更加生动而丰富。不同的水体（如湖塘、河流、水渠等）有着各自的水文条件和水文特征，也决定着各自的生态特征，它们对乡村景观格局的形成起了重要作用。

（1）湖塘

湖泊是较封闭的天然水域景观，按水质可分为淡水湖、咸水湖和盐湖。淡水湖一般是巨大水系的重要组成部分，具有防洪调蓄，发展农业、渔业等重要作用。池塘是人们为适应自然，滞洪、补枯、防火等而形成的人造景观。

（2）河流

河流是带状水域景观，是乡村环境中最具自然性和生态性的水体形式。从水文方面可分为常年性河流与间歇性河流，前者多在湿润区，而后者在干旱、半干旱地区。河流补给分为雨水补给和地下水补给，雨水补给是河流最普遍的补给水源。

（3）水渠

水渠多是为了灌溉或引导水流而人工挖掘的充满乡土生活气息的水体形式。

5. 动植物

（1）植被

植被是全部植物的总称。中国的农田植被占全国总面积的11%。植被与气候、地形和土壤互相起作用，一方面，有什么样的气候、地形和土壤条件，就有什么样的植被；另一方面，植被对气候和土壤甚至地形也都有影响。

乡村环境中最具特色的是多样化的植物景观。植物是自然生态系统中必不可少的因素，运用乡土植物素材特性，采取与乡土场所特性相协调的种植形式，构建乡土植被群落才能形成多样化的乡村植被景观（图1.5）。

图1.5　乡村植被景观

（2）动物

动物可以作为真正的自然要素被感知，是乡村环境的独有特征。蜻蜓、蝴蝶、青蛙

图 1.6　乡村动物养殖

图 1.7　村委会建筑

等是人们心中的初始乡村风景，鸟类或者昆虫等动物的存在是场所环境质量优劣的指标，同时也是给人以和谐安详感觉的景观构成要素。20 世纪 50 年代以后，中国乡村生态环境发生了很大的变化，影响了野生动物的生存环境和生物多样性。

乡村还有多种多样的家畜和家禽，一般经饲养驯化，可以人为控制其繁殖，并带来一定的经济收入。家畜类如猪、牛、羊、马、骆驼、家兔、猫、狗等，家禽类如鸡、鸭、鹅等，是乡村中独有的景观要素（图 1.6）。

二、人工要素

人工要素主要包括各类建筑物、道路、农业生产用地和公共设施等。

1. 建筑物

按照使用功能，乡村地域的建筑可以分为民用建筑、工业建筑、农业建筑和宗教建筑四大类。

（1）民用建筑包括居住建筑和公共建筑。居住用的房屋如住宅、宿舍和招待所称居住建筑，公用的房屋如村委会办公楼、学校、图书馆、影剧院、体育馆、商店、邮电所以及车站等称公共建筑（图 1.7）。

（2）工业建筑包括各类冶金工业、化学工业、机器制造工业及轻工业等生产用厂房，生产动力用的发电站及贮存生产用的原材料和成品的仓库等。

（3）农业建筑是指供农业生产用的房屋，如：禽舍、猪舍、牛舍等畜牧建筑；塑料大棚、玻璃温室等温室建筑；粮食种子仓库、蔬菜水果等仓库建筑，农机具库，危险品库等农业库房；农畜副产品加工建筑；农机修理站等农机具维修建筑；农村能源建筑；水产品养殖建筑；蘑菇房、香菇房等副业建筑；农业实验建筑；乡镇企业建筑等。

（4）宗教建筑是指与宗教有关的建筑，如佛教寺庙、清真寺、教堂等（图 1.8）。

2. 道路

图 1.8 村庙建筑

乡村道路是指主要为乡（镇）村经济、文化、行政服务的公路，以及不属于县道以上公路的乡与乡之间及乡与外部联络的公路。从乡村地域的角度，乡村道路应包括乡村地域范围内高速公路、国道、省道、乡间道路、村间道路以及田埂等不同等级的道路，它们承担各不相同的功能。乡村道路形成了乡村景观的骨架，是乡村廊道常见形式之一（图 1.9）。在乡村地域范围内的高等级公路对乡村环境和景观格局将产生较大的影响。

3. 农业生产用地

图 1.9 乡村道路

中国是一个农业大国，农业文明在中国文明史中占有最重要的位置。原始农业是从采集、狩猎野生动植物的活动中孕育而生的。后来，种植业和畜牧业也相继发展，至今仍以种植业和以其为基础的饲养业作为农业的主体。天然森林的采伐和野生植物的采集、天然水产物的捕捞和野生动物的狩猎，主要是利用自然界原有的生物资源，但由于这些活动后来仍长期伴随种植业和饲养业而存在，并不断地转化为人工的种植（如造林）和饲养（如水产养殖），故也被列入农业的范围。至于农业劳动者附带从事的农产品加工等活动，则历来被当作副业。这样，就形成了以种植业（有时称农业）、畜牧业、林业、渔业和副业组成的广义农业概念。乡村环境中的农业景观所涉及的也是广义农业的概念，它们形成了乡村景观的主体。

农业生产用地指直接和间接用于农业生产的土地。直接农业生产用地有：种植业用地，即耕地，包括水田、水浇地、旱地、精饲料和多汁饲料用地；林业用地，包括果园、苗圃、用材林、水土保持林和防护林等用地；牧业用地，包括天然和人工割草地以及放牧地；水产养殖业用地，包括水库、池塘等。间接农业生产用地有：渠道和道路用地，包括各级固定排灌渠道和道路等用地；农村居民点、晒谷场、仓库、电力排灌站等。

上述土地利用方式不是一成不变的，随着社会经济发展，一种农业生产用地可以转变为另一种农业生产用地，农业生产用地可以转变为非农业生产用地，非农业生产用地也可以部分地转变为农业生产用地，如矿区废地复垦等。

4. 水利设施

水利是农业的命脉，对中国农业文明至关重要。从古至今，无论朝代如何变更，水利事业始终为各代所关注。各种类型的水利设施，在防洪、发电和发展农业灌溉等方面发挥了巨大的作用，同时，也成为乡村景观的一个重要组成部分。例如，被列为世界文化遗产，具有2260年历史的古代水利工程都江堰，至今尚在发挥重要作用，它是目前世界上年代最久、唯一留存、以无坝引水为特征的宏大工程，科学地解决了江水自动分流、自动排沙、控制进水流量等问题，汹涌的岷江水经都江堰化险为夷，变害为利，造福农桑，使川西平原“水旱从人，不知饥馑，时无荒年，谓之天府”。

水利设施包括：存储雨水的设施，如水库、蓄水池等；引水浇地的设施，如拦河大坝之类；河道修建的抽水泵站；农田里打的机井，井里安的水泵，井盖，田里埋的浇水管道等。

三、文化要素

除了物质要素（自然要素和人工要素）外，在乡村环境的要素构成中，非物质要素十分重要。在某种程度上，构成乡村环境的非物质要素主要体现在精神文化生活层面，包括乡村居民生活的行为和活动，以及与之相关的历史文化，表现为与他们精神生活世界息息相关的民俗、宗教、语言等。

非物质要素与物质要素没有绝对的界限，如具体的聚落景观中，也存在抽象的风水观念；而在精神性的宗教文化中，也有具体的寺庙、塔、建筑等景观。

1. 民俗

民俗是人们在一定的社会形态中，根据自己的生产生活内容与生产生活方式，结合当地的自然条件，自然而然地创造出来，并世代相传而形成的一种对人们的语言和行为都具有持久、稳定约束力的规范体系。“相沿成风，相袭成俗”是中国传统文化的一个重要内容。风俗对人类行为是能发生作用的，这些作用对乡村景观的形成和发展产生了巨大的影响。

中国是统一的多民族国家，在长期历史发展进程中，形成了独特的生活方式和风俗习惯。中国乡村民俗与中国的农业文明紧密相连，例如传统的岁时节庆就与农业文明有关，一些反映农业文明特点的节日，比如存在于汉族和白族的立春打春牛（图 1.10）、哈尼族的栽秧号、江南农村的稻花、苗族的吃新节（图 1.11）、杭嘉湖地区的望蚕讯等无一不是农业文明的产物。

图 1.10　白族打春牛

图片来源：http://image.baidu.com/search/detail?ct=503316480.

图 1.11　苗族吃新节

图片来源：http://www.qdn.cn/news/ls/200807/604.shtml.

中国的农业文明与人口的繁衍具有密切的联系，与人类繁衍相关的婚丧嫁娶习俗构成了中国民俗中最有特色的景观之一。祭祀信仰也反映了农业文明的特征，比如景颇族在刀耕火种时有祭风神的习俗，傣族、哈尼族、布朗族等在秋收季节则有祭谷神的习俗，以祈求来年丰收。

虽然这些民俗只是乡村文化的一种表象，而它的深层内涵，则是这些风俗习惯所潜藏的民族心理性格、思维方式和价值观念。

2. 宗教

在中国文化景观形成过程中，宗教力量发挥了特殊的作用。宗教对乡村聚落景观，特别是对某些地区聚落的结构以及一些宗教聚落的形成发展等，产生了一定的影响。例如，云南傣族居民均信奉小乘佛教，群众性的布施活动极为频繁，每逢节日都要举行盛大的赕佛活动，致使佛寺遍及各村寨。这些佛寺作为构成傣族村寨的要素之一，不仅自然地成为人们精神崇拜和公共活动的中心，也极大地丰富了村寨的立体轮廓和景观变化（图 1.12）。而在信仰的地区，清真寺成为聚落的重要组成部分。清真寺、教堂等，不但常占据各种不同宗教聚落的中央位置，而且也常是最显著的建筑物，成为聚落的标志性景观（图 1.13）。

图 1.12　云南傣族村庄佛寺

图片来源：https://image.baidu.com/search/detail?ct=503316480&z=0&ipn=d&word= 傣族村寨 %20 佛寺 .

图 1.13　青海撒拉族村庄清真寺

3. 语言

中国是统一的多民族国家，讲汉语的人口占全国总人口的 94% 以上。现代汉语又有诸多方言，在一些地区，甚至相邻两村之间的方言都不一样。语言上的差异造成了不同地区对同一事物的不同表达方式。一些文字可以和方言很好地对应起来，这样就可以记录并传递下来，而更多的方言是无法用现有的汉字记录的，只能口口相传，因而有很强的地域特色和浓郁的人文气质。一方水土养一方人，更滋养一方浓重的地方语言。

乡村的方言带有泥土庄稼地的气息，说起来生动、形象、逼真，酣畅淋漓，有的朴素凝重，有的铿锵有力，总体上声形兼备，情感丰富，极具感染力和亲和力。一些纠缠在百姓唇齿间的土话，却活在人们的心间，代代相传。

由于人口迁移和城市化的影响，方言在乡村较城市得以更好地保留，是一种非常特殊的文化景观资源。人们来到异地，都喜欢学几句当地的方言，这就是语言景观的魅力所在。

4. 宗法制度

宗法制度是一种以血缘关系为基础，尊崇共同祖先以维系亲情，而在宗族内部区分尊卑长幼，并规定继承秩序以及不同地位的宗族成员各自不同权利和义务的法则。在农村提倡聚族而居的家族制度，是宗法制度的重要体现。乡村聚落的迁移、建立与发展与之密切相关。

族居村落的分布，南方胜于北方，礼制影响也大于北方。这种现象源于北方战乱频仍，人员聚散不定。在古代移民中，战乱和垦荒造成的移民最多。战争年代，少数民族进入北方和中原后，北方汉人逐步南徙至湖南、江西、江苏、浙江、福建、广东等东南地区。在举族迁徙或宗族中相当部分共同迁移的过程中，宗族作为组织者把族人聚集在一起，发挥了重要作用。

在古代，族谱用以建立全族的血缘关系及次序，同时定有族规、族法来规范族人的行为；族田是开展全族公共事务的经济保证，作为集体财产，族田的收入除用于祭祀祖先、赈济贫困和供族中学子读书、赴考之外，还用于村落公共建设，如修水利，修路，修桥，设渡，设茶亭、凉亭等。这些小型公共工程的修建都由族田收入资助或各户集资建设，依靠宗族成员的协作来完成。

5. 礼教传统

在中国长期的封建社会中，以儒学为中心的礼教向来是立国之本。古代礼制主要著作《礼记》中说：“道德仁义，非礼不成。教训正俗，非礼不备。纷争辩讼，非礼不决。君臣、上下、父子、兄弟，非礼不定。”一切社会活动以及相关的用具，皆需按照人们的社会地位，安排出一定的等级差别，并形成制度，相约遵守，即孔子说的“安上治民，莫善于礼”。广大农村的家族和家庭可以说正是贯彻执行礼制的最基层，是古代中国礼制统治的基础。

礼教思想以孝为先，并派生出许多要求，这些要求往往反映在家训族规中，如祭祖宗、重纲常、孝父母、敬公婆、亲师友、训子孙、睦邻里、从夫子、肃闺阁、严治家、节财用等。礼不仅是一种思想，而且还是人们一系列行为的规则。

礼制空间表现的是一种精神，一种对家族和祖宗至高无上的崇拜和绝对的服从，是中国传统聚落空间形成的基础。讲究礼制秩序的传统民居，在居住内环境上追求儒家的教化性空间，而在聚落外环境上则是以老庄思想为主导，强调对自然环境的尊重。

6. 乡村非物质文化遗产

根据联合国教科文组织的《保护非物质文化遗产公约》定义：非物质文化遗产指被各群体、团体、有时为个人视为其文化遗产的各种实践、表演、表现形式、知识体系和技能及其有关的工具、实物、工艺品和文化场所。《中华人民共和国非物质文化遗产法》规定：非物质文化遗产是指各族人民世代相传并视为其文化遗产组成部分的各种传统文化表现形式，以及与传统文化表现形式相关的实物和场所。

非物质文化遗产的类型包括：①传统口头文学以及作为其载体的语言；②传统美术、书法、音乐、舞蹈、戏剧、曲艺和杂技；③传统技艺、医药和历法；④传统礼仪、节庆等民俗；⑤传统体育和游艺；⑥其他非物质文化遗产。属于非物质文化遗产组成部分的实物和场所，凡属文物的，适用《中华人民共和国文物保护法》的有关规定。

中国是一个具有悠久历史的农耕社会，大多数非物质文化遗产是农耕文明的产物（图 1.14），源自乡村社会，与农民生活息息相关，为乡土社会所共享，乡土性是大多数非物质文化遗产项目的根本属性。农民是非物质文化遗产的拥有者，也是传承人。

图 1.14　传统曲艺表演和技艺

第二节　乡村环境的系统构成

在复合系统视角下，乡村环境是人—地互动或交互作用下的产物，它的形成是人、自然、社会等因素复合作用的结果，具有生态、生产、生活三个层面，包括了乡村地域范围内的以自然、生产、聚居生活为特色的风景和景观。乡村生态环境是乡村环境形成的物质基础；乡村生产环境是乡村环境发展的动力；

乡村生活环境是乡村日常生活的发生场域和空间载体。三者共同形成了相互依存、相互影响、相互作用的整体。

一、乡村生态环境

1. 作为自然和人工结合体的乡村生态环境

乡村生态环境是自然和人工的结合体，不仅包括山体、平原、丘陵、河川、沼泽、湿地、森林、野生动植物等自然环境，还包括人类从事农业活动的环境，如人造湖、水库、人造树林等。乡村的生态环境一般都是被人类改造和利用了的自然环境，人类的生产和生活给自然环境带来了一定的改变，但这种改变是经历了数千年的历史沧桑和人与自然不断磨合而形成的，因而是和谐的生态环境。

中国南北的气候、地貌以及地理位置不同，南北方的乡村自然环境也有明显的差异。南方空气湿润、雨水多，冬季温度较北方高，乡村自然环境呈现出山清水秀的特点；北方空气干燥、灰沙严重、冬天干冷，因此北方乡村的自然环境显得粗犷浑厚。

自然环境在人的改造过程中也会发生质的变化，如梯田，是在自然山体上开垦的田地，是自然与人工的结合体，原有的自然植物山体变成了生产农作物的农田，自然环境和人工环境共同构成了乡村的生态环境。

2. 生态学角度的乡村生态环境

根据生态学原理分析，乡村生态环境由基质、廊道和斑块构成。人们在山地森林、丘陵混农区、草原、平原农区、湿地等自然基质下，将乡村的自然环境改造成一系列不同的景观，进行耕作、采伐、养殖、捕猎、加工等生产活动，如山区梯田、平原的防护林网、平原混农林业，湿地区域的桑基鱼塘、沿海的虾塘盐田等，都是乡村生态景观的典型。

（1）乡村景观基质：指乡村中范围广、连接度高并且在景观功能上起着优势作用的景观要素，景观基质对乡村景观的外貌具有决定性的作用，它往往主导着景观的基本性质。我国乡村基质景观可以分为山地森林基质、丘陵混农林基质、农田基质、草原基质和湿地基质等 5 种主要类型。

（2）乡村景观廊道：指景观中与相邻两边环境不同的线性或带状结构。廊道既是乡村中物质、能量、信息、资金、人才流动的通道，也是生物迁移的通道，具有不可替代的作用和功能，一般分为自然廊道景观和人工廊道景观两大类。自然廊道是指由天然的生态廊道形成的景观，如乡村河流、农田间的水渠林带等；人工廊道主要指人工修建的铁路、公路及其他通道，具有物资运输、人员流动、气流交换、生物流动等功能。

（3）乡村景观斑块：泛指与周围环境在外貌或性质上不同，并具有一定内部均质性的空间单元。乡村聚落和公共活动空间是典型的乡村景观斑块，具有地方性、民族性、传统性、可识别性等特点。

二、乡村生产环境

乡村生产环境主要指人们以土地为对象，通过播种、耕种等一系列农业生产活动所形成的景观，以及工业生产加工、商业服务业活动等形式的景观。生产环境与当地的经济发展有着极大的关系，不同的生产关系形成不同的生产景观，其主要决定因素是生产力和生产方式。乡村生产环境具有很强的生产功能，同时也兼具社会功能和生态功能，不仅反映出不同时代生产活动的特色，同时因为所处地域的不同，景观基质的差异而出现了丰富多彩的类型。

1. 乡村生产景观的现代化演变

传统的生产方式是人工生产，生产程序中的播种、种植、管理、收割等劳作全是人工完成。传统的生产工具有铁犁、钉耙、铁锹、镰刀、扁担、箩筐等，农忙时节农田中随处可见农民忙碌劳作的身影。传统的耕作方式适合小地块劳作，构成的农田景观较为零碎，呈现出小型斑块密集布局的形式。由于人多田少，形成了种植农作物品种的多样性，农田呈植物色彩多样的小型斑块组合形态。

现代化的机械生产方式以大型生产机器为主要农具，解放了大批农村生产力，传统的小型斑块田地被合并成适合机械耕种的大型地块，人少田大，呈现出只见机械不见人的辽阔壮观的生产景象。农作物品种也较为整齐单一，一望无际，视野通透。

无论传统的人工耕种的生产景观还是现代机械化操作的生产景观，都是以生产者为主导的生产过程的自然体现，这种自然生产性具有实用功能和经济目的，是维持人类生活所必需的。生产景观的美就在于它将自然环境和人类行为紧密结合，与人类的生活、生命息息相关，是一种经济利益与愉悦感共生的美学。

在乡村的现代化发展过程中，乡村产业结构的多元化使得乡村生产景观的类型日趋多样和复杂，乡村农副产品的加工、生产和制作、商业贸易活动和旅游等服务业的开发与建设，均需特定的空间容纳相关活动，形成了农业生产景观以外的第二、第三产业生产景观。

2. 不同地域的农业景观

由于中国南北各地气候、地貌条件的差异，产生了不同的农业景观体系。正如《淮南子·齐俗训》所言："水处者渔，山处者木，谷处者牧，陆处者农"，一定的地理条件对应一定的农田耕作系统，从而形成不同的农业景观。例如，在华北平原，雨水较少，旱作农业发达，形成了旱地农业景观；在南方，雨水丰富，河网密布，水贮较高，形成了圩田农业景观；而在山地，尤其是南方山地，则产生了梯田农业景观。

（1）北方的旱地农业景观

旱地农业景观主要分布于秦岭－淮河一线以北，中国北方16个省（区、市）的旱地面积占全国旱地总数近74%。作为中国农业文明最早发达的地区，华北平原，包括关中平原的旱地农业景观为中华农业景观的形成发展做出了巨大的贡献。北方旱地中，既有平耕地，又有坡耕地。旱地的耕作，很大程度上依靠水利灌溉设施。除了大范围的农田水利建设以外，清代时北方还发展了井灌，在某些地区甚至成为水利灌溉的主要方式。

（2）南方的水田农业景观

水田主要分布于秦岭－淮河一线以南，即长江中下游、华南、西南部分地区，上述三个地区水田面积占全国水田总面积的90%以上。在南方水田耕作系统中，尤以圩田系统更具文化意义。太湖平原、鄱阳湖平原和洞庭湖平原等地，依据各地的地理条件，分别出现了圩田和类似的垸田、垸田耕作制度。

水车是圩田、垸田兴起的必要条件之一，而唐末五代时水车已在江南开始推广使用；以水为动力的龙骨车产生以后，为湖区大规模兴建水田提供了必需的技术装备，同时南方水稻田精耕细作的犁耙耕作技术系统也于北宋形成。在此背景下，到南宋后期，江汉平原的垸田开始大量出现。

（3）山区的梯田农业景观

中国是个多山的国家，丘陵、山区县占全国总县（市）数的70%以上。

当人口增长对土地的需求达到一定数量时，平原和谷地已不能满足人口对耕地的需要。人口增长的压力一方面使人们在粮食单产上下功夫，一方面向山地进发，开垦梯田。

沿坡度大于 8° 的山坡开垦的耕地称为坡耕地。据统计，坡耕面积占全国耕地面积的 35%以上。在全国 6.97 亿亩坡耕地中，有 18%的土地为人工梯田，梯田的面积达 1.25 亿亩，占全国耕地总面积的 6.3%。梯田在全国的分布以黄土高原、华北、西南和青藏地区最为集中，并构成了当地一大文化景观。

（4）甘肃的砂田农业景观

砂田大约产生于明代中期，迄今已有四五百年的历史。砂田分布在中国甘肃省中部，是陇中地区特有的一种农田。陇中地区属典型的大陆性气候，年降雨量仅 300mm，而蒸发量高达 1500mm 以上，气候极为干旱，不利于作物生长，所以自古以来，当地人民就十分注意蓄水保墒。经过长期的探索与实践，当地人民找到了一种能够抗御干旱的栽培方法，就是这种砂田栽培法。它具有显著的蓄水保墒、保土、保温、压碱及免耕等旱作技术特点，较好地解决了该地区农业生产中最为突出的"抗旱"问题。这种田里铺满粗砂与卵石而见不到田土，禾苗生长在砂石之间的独特农田景观，是当地人民在农业生产中与干旱做斗争的主要耕作形式。

3. 农业生产性景观的分类

（1）粮食作物类

粮食作为农业生产中最主要的作物，如水稻、小麦、玉米、谷子、高粱等，其种植面积广阔，规模宏大，由其构成的景观表现出乡土简约、壮观大气的特点。粮食作物在不同的生长时期呈现不同的景观特色。水稻、小麦、谷子等作物低矮而视野开阔，玉米、高粱等作物相对较高，可以创造不同的景观空间类型。作物在生长初期呈现嫩绿的颜色，而在生长后期会呈现黄绿、橙黄的颜色，大地就像艺术家手里的画板，不断变换着色彩景观，还可以产生风吹麦浪的景观。

（2）瓜菜作物类

瓜菜类作物分为一般类作物和攀爬类作物。一般类作物生长在地表，不同颜色的作物构成不同色彩的植被景观，如青菜、紫甘蓝、黄花等，其独特的造型丰富了生产性景观的多样性。攀爬类作物则生长在支架或墙体上，具有不同于一般作物的景观形态，构成乡土的立体景观。攀缘在墙体上的作物还可以构成以墙体为背景的图案，具有别致的美感。

（3）茶作物类

茶在我国南方的发展有着悠久的历史，优美的茶景观吸引着无数人来到产茶区体验、品茶。茶产区一般分布在自然环境优越的丘陵地区或山区，利用坡地大面积种植，形成外观线条优美、层次简约有序的梯田茶园景观，风景秀美迷人；采茶季节，星星点点的茶农在茶园采茶的景象别有一番田园情趣。采茶、制茶的可参与性也吸引着游人的旅游体验，并起到茶类知识科普的作用。

（4）药草作物类

药草类作物品种丰富，并且大多数有着类型多样的花色和比较奇特的外观造型，有着较为突出的景观效果。药草作物类景观以药草园较为常见，兼顾景观和经济效益。这类景观的营造多选择观赏性强、药用价值高的“多功能”品种，并赋予鲜明的主题性和科普性。种类多样美观的药草利用色彩和造型进行合理配置，可形成多姿多彩的“花园”，如凤仙花、芍药花、石斛、金银花、茉莉花等；有的开花类药草作物大面积种植，通过地毯式栽植营造优美壮观花海景观，如迷迭香、百日草等。

（5）林果景观

经济果树景观在一年当中不同的时期会呈现颜色及内容的变化，是独具魅力的变化景观。一般果树在春天开花，花色鲜艳，形成壮观的花景，与绿油油的作物构成优美的田园景观；秋季结果，果实则会随着成熟程度的不同呈现不同的颜色，形成独特的果实景观，如桃、梨、柑橘、苹果、柿子、山楂等果树；外观优美的果树可以作为乡村聚落的景观树（行道树或庭院树），体现传统的乡土文化。大片的经济林以绿色为主，能构成不同的景观空间，或郁闭或开敞，成为乡村田园的背景景观。不同种类的经济林种植区按高低的顺序分布，更体现出景观的层次性。

（6）养殖景观

养殖包括渔业养殖和畜牧业养殖。不同于生产作物，活跃的动物和养殖场所是乡村生产性景观中独有的景观要素。

①水产养殖：利用鱼塘进行渔业生产或其他生产，形成独特的鱼塘景观或其他生产性景观，例如桑基鱼塘、竹基鱼塘等。鱼塘植桑种竹是人类发挥无穷智慧追求双赢所产生的生产方式，其风景也成为乡村生产性景观的一部分。

②牲畜养殖：引进先进技术，采用现代化养殖方式或发展生态养殖，采用种养结合的方式和作物景观搭配，将乡村养殖业与乡村旅游相结合，相互促进发展。

③牧场：广袤的大草原有着美丽辽阔的大地风光，为大地景色增添了特殊的魅力。牛羊骏马在广阔的草场上奔跑吃草；矗立在草原上的发电机，洁白的机身，线条优雅而转动的叶片，映衬着蓝天白云，这种动静结合的草原风光形成了草原独有的生产性景观。

三、乡村生活环境

1. 乡村聚落生活的变迁

乡村聚落由农居建筑和生活环境构成。传统乡村生活环境与中国传统的小农经济和乡土文化密不可分，是中国古代耕读文化的一个特殊载体。聚落生活环境涵盖了人的社会观、道德观、文化观、家族观等，积淀了厚重的传统历史和精神文化。历史悠久、保存完好的聚落一般具有较高的观赏价值，凝聚了当地的文化与历史，形成了最适宜的生活安居环境。聚落环境与本土的自然环境十分融洽，就地取材，因地制宜，建筑造型、色彩均十分和谐，具有自然、朴实的特点。

现代乡村生活发生了巨大变化，传统的乡村生活景观正逐渐改变或消失。在一些乡村地区，已不再以农耕生活为本，乡镇工业和乡村旅游业的发展提供了更多的生活方式，乡村生活景观呈现出多元化的趋势。这不仅在于社会的发展和科技的进步，而且也在于现代乡村居民价值观念的转变。现代社会的发展和科技的进步是无可厚非的，它可以改善和提高乡村居民的生活质量，但是如果一切都以城市生活方式为追求目标，无疑对乡村景观的发展不利。现代乡村生活景观必然要具备更多可以吸引人的地方，像优美的乡村田园风貌、风土人情、清新的空气、完善的设施以及良好的自然环境等。

2. 乡村生活景观的空间层次

人们对于乡村聚落的总体印象是由一系列单一印象叠加起来的，而单一印象又经人们多次感受而形成。人们对乡村聚落的印象和识别，很多是通过乡村聚落的景观形象而获取的。当人们由外向内对聚落进行考察时，会发现聚落景观并非一目了然，内部空间也不是均质化处理，而是有层次、呈序列地展现出来。以安徽宏村为例，聚落的空间层次主要表现在村周环境、村边公共建筑、村中广场和居住区内节点等四个层次；

（1）水口建筑是村落领域与外界空间的界定标志，加强了周边自然环境的闭合性和防卫性，具有对外封闭、对内开放的双重性，是聚落景观的第一个层次。

（2）转过水口，再经过一段田野等自然环境，就可以看到村落的整体形象，许多村落在其周围或主要道路旁布置有祠堂、鼓楼、庙宇、书院和牌坊等公共建筑。这些村边建筑以其特有的高大华丽表现出文化特征和经济实力，使村边景观具有开放性和标志性，是展示村镇景观的重点和第二个层次。

（3）穿过一段居住区中的街巷，在村中的核心部位，可以发现一个由公共建筑围合的广场，这个处于相对开敞的场所由于村民的各种公共活动，而与封闭的街巷形成空间对比，是展示聚落景观的高潮和第三个层次。

（4）在鳞次栉比的居住区中，还可以发现由井台、支祠、更楼等形成的节点空间，构成村民们日常活动的场所和次要中心，可以看作是聚落景观的第四个层次。

3. 乡村生活景观的构成

（1）边沿景观

边沿景观是指聚落与农田的交接处，特别是靠近村口的边沿，往往是重点处理的区域，能够表现出村落的文化特征和经济实力。

风景区中的村落具有得天独厚的自然条件，其边沿景观特征可概括为“山环水绕”，自然景色为村落内部空间提供了独特背景。如婺源村落周边具有保持较好的生态环境，水体也没受到污染，植被郁郁葱葱，部分古树还被神化，体现出山地居民对自然的尊重。

也有一些聚落外围多布置祠堂、庙宇、书院等建筑，聚落边沿往往表现出丰富的立面景观，如皖南黟县宏村南湖的边沿景观（图 1.15）。

针对聚落边缘环境破坏问题，必须严格保护村落周边山体绿化，特别是成片林区，严禁随意进行开发建设。保护围绕村落的田园风光区域与自然山体水体、江畔滩涂，强化村落的空间边界点，形成良好的水上与陆上远眺风貌，构筑村落开放空间系统。

图 1.15　皖南黟县宏村南湖

图 1.16　皖南关麓村

（2）居住区

乡村聚落中的居住区具有连续的形体特征或是相同的砖砌材料和色彩，正是这种同一性的构成要素形成了具有特色的居住区景观。在聚族而居的地区，组团是构成居住区的基本单位。组团往往由同一始祖发源的子孙住宅组成，或以分家的数兄弟为核心组成组团，如皖南关麓村（图 1.16），由兄弟八家为核心组成组团次中心，各组团间既分离又有门道相通，表现出聚族而居的特性。

（3）广场

乡村聚落中的广场是景观节点的一种，同时具有道路连通和人流集中的特点，它也是乡村聚落的中心和景观标志。在传统乡村聚落中，较常见的广场有宗教性广场、商业性广场和生活性广场。在多数情况下，广场作为乡村聚落中公共建筑的扩展，通过与道路空间的围合而存在，是聚落中居民活动的中心场所，许多乡村聚落都以广场为中心进行布局。

依附于寺庙、宗祠的广场主要是用来满足宗教祭祀及其他庆典活动的需要，带有一点纪念性广场的性质。进行商品交易的集市性质的广场带有更多的公共性，它与街道相结合，即在主要街道相交会的地方，稍稍扩展街道空间从而形成广场。乡村中的广场面积虽然不大，但地位却十分重要，大多为村落的公共活动中心。

（4）标志性景观

在乡村聚落周边，往往散布着一些零散的景观，这些景观的平面规模不大，但往往因其竖向高耸或横向展开，加之与地形的结合，成为整个聚落景观的补充或聚落轮廓线的中心。常见的标志性景观有古树、墩、桥、塔、牌坊、文昌阁、魁星楼和庙宇等，这些标志性景观多位于水口、聚落制高点上，与周围环境一起成为村落内部的对景和欣赏对象。

〔思考题〕

1. 从整体性视角来看，乡村环境中的物质要素和非物质要素共同构成其整体形态。在传统农耕文明的发展过程中，中国乡村中所衍生发展而成的非物质文化与乡村社会、农民生活息息相关，也与乡村环境中物质要素之间存在着相互依存、密不可分的关系。请对这种相互依存的共生关系进行深入分析。

2. 乡村环境的形成是人 - 自然 - 社会等因素复合作用的结果，具有生态、生产、生活三个层面，并且构成了乡村的“三生系统”。试从复合系统角度探讨“三生系统”之间的关系。

2 乡村环境的特征

◆ 第一节　乡村环境的共性特征
一、与自然环境相依存
二、与生产形态相关联
三、与社会生活相契合
◆ 第二节　乡村环境的地域性特征
一、华东地区：江南水乡村落
二、华南地区：岭南村落
三、西南地区：特色民族村落
四、华中地区：湘西古村落
五、华北地区：晋中平原村落
六、西北地区：生态脆弱区多民族村落
七、东北地区：白山黑水村落
◆ 第三节　乡村环境地域性的保持与传承
一、认同与适应
二、共生与对话
三、求同与存异
四、寓于共性，追求个性

第二章　乡村环境的特征

第一节　乡村环境的共性特征

一、与自然环境相依存

中国传统哲学崇尚“天人合一”，强调人是大自然的一个组成要素，从而使“人—乡村—环境”构成一个有机整体。乡村聚落主要是以从事农业为主的居民聚居区域，农业生产是自然再生产与经济再生产的交织过程，因此聚落对自然生态环境存在着强烈的依存关系。阳光、森林、土地、河流等不仅构成了乡村生态环境，也是农业生产的基础，农业作物选择和耕作方式也是千百年来适应自然的结果。乡村环境往往表现出明显的自然山水风光特色，乡村聚落从选址、布局、建设都强调与自然山水融为一体。

中国古代村落在注意选择优美山水环境的同时，也注意良好生态环境的选择。中国古村落绝大多数都具有枕山、面水、坐北朝南、土层深厚、植被茂盛等特点，有着显著的生态学价值。枕山，既可抵挡冬季北来的寒风，又可避免洪涝之灾，还能借助地势作用获得开阔的视野；面水，既有利于生产、生活、灌溉甚至行船，又可迎纳夏日掠过水面的习习凉风，调节村落小气候；坐北朝南，既有利于地处北半球的中国村落民居获得良好的日照，又有利于南坡作物的生长；良好的植被，既有利于涵养水源，保持水土，又有利于调节小气候和丰富乡村环境（图 2.1）。

图 2.1　榆林郭家沟村聚落山水环境

拥有清新的空气是乡村的一大优势。由于村庄一般较分散，人口少，居住密度低，不仅拥有丰富的绿化环境，而且少有大量排放废气废渣废液的工业等部门，因此乡村生态环境质量较好。

人与自然之间相互依存的关系如发生变化会对乡村聚落造成严重影响。如随意乱砍滥伐造成植被的破坏，就会造成水土流失、生存环境恶化、居民不得不外迁，进而导致乡村聚落的消亡。过度的放牧和捕捞也会造成土地荒漠化和海洋系统生态退化，反过来又会影响乡村聚落的发展。

图 2.2 榆林郭家沟村农田与聚落

二、与生产形态相关联

乡村环境既受自然地理条件的制约，又受人类经营活动和经营策略的影响，表现为人类活动对自然环境的干预与改造，因此源自农业劳作的生产形态是乡村环境中空间规模最大、乡村特征最稳定的构成内容。在农区或林区，村落通常是固定的（图 2.2）；在牧区，定居聚落、季节性聚落和游牧的帐幕聚落兼而有之；在渔业区，还有以舟为居室的船户村。

除此之外，乡村聚落的农舍、牲畜棚圈、仓库场院以及特定环境和专业化生产条件下的附属设施的分布与形式均与聚落生产形式相关。

三、与社会生活相契合

中国古代社会是一个典型的以血缘关系为纽带的宗族社会，人与人之间的一切关系都以血缘为基础。在乡村地区，由于人们的劳动对象是土地资源，需要足够的劳动力，需要共同生产和劳动，一般以家庭为单位组织生产活动，每个家庭基本上是一个小族，有的村庄甚至是几代同堂。在家族村落中大多由族长负责村落的组织管理，在杂居村落中也会由占大多数的家族族长管理村落。因此，以血缘为基础聚族而居是村落主要的空间组织形式。

传统村落多以姓氏宗族聚居，以宗族建筑作为村落的核心。在宗法制度盛行的东南地区，聚族而居的现象非常普遍。一个村落往往就是一姓一族，有些大的宗族还聚居于附近几个村子。即使几姓杂居的大村庄，其中也必定有一姓是主要的占统治地位的宗族，形成如李家屯、诸葛村、赵家堡一类的同姓村寨（图 2.3）。

图 2.3　陕西韩城市相里堡村

第二节　乡村环境的地域性特征

乡村聚落是自然、人文因素共同作用的产物。我国地理环境的地域差异大，民族众多，受自然条件、地方文化、风土环境等因素的影响，聚落的自然环境、布局形态、色彩风格、材料工艺、文化习俗等差异较大，乡村聚落因鲜明的区域分异和民族差异耦合而呈现出鲜明的地域特色。

一、华东地区：江南水乡村落

江浙一带以及长江中下游以南地区，古称“江南水乡”。该区域总体上处于长江中下游河湖冲积平原区，土壤肥沃，属于亚热带季风气候区，气候温和，雨量充沛，密布长江、太湖、阳澄湖以及富春江等水系，是我国重要的商品粮、桑蚕、糖料作物、油料作物、棉花、黄麻等亚热带作物和淡水渔业产区，物产丰盛，自古就有“鱼米之乡”的美誉。

长期以来，由于农业水利和交通需求，人们在太湖下游陆续开凿许多运河，形成以太湖为中心的“五里、七里一纵浦，七里、十里一横塘”的完整水网体系。水在江南水乡整体景观风貌中占据核心地位，农田、村镇被河道分割，水体不仅满足了农业灌溉需求，同时也是交通廊道，部分地区还依托水源开发渔业生产功能。

密布的河网将区域划分成水陆交错的网络空间继而形成稻田、圩田、垛田等农业生产和耕作景观；民居依水而建，水和民居围合成不规则的线型空间而形成水巷。民居以一二层木构建筑为多，设天井、院落。瓦顶空斗墙、观音兜山墙或马头墙，形成高低错落、粉墙黛瓦、庭院深邃的建筑群体风貌。风格各异的石桥将民居连为一体，传统建筑鳞次栉比，街巷逶迤，家家临水，户户通舟，形成了“小桥流水人家”的独特水乡聚落景观。村庄外的水体是农业灌溉水源，也是交通要道，货物运输通道，联系城镇与四邻乡村；街巷内的水体，虽空间尺度较小，但也负担“轿马从陆”的交通功能，同时也是人们日常生活中洗衣、洗菜、洗物、聚会、交流的主要场所。

小桥、流水、人家的特色风貌是江南水乡最典型的景观特征，水、桥、田、水巷是其核心景观主要构成要素。这四者的结合强化了江南水乡网状空间肌理，突出了空间的流动性和延续性，共同孕育出独特的江南水乡文化景观。

1. 太湖流域村落

江浙一带属于太湖流域，因其得天独厚的地理条件以及江南文化影响，乡村聚落呈现出自由而含蓄、朴素而雅致的整体风格，温和秀美，较少受到严格的宗法礼制思想的束缚。纵横交织的河网使交通、运输变得极为方便，促进了贸易的发展。由于经济的发达，人们的观念更加务实。“业商贾、务耕织、咏诗书、尚道义”是太湖流域古村镇的社会意识和民俗风情的真实写照。同时，水网也是村落景观不可缺少的重要组成部分。

浙江一带的村落，特别是一些历史悠久的文化村落，如浙江永嘉县的苍坡村、豫章村等，不仅村落选址很有讲究，而且村落布局富有文化创意。不仅自然景观优美，而且人文景点丰富。进村口的地方或有寨墙、寨门，或有歇阴树、歇脚亭等，还有各种标志性地物与建筑，如文笔峰、文笔塔等（图 2.4）。

江苏一带水道纵横，村落与水血脉相连，因水成市，枕河而居，村落总体风貌呈现出朴素轻灵的美感，白墙灰瓦，小桥流水，既有闹市的繁华，又有独居的清幽，体现出与自然环境、文人文化水乳交融的形态。聚落空间多随河流两侧排列，其形态以带状最为常见，河流自由曲折，变化万千，小桥凌驾其上，临水而建的民宅和穿梭水巷的小舟，成为这一带村落典型的景观特点（图 2.5）。

图 2.4　浙江苍坡村

图片来源：https://baike.baidu.com/item/ 苍坡村 / 67558?fr=aladdin.

图 2.5　江苏吴江黎里古镇

图片来源：https://baijiahao.baidu.com/s?id=1639403800887099348&wfr=spider&for=pc.

2. 徽州地区村落

徽州史称“吴头楚尾”，地处楚文化与江南吴越文化的交界处，自古有“八山一水一分田”之称。境内群峰参天，山丘屏列，岭谷交错，有深山、山谷，也有盆地、平原，波流清澈，溪水回环，清荣峻茂，水秀山灵。徽州地区气候温和湿润，属于亚热带湿润性季风气候，具有冬无严寒、夏无酷暑、四季分明的特征。悠久的历史渊源通过经济与文化的发展与交流，孕育了独树一帜的地域文化。如徽州皖南地区是粮仓和油料作物的主要产地，自古十分富庶，封闭的地理环境、不便的陆路交通和安定的社会环境，为皖南典型徽文化的形成提供了物质依托。

明清时期徽州乡村聚落呈现出以下特征：村落规划选址与自然环境相结合；以宗族血缘为纽带，堪舆学说、宗法制度和伦理道德观念等构成村落内在的核心、约束与秩序；富于美学的空间组合形式和园林化气息，使乡村聚落景观呈现出浓郁的地域特色。村落的选址以土地肥沃、交通便利、环境优美、水源充沛等为基础，皖南丰富的物产资源也为村落的选址建设提供了充分的条件。村落建筑考究、风貌统一、布局自然，反映了人类杰出的创造才能，形成了宏村、西递、南屏、呈坎、棠樾、关麓等一批知名的古村落。

皖南古村落中至今仍可见到的宗祠、牌坊、玉带桥、魁星楼、水榭、行道树、书院、民居等，是村落景观的重要组成要素。皖南是徽商最多的地方，他们在外经商致富，回到家乡后不仅修造自己的宅、园，还出资赞助公益事业，其中就包括修造公共园林。因此，徽州下属各县农村凡是比较富裕的一般都有建置在村口的“水口园林”，成为村口重要的标志性景观。“水口园林”以变化丰富的水口地带的自然山水为基础，因地制宜，巧于因借，适当构景，在原有山水的基础上，点缀凉亭水榭，广植乔木，使山水、田野、村舍有机融于一体。如唐模村的檀干园是现存较完整的一例水口园林（图 2.6）。

图 2.6　唐模村檀干园

图片来源：薛林平，潘曦，王鑫著．美丽乡愁——中国传统村落 [M]. 北京：中国建筑工业出版社，2017.

徽州古民居是中国传统民居中的重要代表之一。徽州人杰地灵，文风鼎盛，中原地区世家大族源源不断地举家南迁，在徽州聚族而居，不仅造就了徽州同姓血缘家族的凝聚力，而且由血缘而地缘，形成了浓郁的乡土观念。在这种文人气息浓厚的氛围下，徽州传统的建筑装饰往往追求“雅”的审美意蕴，呈现出“粉墙黛瓦”的特点（图 2.7）。建筑外墙批上石灰，可以历经百年风雨而不坏，老墙经历岁月的洗礼，富有沧桑的历史美感。青黛色的砖瓦、灰色调的青石、精致的马头墙，还原了材料本身的原始本色，简单自然而又纯粹。

图 2.7　徽州古民居

3. 福建客家村落

客家村落分布于赣闽粤三省交界地区，素有“八山一水一分田”之说。以山地丘陵为主，属于亚热带季风气候区，基本特征是崇山峻岭、森林繁密、温热潮湿、瘴气深重。这样的自然环境，给客家人的生活带来极大的困难，使该区域形成了小盆地农耕经济，为客家村落的形成奠定了经济基础。这些移民生活在小盆地山村之中，借封闭性的地理条件获得了相对稳定的生活环境，原有的方言、习俗在与原住居民融合后得以较为完整地保存下来。

“山川绿林、层楼守御”的特色风貌是客家村落最典型的景观特征，山川、盆地绿林、特色建筑是其核心景观的主要构成要素。客家有聚族群居的特点，为防豺狼虎豹与盗贼侵扰，客家人便营造“防御性”的营垒式住宅建筑，方形的客家围屋、方阵式的客家排屋和圆形的客家土楼是客家村落的典型建筑。虽然风格各异，功能却大致相同，共同特点是坐北朝南，注重内采光，以木梁承重，以砖、石、土砌护墙，以堂屋为中心，以雕梁画栋来装饰屋顶和檐口，大多附设祠堂和学堂，楼有楼名，柱有雕联，显示出中原文明崇文尚武、耕读传家的精神。客家土楼集生产、生活、文化、教育和防御于一身，有加工农产品的风车、碾、磨等，有公共水井、厕所、库房、禽畜圈，有学堂、书房、议事厅，功能完备，是农业社会自然经济的缩影（图 2.8）。

客家传统民居建筑中最有特色的是圆形土楼，寄寓“天圆地方”的思想。民居建筑的外墙以白灰勾缝的灰黑色河卵石为墙脚，墙身为古老斑驳的十几米高的黄泥土墙，其上覆盖巨大的一脊两坡的黑色屋顶及高挑的宽大出檐。墙面开凿大小不一的窗口，虚实相衬，明暗相间。建筑外形简洁、朴实无华，整体色调在远山近绿的映衬下，既有对比又富于变化（图 2.9）。

图 2.8　永定县初溪村

图片来源：薛林平，潘曦，王鑫著 . 美丽乡愁——中国传统村落 [M]. 北京：中国建筑工业出版社，2017.

图 2.9　华安县大地村

图片来源：薛林平，潘曦，王鑫著 . 美丽乡愁——中国传统村落 [M]. 北京：中国建筑工业出版社，2017.

二、华南地区：岭南村落

岭南是我国南方五岭以南地区的概称，大体分布在广西东部至广东东部和湖南、江西四省边界处，亦即当今华南区域范围，主要指广东、广西两省（自治区）。该区域位于中国最南部，总体上处于山地向海洋的过渡区，地形复杂，以山地丘陵为主。多数地方年降水量为 1400 ~ 2000mm，是一个高温多雨、四季常绿的热带—亚热南带区域。植物生长茂盛，种类繁多，有热带雨林、季雨林和南亚热带季风常绿阔叶林等地带性植被。华南地区的“岭南文化”是中华民族灿烂文化中最具特色和活力的地域文化之一，具有多元、务实、开放、兼容、创新等特点，自成宗系，独树一帜，对岭南地区乃至全国的经济、社会发展起着积极的推动作用。华南地区密布沿海渚河等水系，是我国重要的水果作物、糖料作物、油料作物、茶叶等亚热带作物和渔业产区。

受岭南地形地貌影响，山水田在岭南村落整体景观风貌中占据重要地位，山间夹着河谷，河谷冲积成平原，人们依山而建，择水而居，就势而耕。村落一般选在藏“风”聚“气”之地，山、池塘成为岭南村落布局的主要考虑要素，形成“后有靠，前有照”的村落景观；祠堂位置、朝向、里巷走向受山水格局的影响，形成“依坡而建”“坐北朝南”“树林环绕”的村落布局；农田“就势而耕”造就了壮丽的水田、梯田、林地等。山、塘、祠巷、田四者的结合孕育出了岭南村落依山傍水、阴阳结合的独特文化景观。

岭南建筑文化从颇具江南特色到兼具中西方建筑风格，经历了历史上数次变化，最终形成了自身的风格。在岭南，锅耳屋是传统民居建筑中最经常看到的，在广东大部分地区，锅耳屋的建筑材料以泥、砖、木为主，在自然环境、乡土资源、宗教思想、自然观念和传统文化等各方面条件影响下，经过历代建筑匠师不断创造，他们以高超的雕刻和绘画艺术增添建筑物的外形美，体现了岭南建筑的传统特征。

1. 广东村落

广东古村落的最大特点是村口有一棵大榕树，树后有个守村口的小土地庙。通常还在榕树旁边建有宗祠、戏台和广场，村内挖有水池。民居周围种有芭蕉和小水竹。榕、竹是村中最常见的两种植物，也是广东大部分村落的景观标志。前者绿荫可供纳凉闲坐，后者可供编造日用器物之用。另外，大榕树以其枝叶、根系的繁盛，被客民视为有“多子多福”的寓意，因此，每个村口都种有这种象征吉祥的树。丛丛翠竹,则表达了当地人对“竹报喜讯”“竹报平安”的期盼。广东部分地区侨乡的村落景观则表现出明显的安全防御意象，各种西式风格的碉楼成为最醒目的景观建筑（图 2.10），这些村落的入口处也常常植有大榕树，村内还种有小竹、芭蕉等，其整体环境表现出亚热带村落的景观特点。

图 2.10　开平碉楼

图片来源：薛林平，潘曦，王鑫著 . 美丽乡愁——中国传统村落 [M]. 北京：中国建筑工业出版社，2017.

2. 广西村落

广西的村落因民族构成不同，景观形态各不相同，但广西的多数村落跟广东一样，以大榕树作为重要景观标志。许多村落的大榕树树龄达二三百年，树冠直径达数十米，成为人们歇凉、赶集和公共活动的重要场所。

在广西少数民族村落中，以侗族村寨中的风雨桥和鼓楼特色最为鲜明。它们不仅是村寨的重要建筑，而且是村寨精神文化的标志和象征。

风雨桥是长廊式木桥，因桥上建有廊、亭，桥栏边有长椅，既可行人，又可坐卧小憩，还可避风遮雨，故此得名。大型风雨桥多以大青石砌桥墩，桥墩上建亭阁。亭阁多为五重檐，四角或六角攒尖式，集使用价值和艺术价值于一身。最具代表的要数广西三江程阳风雨桥，为我国古代四大名桥之一，是国家级重点文物保护单位（图 2.11）。风雨桥也是侗族村寨不可缺少的重要建筑，村民们在这里唱拦路歌，饮敬客酒，笑语欢歌。风雨桥多建于村寨的下游，寓意锁住村寨财源,不让其外流。造桥时桥位的选择多请寨中德高望重的老者“相地”，一经选定，不避水面宽窄、地形难易，众人集工筹料而建。

图 2.11　广西三江程阳风雨桥

鼓楼是侗族独特的楼宇建筑形式，是侗族村寨中最高大的建筑物。侗族人民长期过着群居生活，鼓楼及鼓楼广场是聚会与交往的中心。鼓楼在侗族民间享有崇高的地位，具有政治、经济、军事、文化及交往等多种社会功能，并具有丰富的文化内涵和民族精神的寓意。村民击鼓报信、礼仪庆典、迎宾送客、聚众议事、休息娱乐、谈情说爱，主要活动都在鼓楼进行。鼓楼一般以村寨或家族为单位建造。侗族人民每建一个新的村寨，首先要建造高大雄伟的鼓楼，之后以它为中心，在周围盖吊脚楼。鼓楼下端呈方形，四周置有长凳，中间有一大火塘，楼门前为全寨逢年过节的娱乐场地。进入侗乡，举目远眺侗寨，吊脚楼群之中，鼓楼挺拔耸立，巍峨壮观（图 2.12）。

图 2.12　贵州银潭村下寨鼓楼

图片来源：薛林平，潘曦，王鑫著. 美丽乡愁——中国传统村落 [M]. 北京：中国建筑工业出版社，2017.

三、西南地区：特色民族村落

西南主要指云南省及巴蜀等地，包括云贵高原和四川盆地。该区域总体上处于高原和盆地的过渡区，具有从盆地到高原的多种地貌特征，多高山峡谷，属于亚热带季风气候，具有热、温、寒三个温度景观带，降雨充沛，植被茂密。农田、村镇被高山峡谷分割，山高林密，通道阻隔，环境相对封闭，阻碍人们往来。为适应高山峡谷环境，人们形成独立的生活方式与文化习俗，催生独特的少数民族文化。多族群依托自己独特文化，建造形态各异的宅院和村寨。

“群山环绕，层次分明”的特色风貌是西南民族村寨最典型的景观特征，群山、特色村寨、密林、河谷田是其核心景观的主要构成要素。西南地区号称十万大山，绵延千里，村寨依山而建，密林环绕，若隐若现，街巷组成村寨的骨架和支柱，表现出半自然和半人工的乡村肌理，村寨建筑风格体现本民族的宗教、信仰等文化内容。农田分布在大大小小的峡谷平原，随地形起伏而变化，与村寨形成和谐的立体感，突出空间的层次，形成层次分明的特色民族村寨景观。

1. 滇黔村落

滇黔是少数民族聚居区，在这片美丽丰饶的土地上，聚居着苗族、傣族、纳西族、彝族等少数民族。民族的多样性使得这一地区建筑色彩文化的多样性尤为显著，在建筑色彩领域画下了浓墨重彩的一笔。以彝族为例，彝族喜欢多种颜色，传统民居以红色、黑色、黄色为主，这一点在建筑装饰上也表现明显。黑色代表庄重和尊贵，彝族青年结婚新建的房子都要用烟熏黑以后方可居住；红色为生命之色；黄色为美丽、光明、富贵的象征。这些在彝族民居的色彩中也多有体现。

云南西南部气候湿热，建筑形式与布局均以散热、防潮为主要目的。云南傣族村选址在坪坝地区或山坡地区依山傍水之处，布局多呈自由式。村寨大多由寨心、寨门、寺庙、龙林（埋葬傣族先民的地方），以及住宅组团组成。寨内房屋密布，多为干栏式竹楼：道路狭窄，呈不规则网状分布。傣族是全民信奉小乘佛教的民族，佛教与村民关系密切，佛寺遍布各村寨。佛寺内除偏殿、佛塔外还有僧房、经堂等。群众性的布施活动极为频繁，每逢斋戒日都要举行盛大的赕佛活动。按当地习俗，佛寺的对面和两侧均不能盖房子，村中住宅的楼面高度不得超过佛像台座的高度，加之佛寺的体量十分高大，寺塔高高的尖顶有升腾凌空之感，因此在一片低矮的竹楼民居中，佛寺建筑的形象格外突出，它不仅自然地成为人们精神崇拜和公共活动的中心，也成为村寨建筑群体最重要的组成部分。竹楼民居建筑四面开敞，以利于通风，陡坡屋顶用芭蕉叶覆盖，不仅利于雨水排泄，更是形成一种轻盈、通透与秀丽的景观效果。

云南大理的白族，很早就以树为崇拜物，通常把高山榕树看作生命和吉祥的象征，并将高山榕移植于村落中心，构成一个大的活动广场。以大榕树为中心设置宗祠、戏台、井台和照壁等，平时可以在此纳凉、交往或从事集市贸易，每逢节日则举行宗教庆典活动。

2. 巴蜀村落

“青瓦出檐长，穿斗白粉墙”，这是巴蜀民居的特点写照，也道出了其典型的建筑色彩。粉白的墙、青黑色的瓦、褐色的木结构，木构件在白色墙面上进行分割与穿插，这是大多数传统巴蜀民居的主要构成色彩，或加以黑色的立柱、枣红的门窗，风格清雅。干栏式建筑是巴蜀民居中最具代表性的民居，巴蜀的木、竹资源丰富，巴蜀人民使用最原始的材料造就了一栋栋干栏式建筑，如阿坝州藏族的木楼、蜀南地区的竹楼、土家族的吊脚楼，简单淳朴的色彩，蕴含的是返璞归真的田园气息。

羌族村寨主要分布于四川阿坝藏族自治州，多依地形筑于山腰且靠近溪泉之地，或高山河谷地带，不太注重朝向。寨中巷道纵横，岔道极多，犹如迷宫。羌族民居用石片砌成，庄房呈方形，房顶平台为开敞的檐廊和晒台，作为脱粒、晒粮、做针线活及孩子游戏、老人休歇的场地。在通往各家各户的石板下都暗藏着水流，纵横交错，互相连通，形成了羌寨完整的供水系统。羌寨中最有特色的是碉楼，如桃坪羌寨中有两座古碉楼，均为 9 层，高约 30m，层与层之间用楼梯相连。碉楼的主要用途是御敌、观察、通报敌情，所以坚固雄伟、棱角有致。碉楼为四角堡垒式造型，底部较宽，逐渐向上收缩，内部设有木梯直通顶端云台，窗户内宽外窄。碉楼外墙上布满了枪孔，楼内供进出的门很小，攀上碉楼，整个羌寨一览无遗（图 2.13）。

四川藏族村寨多位于半山腰和峡谷中。因地形限制，其居住建筑分布较为分散。四川省西部甘孜藏族自治州丹巴县的藏寨民居具有强烈的地区性特征，其中以甲居藏寨的住屋模式和聚落形态特征最为典型。丹巴地处高山峡谷地区，林木茂盛，气候湿润，日温差大。山地多且坡度较大，适宜于农耕的平坝用地

图 2.13　桃坪羌寨碉楼

图片来源：薛林平，潘曦，王鑫著 . 美丽乡愁——中国传统村落 [M]. 北京：中国建筑工业出版社，2017.

少。聚集于该地区的嘉绒藏族全民信仰藏传佛教。甲居藏寨的选址建设不占农耕用地，多以三至五栋单体民居集聚在平坝农田间的边角用地之上，在河谷山坡上形成匀质散点与簇群式的聚落形态。建筑形式采用碉楼和寨房，二者有机地结合为一体。碉楼之间依山就势，相互呼应。相对集中的地方，一眼望去，几十座碉楼此起彼伏、连绵不绝，形成蔚为壮观的碉楼群。

四、华中地区：湘西古村落

华中地区主要包括湘西、湘南，具有全国东西、南北四境的战略要冲和水陆交通枢纽的优势，起着承东启西、连南望北的作用。华中地区的地形地貌以岗地、平原、丘陵、盆地、山地为主，气候环境为温带季风气候和亚热带季风气候。华中地区历史文化厚重，资源丰富，水陆交通便利，是全国工农业的心脏和交通中心之一。

湘西地区多山地，自然景观优美，为传统村落的形成创造了良好的环境条件。由于地处偏隅，各地古村落基本保持了原貌。湘西古村落大致分为两类：一类是山地村落，一类是河谷村落。山地村落的特点是地形较陡，古朴的民居建筑沿山坡依次向上排列，构成错落有致的村落景观，道路多是石阶，各种形式的马头墙构成独特的外轮廓线变化。河谷村落多背山面水，村落形态呈沿河分布的带状，村内小河谷常有小石拱桥架于其上，临河还有吊脚楼建筑。由于湘西村落在整体上位处山区，故由村落组成的近景与由四周的群山组成的高耸如屏的远景叠合在一起，组成一幅绝妙的山水画。

土家族主要聚居在湘鄂渝黔交界的武陵山区，是远古巴人的后裔。此地虽临近中原，但由于地处崇山峻岭之中，交通不便，因此虽然土家族与汉族交流频繁，但仍能延续本民族的居住生存理念。武陵山区山峦重叠、河流纵横，土家人村寨在选择住址和村落布局时讲究依山傍水，聚族而居，形成相对独立而又彼此联系、建于山坡或山场之中的山寨。聚落中的平整地块保留作为耕地，种植水稻等水田作物，稍微有一些起伏的土地用来种植玉米、烟叶等旱田作物，并在农田周边布置烤烟房。在周围的坡地上修建如吊脚楼类住宅。

吊脚楼是土家族最具有代表性和最具特色的民居建筑。建筑布局灵活，无明显的中心与边界，完全顺应自然地形，沿着等高线布局，背靠大山，面向山前开阔空间。聚落与自然有机结合，呈现出较为零散的布局形态。大多数的民居都沿等高线顺序排开或前后分布于山坡之上，由于高差的缘故，每户门前都有开阔的空间，可以远眺而互不遮挡。

五、华北地区：晋中平原村落

华北平原地区地势平坦，交通便利，主要由冲积或海积形成，土壤肥沃，属于暖温带半湿润季风气候，密布海河、黄河、滦河和北运河等水系，是我国的主要商品粮区，以大面积粮食作物为主。适宜的地形和气候条件，使华北平原形成了密集的村庄和成熟的农业，大面积耕种和紧凑的聚落民居是华北平原村落整体景观风貌的特色（图 2.14）。由于聚族而居，诸如张家庄、李家庄、侯家堡等村落名至今沿用。“组团聚居，大田耕种”是华北平原村落典型的乡村景观，大田、房舍、道路是其核心景观的主要构成要素。聚落形态比较紧凑，多呈团块状，多数村落北面因无山依峙，故常种有一片防护林，用以抵挡冬季寒冷的偏北风。房屋低矮，道路笔直。

晋中位于山西省中部，东依太行，西临汾河，地处黄土高原东部边缘，地

图 2.14　山西介休市张壁村

图片来源：薛林平，潘曦，王鑫著 . 美丽乡愁——中国传统村落 [M]. 北京：中国建筑工业出版社，2017.

势东高西低，山地、丘陵、平川呈阶梯状分布，大部分地区海拔在1000m以上。晋中地区历史文化底蕴非常深厚，是中华文明的发祥地之一。晋中盆地的古村落，聚族而居的传统自古浓厚，各村落不仅组团紧凑，而且许多还用大堤围起来，进村口常设大树作标志，村内分布着各式庙宇（土地庙、龙王庙、关帝庙、观音庙等）。

晋人传统上讲求“学而优则商”，商人中不乏有学问之士。事业有成的富裕商人们发家后返回故里，为了光宗耀祖，发展事业，不惜重金建宅第、修祠庙、办教育，乔家大院、渠家大院、曹家大院、王家大院等大宅院都为晋商所建，以至于在山西村村有社学，私塾更是普遍，一些村落还有倡扬文风的文昌庙。在山西村落中随处可见的富有教化意味的牌匾、楹联，即是晋商文化精华的反映。

晋商以神化了的关公的“诚信仁义”来团结同仁，监督聚落民众的精神世界和商业交往活动，同时从关公身上吸取正气力量，以维护自身的心理健康，有效地规范商业行为。这种观念反映在村落布局上，大多村落以关帝庙为核心，与场院、戏台组合成为村落公共活动中心。民众在集体性的定期祭祀及娱神活动中接受关公优秀品格的潜移默化的教育，久而久之这里成为村落精神中心，关帝庙的建筑形制也远高于其他庙宇。

除关帝庙之外，常常可以看到文昌庙、三官庙、菩萨庙、娘娘庙、河神庙、财神庙、玉皇庙、结义庙等。这些庙大多数是佛、道、儒及巫术神话等混合的场所。村民们的主要社会活动，如祭祖拜神、村中重大事情的协商及庆典以及文化娱乐等均在这里进行。在一些重要的寺庙，节日会举行庙会，在祭祖拜神的同时又会伴随着文化娱乐活动和物资交易。在信息传播条件落后的乡村，集市和庙会是乡村社会关系、文化娱乐、精神信仰的载体。

六、西北地区：生态脆弱区多民族村落

西北地区主要包括陕西、甘肃、宁夏、青海、新疆等地。该区域深居内陆，四周多高山，是我国最干旱的区域。总体上处于山脉和盆地相间排列地带，地形复杂，从东到西是戈壁沙滩、荒漠草原、戈壁荒漠、峡谷山丘等景观。西北地区是中国北方游牧文化和农耕文化的交汇处，历史上两种文明的碰撞融合使得当地聚落环境独具特色。西北地区又是多民族聚居地区，除汉族外，还居住着回族、藏族、撒拉族、东乡族等少数民族，其粗犷、豪爽、勤劳、内聚的特

点在村落营建中也体现出来。

西北地区的自然地理环境塑造了西北少数民族择水而居、择草而牧的村落景观。该地区生态环境相对脆弱，各民族在抵御脆弱生态环境影响与利用地方材料上有相似性，但是又体现出各自的民族特色。黄土高原的窑洞民居、回族庄廓院民居、关中窄院民居等不同类型的民居造就了西北民居的多元化特色。

1. 陕西村落

陕西地处我国东西衔接、南北过渡地带。主要地貌类型有大巴山中山区、安康－汉中低山丘陵盆地区、秦岭山地区、关中平原、黄土高原及风沙高原区，拥有关中、陕北、陕南三大自然经济区。关中地区曾长期是封建王朝都城所在地；陕北地区是中国窑洞聚落的主要分布区；陕南地区素有“西北小江南”之称，山水景观资源丰富，自然环境优美。三大自然经济区地跨南北，自然环境迥异，人文环境有别，孕育出截然不同的乡村聚落。

关中地区由于长期作为文化中心，传统村落带有明显的正统文化色彩。村落结构多为“街巷纵横，四通八达”的形式。传统村落中的街道性质有交通联系街道和商业性街道。一般村落的中心往往也是商业活动的中心，小村落多围合小广场形成一到两个点状中心，较大的村落多有一两条成线状或点线结合状的商业街。丰富多彩的建筑装饰和入口处理，以及多种多样的街道小品，如牌楼、影壁、碑刻、牌匾、门墩石、上马石墩、拴马桩等，对丰富街景的变化、增加街巷的可识别性等都起了很大作用（图 2.15）。民居的形式与布局属于北方类型，以合院式为主，四合院、三合院居多。另一类是窑洞住宅，多分布于山区和岗丘地带。还有的村落保留有窑、房混合的三合院或四合院住宅。建筑追求经济实用，但是从尺度、规模上讲，仍具有古长安的大气。由于夏季酷热，因此较多的宅院在平面布局上采用南北窄长的内庭，使内庭处在阴影区内，以求夏季比较阴凉（图 2.16）。房屋的围护结构采用黄土夯实后的土坯；屋顶采用黄土烧制的小青瓦；围墙采用夯土墙。房屋和围墙部分地方采用黏土砖砌筑砖柱和砖基础，以起到加固和防水的作用。

陕北黄土高原丘陵沟壑区属于中温带干旱与半干旱气候，年平均降水量 350 ~ 550mm。这一地区占黄土高原面积的一半，千沟万壑、梁峁起伏，冬季寒冷（－20℃），因而冬暖夏凉的窑洞建筑就成了这一地区的主要建筑形态，其优势有因地制宜、就地取材、造价低廉、节约土地、节约能源、融于自然等。

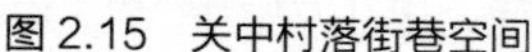
图 2.15　关中村落街巷空间

图 2.16　关中村落传统民居

陕北窑洞有靠崖式（分靠山式和沿沟式）和独立式（分土基窑洞和砖石窑洞）两种。靠崖式土窑是最早的窑洞民居，土窑多依山坡而建，即在向阳的崖面上向里挖洞，平面呈长方形，面宽约 3m，进深 10m，净高 4m。顶部为圆拱形，主要立面俗称“窑脸”，由拱形的木质格栅门窗构成。这种窑洞省工省料、保温效果好，适合黄土高原的气候特征。独立式窑洞是平地起窑，不受地形限制，可灵活布置，又因为石拱顶部和四周仍有 1 ~ 1.5m 的掩土，所以也保持了窑洞冬暖夏凉的优点（图 2.17）。

陕南山地是由秦岭和大巴山组合而成的宽大山地，地貌上是一系列经强烈侵蚀剥蚀的中山，并夹有构造盆地。在这一特殊的地貌基础上形成了陕南山地文化景观区。陕南多山，山川地区地势复杂，许多村镇的布局多因山就势，见缝插针，用地零散且不规则（图 2.18）。村落布局方面，在师法自然、趋利避害的基础上，基于对多种地貌条件的合理利用而形成了聚集型、松散团居型、散居型等村落聚居类型；民居院落布局则在传统“一明两暗”的基础上，结合陕南地理条件和移民文化影响，形成了“一页瓦”、“钥匙头”、三合院、四合院、天井院等及各种变体，讲求伦理又不拘泥于固定形式，兼顾实用；在建筑材料上以就地取材为主，形成夯土墙木构架、石头房、竹木房等；结合复杂的地形条件，借鉴蜀地民居手法，形成了吊脚楼等形式。结构上穿斗式和抬梁式并存，装饰上质朴大方和秀气雅致并重，兼具南北方民居院落的特点，同时与陕南特有的地域背景相适应。在建筑风格方面，借鉴了川式民居和楚式民居的风格，南北并存，相互融糅，形成其地域性的多元风格。除此之外，村落中的祠堂、村庙、戏台，以及各类景观要素，均体现出与农耕文明和乡土文化相适应的和谐特质。

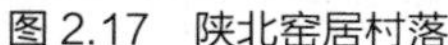
图 2.17　陕北窑居村落

图 2.18　陕南山地村落

2. 甘肃村落

甘肃地处黄土高原、青藏高原和内蒙古高原三大高原的交汇地带，境内地形复杂，山脉纵横交错，海拔相差悬殊，高山、盆地、平川、沙漠和戈壁等兼而有之，是山地型高原地貌。基本属于高原山地气候，大部分地区处于干旱半干旱地区，少部分处于半湿润地区。甘肃民族成分复杂多样，少数民族在甘肃各市州内的居住比例也不一样，是一个以汉族为主的聚居区，人口较多的少数民族主要有回族、藏族、东乡族等。

由于各地生态环境、民族风情、生计方式、文化氛围存在着巨大差异，村落及民居呈现出多元化的整体风格。汉族聚居村落包括同姓聚居和杂姓聚居，少数民族聚居村落因为信仰同一种宗教，道德、行为统一受到宗教禁忌的影响和约束。在信仰伊斯兰教的传统村落中，清真寺通常位于村子的中央，或者地理位置最佳的地方。多民族聚居村落里面既有汉族的祠堂建筑也有少数民族的宗教建筑，村民日常活动通常以户为单位进行，村民相互尊重彼此的生活禁忌和宗教信仰，互不干涉对方的宗教信仰和生活习惯。

甘肃东部的天水民居呈现出浓郁的中原文化特色，陇东民居与陕北民居相似；甘南民居以藏族民居为主体，形态特征鲜明；河西走廊地区虽然面积广阔，受气候与资源约束，大部分村落民居为生土住房（图 2.19）。民居院落大多为四合院，院落边缘种有灌木，院落空间较大，空间开敞，采光效果良好。民居结构多是土木与砖木混合结构，主结构采用抬梁式的木结构构架，抬梁式多使用五架梁，正脊抬升较高，空间较大。色彩上甘肃的民居建筑不施重彩，多为青砖、灰瓦、原木色，整体朴素、淡雅。

图 2.19 甘肃白银市宽沟村

3. 青海村落

青海位于西北内陆腹地，青藏高原东北部，全省平均海拔在 3000m。气候分为高原温带、高原亚寒带、高原寒带三个区域，总体日照时间长，昼夜温差大，降水量少，风能资源丰富。长期受中亚伊斯兰绿洲农耕文化、藏传佛教高原农牧文化、蒙古草原游牧文化的影响，地域文化发达。少数民族众多，呈现出大杂居、小聚居的立体分布格局。

地理环境与气候差异、生存方式的不同加上主导文化体系的区别，使得青海村落民居形成三大类型体系。青南高原区属于三江源文化圈，以草原畜牧业为主，藏民以藏传佛教为信仰，房屋形式以各式帐篷、毡房为主，室内布置及构成特征均接近西藏民居。青海西北部属于丝绸南路文化线，蒙古族、哈萨克族、藏族等散居，人口稀少，以畜牧为生，逐水草而居，建筑以传统毡房为主。青海东部属于河湟文化圈，黄河及其支流湟水贯穿其间，水源丰富，气候相对温暖，宜农宜牧，是青海最为富饶的地区，是农耕文化与草原文化的结合部，其村落民居充分适应农业生产方式，既有方便迁徙的毡房，又有别具特色的庄廓建筑（图 2.20）。

青海少数民族的村落多选址在自然水系旁边，依山傍水，生态环境优美；以寺院为中心或以寺院为轴线，民居庄廓依山势的高低变化和水系的蜿蜒灵活布置，宗教建筑占据村落空间内部重点位置。如撒拉族村落大多呈大规模聚居形态，依地势高低有上村、下村之分，村落布局围寺而居，每个村落均建设有清真寺；聚落中必然会有公共墓园，而且一般年代较古老的墓园都分布在清真寺附近；从平面形态来看，撒拉族聚落以家庭为单位，像细胞一样簇团分布，每个簇团之间大多有自由弯曲的道路连接，形成大范围的组团，并多半是围绕着清真寺呈圆形分布的（图 2.21）；撒拉人喜好干净，团结互助，因此房屋院落都打扫得非常干净舒适，且小景观丰富多彩。藏族村落的格局模式，基本上是呈现点状扩散，村中建白塔、寺庙、玛尼房，宗教建筑位于整个村落的核心地带，一般都为上寺下村或内寺外村两种形式，体现出宗教的至高地位，再向外延伸为农田和外围防护林地和牧场，河流从外围或内部穿过（图 2.22）。

图 2.20　青海庄廓院村落

图 2.21　青海撒拉族村落

庄廓是该地区多民族共同具有的代表性居住建筑形式。所谓庄廓院实际上是由高大的土筑围墙、厚实的大门组成的四合院。以河湟地区丰富的黄土为主要建筑材料，做成夯土墙或土坯墙形成围护结构，以木材做承重结构及装饰，具有墙倒屋不塌的抗震特性。由于墙体高大封闭，具有较好的防寒保温、隔风防尘功能，充分适应了青海严寒干燥的大陆性气候。

图 2.22　青海藏族村落

4. 宁夏村落

宁夏地处中国地貌三大阶梯中一、二级阶梯的过渡带，全境海拔 1000m 以上，地形南北狭长，南高北低，南北生态环境迥异。北部是以贺兰山为屏障的宁夏平原，黄河横贯其中，号称“塞上江南”；南部则是以六盘山为屏障的黄土高原，属于生态脆弱的半农半牧区。宁夏南部地区是中国回族聚集最为密集的区域，浓郁的回乡人文气息成为该地区极具差异性的重要特征之一。回族群众不仅塑造了大量精美的伊斯兰建筑，更创造出数量庞大、形式各异的居住建筑，无论平面布局还是细部装饰都极富本民族文化色彩。

回族乡村聚落呈现“大分散、小聚居”的分布状态，以便于聚财聚力修建清真寺，另一方面方便回民之间婚丧嫁娶等民俗的交往与联系，增强内部凝聚力，培养刚毅、坚强、自尊的民族性格。聚落布局为“围寺而居”，形成以清真寺为核心的“寺坊”，所有建筑物规模都受清真寺规模控制，道路必须通向清真寺，使居民们都能看到清真寺塔尖。所有公共设施环绕于清真寺周围，外围是高低错落的民居，边界是农田（图 2.23）。

宁夏中部银川平原地区降水量相对较少，民居大多以土坯墙、木屋顶的形式出现，建筑多为平顶，院落较宽敞。回族民居大多还在卧室一侧建有简单的沐浴间，以供家庭内部礼拜之用。西海固地区降水稀少，自然环境恶劣，民居大多利用地形地貌，使用生土材料，修建成高房子、土堡子、土坯房，还有各式窑洞等（图 2.24）。

图 2.23　宁夏银川回族村落

图 2.24　宁夏西海固村落生土民居

5. 新疆村落

新疆位于中国西北边陲，地形上山脉与盆地相间排列，盆地与高山环抱，喻称“三山夹二盆”。北部阿尔泰山，南部为昆仑山系；天山横亘于新疆中部，把新疆分为南北两半，南部是塔里木盆地，北部是准噶尔盆地。新疆深居内陆，四周有高山阻隔，海洋气流不易到达，形成明显的温带大陆性气候。气温温差较大，日照时间充足，降水量少，气候干燥。

新疆传统村落包括游牧和农耕两种生产方式。居民或不断迁徙游牧，或围绕绿洲及农田定居生活。村落的形成过程和组织形式都不相同，是各民族氏族组织体系与生活、生产场所、地理环境相适应的结果，同时也是新疆地区悠久历史、多元文化、宗教、经济发展等因素影响的结果。

由于新疆干旱少雨的气候特点，新疆的水源除了地下深水外，几乎全部来自冰山融水，多数村落靠引山泉水进村，形成水渠网，在绿洲从事农业生产的居民便在溪、河的两侧修建住宅。水系谷地较窄处，为了留出足够的平坦农田，住宅便沿溪而建，形成顺水道的狭长线性的居民点，或二三户或七八户散点状沿溪坡分布，其特点是随水流就势选址，不太注重朝向。清真寺和水池都建在村落的中心地带。随着住户的增加，民居向四周扩伸，各户宅院左右相依，前后错落，街巷也曲折弯转，以能够通向水池和清真寺为准，形成村落的放射形街巷构架。

由于天热少雨，木材缺乏，但土质好，因而维吾尔族的传统民居以土坯建筑为主，多为带有地下室的单层或双层拱式平顶，农家还用土坯块砌成晾制葡萄干的镂空花墙的晾房。住宅一般分前后院，后院是饲养牲畜和积肥的场地，前院为生活起居主要空间，院中引进渠水，栽植葡萄和杏等果木，葡萄架既可蔽日纳凉，又可为市场提供丰盛的鲜葡萄和葡萄干，从而获得良好的经济效益。院内有用土块砌成的拱式小梯通至屋顶，梯下可存物，空间很紧凑。

还有一种“阿以旺”式住宅，房屋连成一片，庭院在四周，平面布局灵活。前室称“阿以旺”，又称夏室，开天窗，有起居会客等多种功能；后室称冬室，做卧室，一般不开窗。

在建筑装饰方面，多用虚实对比、重点点缀的手法，廊檐彩画、砖雕、木刻以及窗棂花饰，多为花草或几何图形；门窗口多为拱形；色彩则以白色和绿色为主调，表现出伊斯兰教建筑的特有风格。

七、东北地区：白山黑水村落

白山黑水是我国东北地区最典型的乡村景观之一。白山指长白山地区，黑水指黑龙江地区，具体涵盖松嫩平原地区、辽河平原地区和三江平原地区，地跨黑龙江省、吉林省和辽宁省。

该区域总体上处于东北平原地区，土壤肥沃，是中国重要的粮食、大豆、畜牧业生产基地，有“北大仓”之称，属于温带大陆性气候，纬度高，气温低，冬季寒冷，冰雪期较长，植被大多为针叶林、针阔叶混交林和草甸。东、西、北三面环山，南面向海，利于海洋湿润气流进入形成降雨，密布黑龙江、松花江、乌苏里江、鸭绿江、牡丹江、镜泊湖、五大连池、长白山天池等水系，冬季河流结冰，冬捕活动壮观。

白雪、火炕、河湖冬捕、针叶林是东北白山黑水村落典型的乡村景观。冬季白雪皑皑，乡村聚落与挺拔的针叶林相互衬托，形成银装素裹的千里冰封世界。最典型的东北民居样式是坐北面南的土坯房，以独立的三间房最为多见，而两间房或五间房都是三间房的变种。典型三间房的室内格局是三个房间东西排列，东边的房间称东屋，西边的房间称西屋。东西屋子都是住人的，东西屋子之间的屋子是做饭的地方，称“外屋”或者“外屋地”，处于房子的正中间位置，也是房子入口所在，一般设取暖的锅台，放一些生活杂物如水缸、酸菜缸等。火炕又称大炕，是东北人家冬天必备的取暖物品，在上面可以吃饭、睡觉、看电视。东北平原地区河流湖泊众多，冬季结冰期相对较早，冬捕即冬季冰雪捕鱼，是东北乡村的重要活动。

第三节　乡村环境地域性的保持与传承

散见于我国广大国土地域上的乡村聚落，分布领域广，留存时间长，是地方社会生活环境和文化环境的物质依托。在当前现代化城市化发展过程中，如何使正在散失的乡村景观与时代共生并与之同步，是值得关注的议题。

一、认同与适应

地域社会造就了乡土文化，反过来这种文化又表达了地域社会的个性和规定了地域社会共同遵循的秩序，以至于成为一种内在的信息网络，这个网络联系着每一个人，构成一种向心的、内聚力很强的社区组织。没有这种文化的凝聚作用，地域的社区组织也就解体了。

对本地域文化的认同，一方面要保持其固有特色，使之扩散、强化，另一方面要适应比自己更先进的文化，改造和壮大自己，逐步完善，成为有传播和繁衍能力的文化体系。作为地域社会文化财富的乡村建筑及环境，秩序而又规律地存在于既有的体系之中。传统的乡镇聚落常常以宗祠社庙为中心，形成聚落的内部秩序，遵循这种秩序建造的建筑群体，正是地域文化的物质表征也是聚落认同感的基础。这种秩序不仅反映在有形的建筑空间上，而且反映在当地社会的心理行为中并随着时间的推移不断与外界相适应。如安徽皖南一些村落，最初形成于战乱年代，中原人士的避乱迁徙带来了发育较早的中原文化，使这里的建筑文化在起步时就有较高的素质。随着商业经济的发展，徽商活跃于长江中下游，他们把域外更高层次的文化引入境内，在不断的认同与适应中，孕育成了纯熟完美的皖南乡土建筑文化，于明清时期达到高潮。

二、共生与对话

在人类社会变革中，任何地域文化的发展都要遵循除旧换新的规律。值得注意的是，社会文明的进化不等于地域文化的解体。人类社会总是在变革中延续，在新陈代谢中成长，新旧更迭在同一时间阶段和空间领域中完成。共生现象现实而合理地存在于社会发展的过程之中。村落传统文化与时代的共生即是新与旧的共生。

传统的村落环境及民居，表现了久远的历史，是前一个历史时期的高层次文化。但由于技术落后不能满足现代社会的物质功能要求，文化上的“高层次”和使用上的“低标准”形成了矛盾。传统乡土聚落与时代共生的前提，是它必须与社会同步发展。新的家庭结构和当代生活方式，需要与之相适应的空间格局，因此作为社会文化财富的乡土聚落，需要被改造和再生，使之能够包容现代生活。消极地保护维持，不如积极地改造，乡土建筑文化只有纳入新元素之后，才会活跃起来，并作为文化财富继续为社会服务，得以更好地生存。

如浙江、安徽一带经改造的新民居，平面格局更为符合当代家庭的生活方式，以预制混凝土构件和承重砖墙代替了木结构，外观风貌上仍然是黛瓦粉墙的形式。湖南湘西峒河两岸的新民居，采用钢筋混凝土的吊脚，翘起的封火山墙、宽敞的晒台和明净的玻璃窗，反映出当地居民传统的审美观和对现代生活的追求。这些由使用者自己建造的住宅，虽然和旧民居相比尚显稚拙，未至纯熟，但在原有的建筑群中，仍能够合群入调。这也说明现代文明技术植入当地传统文化，从雏形到完美，最后成长为地域建筑文化的一部分，需要经过一个过程。新旧双方在认同适应中共生，使得乡土建筑文化伴随着时代的进程生生不息。

在建新的时候考虑到旧的存在，考虑到时间和空间上的关联，让新的作品统一于已形成的秩序之中，使历史文化和现代文明共生和对话，才能达到物质生活和精神生活真正的丰富。

三、求同与存异

地域社会的传统特色，使散见于各地的村落景观反映出不同的文化内涵。

风土、气候等自然条件的差异，给村落景观以鲜明的个性。信息交流和传播的落后，又使村落景观的个性世代相传，表现出浓烈的地方色彩。

对于乡村民居而言，不同形式的院落空间的组合是其普遍存在的形式。地域社会传统的营建住宅的制式和求同心理，使各地的传统民居多采用了手工业式的“通用标准”，因而同一地域的民居格局大致相同，且长期沿袭，千年一律。民居的差异则表现在横向地域之间的差异，例如南北两地自然环境和审美意识的差异，造就了村落景观的个性；生活习俗和地理环境的差异，造就了村落空间格局的差异。人、建筑、环境的和谐关系在不同地域的聚落之间体现出难能可贵的差异，并未千篇一律。

以民居为例，北方是在宅基地上用建筑来围合院子，追求向阳、争取日照、避寒取暖；江南地区则是在宅基地上填充建筑，留出一方孔洞作为采光通风之用，重视避雨通风。在湘西吉首、凤凰等地的苗家吊脚楼，一半探在水中，一半靠在山上，最大限度地接纳大自然。又如水是生灵存在的标志，井和池塘是聚落存在的标志，村落中的取水活动常常伴随着交往行为进行。在北方的村落可以常常看到“井台会”的演出。南方村落的交往活动则经常出现在池塘边、村溪旁。

在广袤的国土之中的乡村聚落以“群”的方式出现，每个群体都独具个性，群体之中的个体则强调共性。部分范围的求同与整体范围的存异，造就了多元共生的局面。在当今的建筑创作中提取其中的积极因素，厘清相同和差异的本质是极为重要的。

四、寓于共性，追求个性

一个地域应该以自身的文化传承方式表现自身的发展过程，这样才能做到文化上的延续。对于村落的环境更新，应以地域文化为中心，沿着放射线和延长线去求索，着意表现地域文化的特性。具体可包括以下几个方面：

1. 尊重当地民俗，进行统一规划。在规划村落的同时，对其附近的风景点做调查，以期开发旅游事业，并促进经济发展。

2. 改善村落居住条件，添建公共设施，解决饮用水及消防用水问题。创造一个具有凝聚力的日常活动中心。

3. 尊重村民意见，在原宅基地上建房，仅在局部地段稍作调整，完善街区和组团，增加村落的总体秩序感。

4.保留改建旧宅，设计新的住宅体系，吸收传统民居建筑中的积极因素，并满足现代生活的要求。

地域共性来自不同单体的个性，单体之间的有机联系构成了一个地域的特殊风格和秩序。努力创造既有个性又有共性的作品，使新与旧、现代与历史和谐共存于同一个物质环境之中，才能使地域社会的文化得以维持和延续。

〔思考题〕

1.我国不同地域乡村景观的差异性的根本原因有哪些？

2.选取典型乡村环境建设案例，分析其在地域性保护与传承方面的经验与不足之处。

3 乡村聚落环境解析

◆ 第一节　乡村聚落的整体解析
一、乡村聚落的选址
二、乡村聚落的布局
三、乡村聚落的形态
◆ 第二节　乡村聚落空间解析
一、从院落到聚落的组合
二、作为村落形体骨架的街巷
三、作为村落公共节点的广场
四、乡村聚落空间特征
◆ 第三节　乡村聚落景观要素解析
一、入口与路径
二、屋顶与造型
三、景观节点
四、材料与色彩

第三章　乡村聚落环境解析

第一节　乡村聚落的整体解析

一、乡村聚落的选址

乡村聚落的选址体现了人们对自然环境的选择、适应及改造，并影响到乡村空间组织和分布形态。乡村聚落的选址，不仅注重环境和资源容量，保持适度的聚居规模，节约不可再生的土地资源，而且结合生产生活条件、气候、地形地质条件、安全和水利因素等，以充分利用自然环境，营造适宜的聚居环境。

1. 对生存因素的重视

生存因素对乡村聚落选址的影响巨大。土地资源和水资源是人类生存的基本因素，是乡村聚落选址的首要条件。河谷下游冲积平原和山间盆地因土层肥沃、水源充沛、交通便利，利于农业生产和发展林木种植，是优良聚居地的首选。南方地区水稻田发达，为便于水利灌溉，择水而居、沿水而行；北方地区以旱田作物为主，选址多考虑靠近饮用水源；西北干旱地区由于水资源缺乏，因而聚落形成较晚。

2. 对自然灾害的防范

洪涝、台风、地震等自然灾害是对乡村聚落最大的安全威胁。人类在聚落选址或迁徙过程中，多依据前人的经验，尽量避开自然灾害地区。如易受水淹的河流两岸、湖滨滩地或盆地中心洼地，往往成为聚落空白地区；聚落一般都分布在一些地势略有起伏的山前丘陵或者农田集中地带，以免受到洪水、滑坡、泥石流等威胁。

3. 对交通便捷性的考虑

对外交通的便捷性对乡村聚落选址的影响显著。一般乡村聚落在最初选址和建设时，都会选择在交通条件便利或利于改善交通条件的区域，尽管不同时期的交通方式与技术不同，但是聚落一般都尽可能选址在沿河、沿路等地段。

4. 对气候环境的选择

日照、风向、气温、降水和环境湿度等气候条件和地形、地貌、地质等自然环境是影响乡村聚落选址的重要因素，影响到聚落居住的舒适度。我国古人强调“因地制宜”，也就是要创造出宜居的环境。如北方地区聚落选址多位于背风面，南方地区的聚落大多选址在迎风面；山地乡村往往选址在山脚略偏高的地方，既不占用耕地，也保证良好的阳光、通风和湿度。

5. 对外力因素的抵抗

历史上人为的不安定因素如战乱及国家的特殊政治军事目的等也是聚落选址的因素。乡村聚落一般选在易守难攻的地方，或背山面水，山与水构成天然的屏障，在选址和形态布局上，普遍考虑了防御防卫的需求，如以“寨”“堡”“壁”等命名的堡垒式村落。

一些丘陵山地地区的聚落，多选址在闭塞的山谷隘口，并在里巷入口处设置巷门、寨门。有些村落选择在山丘上，成为山寨，只有一条路可登山，周围因势构筑寨墙，山势陡险，防御效果好。除战争因素外，由于宗族的大规模迁徙，南方很多宗族聚落也具有防御性，典型代表如福建西南部山区的客家土楼聚落等。

二、乡村聚落的布局

1. 平原村镇

平地聚落的布局和它的规模有直接的联系，规模越大，结构越复杂。规模较大的聚落一般选择采用两条相互交叉的“十”字街的形式作为全村（镇）的基本构架，并使住宅建筑分别依附于两侧。两条街道不仅方便了交通，还可以连接更多的巷道及住宅建筑。此外，这种组合形式还可以使平面更加紧凑，从而节省土地。

一般村镇布局沿南北向街道较短，沿东西向街道较长。两条街道的十字交

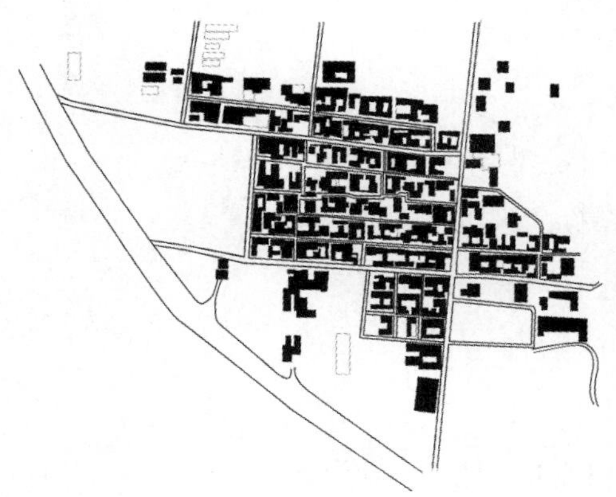

图 3.1 关中韩城市柳村形态布局

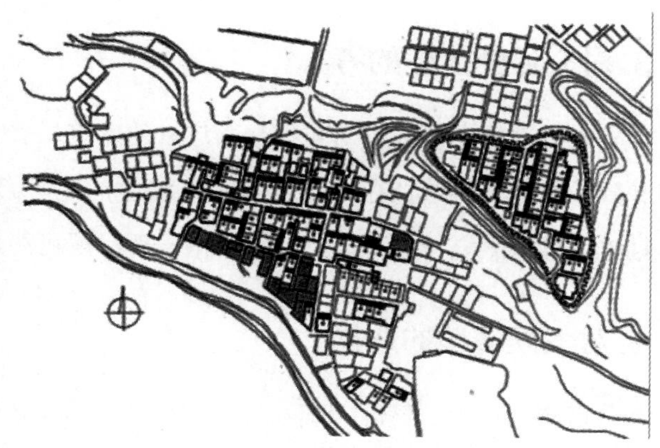

图 3.2 关中韩城市党家村形态布局

图片来源：高茜，董亮 . 党家村古村落空间形态研究 [J]. 西安建筑科技大学学报（社会科学版），2015（34）：78.

叉处通常是村镇的中心部位，一般会形成一个公共活动中心。“十”字的格局形式，结构虽然清晰明确，但景观变化却比较单调（图 3.1）。大多数平地村镇并不追求严整方正，布局相对比较自由（图 3.2）。

2. 水乡村镇

水乡沿河道的集镇一般多呈带状布局，由于河道通常都比较自由曲折，所以这种带状形式的集镇多随弯就曲地分布于河道的一侧或两侧。位于河道一侧的集镇，由于规模较小，多呈前街后河的布局形式。较大规模的集镇常常是建在夹河的两岸，这样就形成了以河道为主体的带状空间。

对于一般的集镇，商业主要集中于河岸的一侧，另一侧则以住宅为主。经济繁荣的集镇，沿河两岸均为商业街。如江南水乡木渎镇，河道呈“Y”形，建筑夹河而建，另辟商业街与河道平行，河道交叉处则为公共码头与集市（图 3.3）。也有一些集镇规模较大，被交织的河道分割成若干小块，其功能有的以商业为主，有的以居住为主，或相互掺杂，既有一般村镇所具有的街和巷，又有临水的街道和水巷，还有各种形式的桥梁和码头，形成丰富的景观（图 3.4）。

3. 山地村镇

在多山的地区，有许多村镇坐落于地形起伏的山坡之上。这种村镇的布局大体上可分为两种情况：一种是主要走向与等高线相平行。依此模式建造的山

图 3.3　苏南水乡木渎镇
图片来源：彭一刚 . 传统村镇聚落景观分析 [M]. 北京：中国建筑工业出版社，2018：52.

图 3.4　浙江某水乡村镇
图片来源：彭一刚 . 传统村镇聚落景观分析 [M]. 北京：中国建筑工业出版社，2018：52.

地型村镇多顺应自然地形的高程，沿等高线平行布置建筑，呈行列布局。建筑物的走向随地形变化而呈弯曲的形式，村镇因山势的不同而形成外凸和内凹两种弯曲形式。前者多位于山脊,后者则位于山坳。外凸的弯曲形式具有离心、发散的感觉，内凹的弯曲形式则具有向心、内聚的感觉。就通风、采光的条件看，前者较优越，但从心理和感受的角度看，后者则可因借山势为屏障而具有更多的安全感。

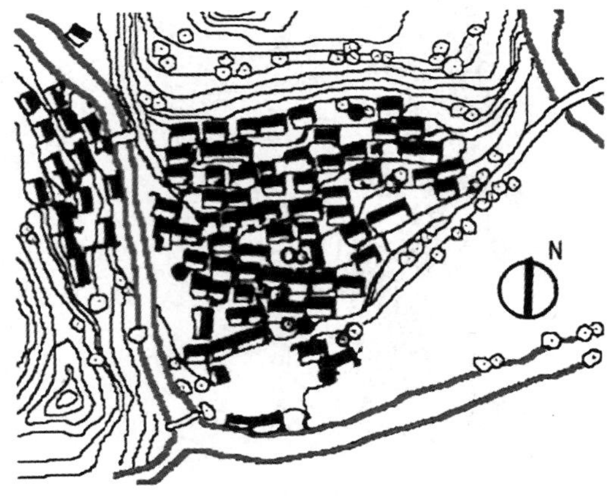

图 3.5　湘西德夯村平面布局
图片来源：彭一刚 . 传统村镇聚落景观分析 [M]. 北京：中国建筑工业出版社，2018：52.

如湘西土家族苗族自治州首府吉首市以西的德夯村，位于群山之中，村镇沿等高线布局，自山麓层层升高；由于等高线曲率比较平缓，村镇呈现平直的形态。山麓间有河道将村镇划分为两部分，东部建筑坐北朝南，具有较好的朝向；而西部村落按照平行等高线的台阶式布局模式进行布局，建筑呈东西朝向（图 3.5）。

另一种是与等高线保持相互垂直的关系。按此模式布局的村镇多形成沿向阳坡跌落的线型村镇。村镇呈纵深向展开，其主街有明显的高程变化，每隔一段距离就设置若干台阶。如重庆市石柱县西沱古镇，其云梯老街自江边笔直向上延伸近五里，直至较为平坦的地势，高差约 160m，中间有两个大的转折平台和 80 余个小的间歇平台，整个村镇建筑就沿着这条云梯布置展开，形成集中、紧凑的竖向构图，建筑物层层叠叠，形成丰富的层次变化（图 3.6）。

无论从风水观念或是从争取良好的自然条件考虑，位于山地的村镇都应当坐落于山的阳坡，这样可以获得避风向阳的良好环境。从高程方面看多位于山

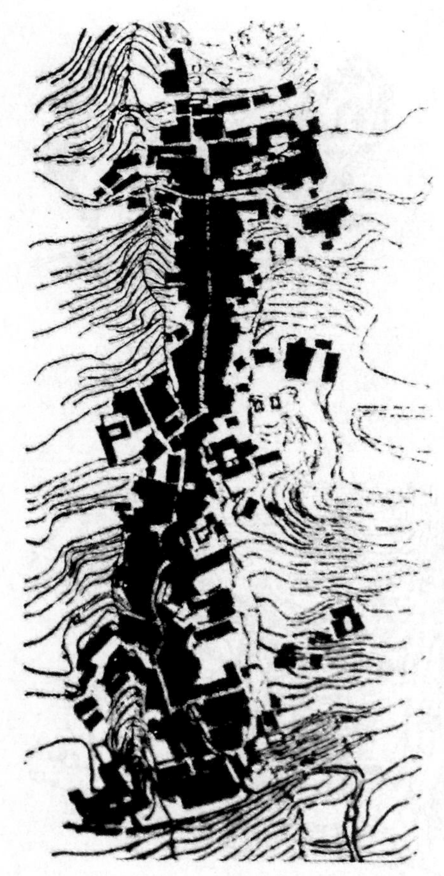

图 3.6　重庆西沱古镇布局形态

图片来源：彭一刚 . 传统村镇聚落景观分析 [M]. 北京：中国建筑工业出版社，2018：52.

麓，以利于对外的交通联系，但为避免洪水侵蚀，地势又不能太低。

4. 窑居村镇

窑洞民居聚落大体上可以分为三种类型：一种称之为明庄子，即靠着崖壁开凿窑洞形成的聚落，为争取有利的日照条件，多选择在崖壁朝阳的一面。例如陕北杨家沟村，窑院根据用地条件自由分布于山坡上，且相对独立，形成了相对集中的居住窑院团块，居住团块由于坡度较大，地带狭长，可利用土地有限，因此在处理手法上相对单一，主窑紧贴崖面排布，窑面大多向东，顺势朝南北方向延展（图 3.7）。

另一种类型称之为暗庄子，即在平地上先开凿成下沉式的院落，然后再沿着院子的侧壁开凿供人居住的窑洞。这种类型的窑洞多处于地形比较平坦的地区，或借略有起伏的丘陵地带依地形变化而巧妙地形成下沉式或半下沉式的院落。如韩城柏社村，位于渭北黄土台塬之上，现保留下沉式窑洞四合院 225 院，其中保存完好的有 148 院，为国内迄今为止发现的规模最大、分布最为集中、保存最为完好的地坑窑传统村落（图 3.8）。

另一种类型即半明半暗式的庄子，它多分布于谷地，其特点是：一部分为崖壁式的窑洞，而于窑洞之前又建造一部分住房，并借围墙而形成院落，冬天为了御寒居于窑洞，夏天为利通风则住进房屋。如陕北姜氏庄园，占地 40 余亩，主体建筑为陕西地区最高等级的“明五暗四六厢窑”式窑洞院落，庄园三院暗道相通，布局合理，浑然一体（图 3.9）。

图 3.7　杨家沟靠崖窑

图 3.8　柏社村地坑窑

图 3.9　姜氏庄园窑洞院落

三、乡村聚落的形态

乡村聚落的形态受气候、资源和地貌等自然因素影响很大。在不同的地形影响下，乡村聚落形成了条带状、团块状和散列状等不同的形态。

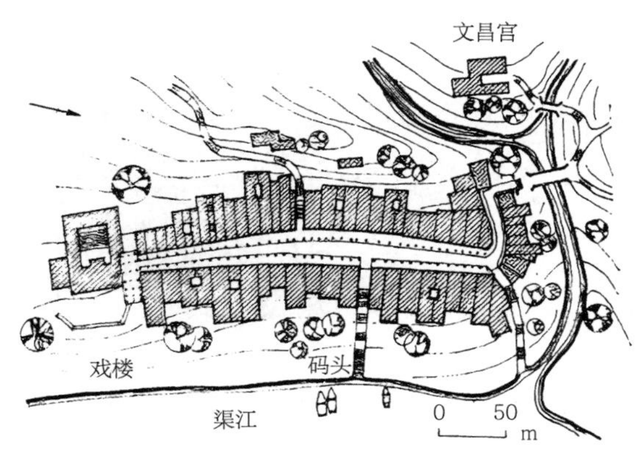

图 3.10　四川广安肖溪场平面

图片来源：孙大章著．中国民居研究 [M]. 北京：中国建筑工业出版社，2004.

1. 条带状

条带状聚落大多因受地形限制，往往沿水陆运输线延伸，河道和主街成为村落延展的依据和边界，贯穿始终。在黄土高原，村镇往往沿冲沟和山谷边缘而建；在西南多山地区，河岸陡峭，可供建设用地少，村落沿河流岸边一字延伸；在水网地区，村落大多沿主河道的河岸修建（图 3.10）。

2. 团块状

图 3.11　关中相里堡村团块状平面形态

团块状乡村聚落大多由带形结构发展而来，是大型乡村聚落的典型格局。村落的用地比较宽松，呈长方形、扇形、圆形、多边形等团块状布局，以纵横的街巷为基本骨架。街巷平直且大多以直角相交，主次分明，承担主要交通。村落内部有一个或多个点状中心，如戏台、集市、广场、水塘等，整个村落围绕中心层层展开构建而成。如华北、东北平原、关中平原地区的村落多为方形团块状（图 3.11）。

3. 散列状

散列状村落在丘陵地区和山区分布较多。围绕农田或山丘的数个分散组团构成一个村落，用地范围不规则，街巷和道路系统不明显，中心不明确，多数属于多姓混居发展而成的居民点或是少数民族的村寨。山区村落受地形限制较大，往往形成台地式的自由式布局，内部交通多随形就势，曲折婉转，

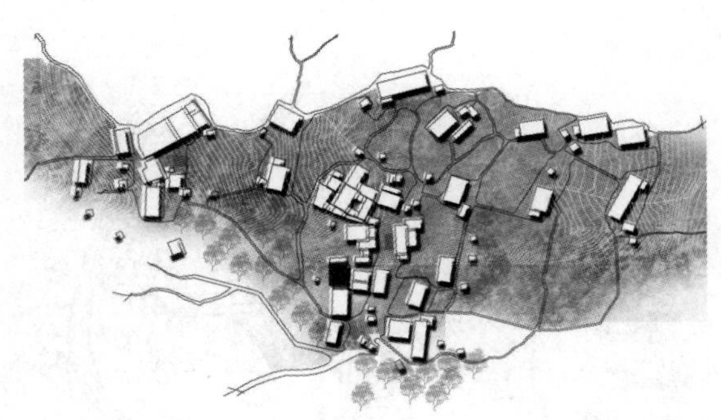

图 3.12　陕南湛家湾村散列状平面形态

村民建造房屋多沿等高线分台建造。如陕南山地乡村因地制宜，不拘朝向，依山而建（图 3.12），广东沿海低洼地区，村落多采用环丘式布局，以免水淹。

第二节　乡村聚落空间解析

乡村聚落的形制没有固定的模式，多是通过聚落有机体内的要素不断协调自然生长起来的，总体布局较为自由、随机。聚落的发展都是围绕着街道、广场、公共建筑等公共空间有机地进行的。聚落多采用小尺度体系，呈现出一种宽松舒适的性格。街巷的方向感来自当地特有的地形坡度、水系。住宅在外观上大多形态相近，沿着街巷、水道线性展开。村落中的建筑形式都基于围合形式布局，中间形成庭院或天井，成为家庭日常生活的中心。街巷与院落自然生成，构成多样的公共场所，彼此相互渗透交织。

一、从院落到聚落的组合

院落是村落空间形态的基本组成单位。院落是中国传统农业和封建伦理影响下的家庭建筑，主要的模式为合院式，依不同的环境和条件，主要表现为三合院、四合院、天井式合院等方式。单体建筑以内院或天井为连接点，以厅堂为主轴线，形成纵深的院落，院落按中轴线纵深展开，规模层次可以为一进院或多进院。还可以水平重复展开，称为跨院。由于空间布局的特点，在院中就形成了不同层次和尺度的开敞和封闭空间的组合。

院落群相互结合构成村落的空间形态，即由许多个以相似方法建造的合院建筑作为村落基本单元，依据特定的人文因素（如宗族、伦理、风水观念等）及自然条件（如地形、水系等）在场地上逐渐扩充，组成复杂组合体，构成村落空间形态的基础。

院落群沿着街巷，并围绕着公共建筑、广场等公共空间逐渐发展，形成聚落。祠堂往往作为标志性建筑而构成空间形态的核心。街巷空间与宅院、庭园、广场、集市、码头等社会生活场所联系紧密，这些公共空间分散各处，与丰富多样的社会生活场所融合在一起，极大地满足了社会生活多样化的需求，也给街巷空间带来了浓厚的生活气息和旺盛的生命力（图 3.13）。

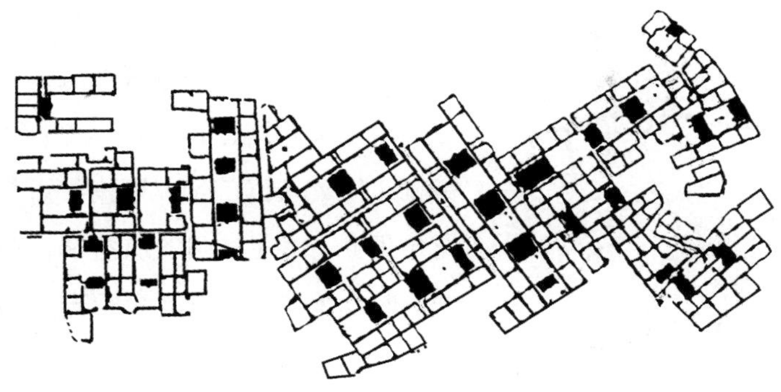

图 3.13　湖南岳阳张谷英村

图片来源：孙大章著．中国民居研究 [M]. 北京：中国建筑工业出版社，2004.

二、作为村落形体骨架的街巷

1. 街巷形态

街道是村落形态的骨骼和支撑，是乡村空间的重要组成部分，但它从不单独存在，而是和建筑及四周的环境共存的，是根据人们行走交通的需要，并结合地形特征，构成的主次分明、纵横有序的交通空间。村镇街巷起到了村落形体的骨架作用，联系着村中的每一栋建筑、广场以及各组成部分，影响着它们的布局、方位和形式，并使乡村生活井然有序、充满活力。主要街道联通次要街巷，次要街巷沿主要街道的两侧或村中心地带向四周扩展延伸，至每幢建筑或院落的门口处。通常街道会随着村落的建筑和公用设施的扩张而延伸，因此街巷的现状及发展与村落形态的现在和未来关联密切。

巷与街共同组成交通网络，密如蛛网似的延伸到村镇的各个角落。在中小规模的村镇中，这种网络形同树状结构，以街为主干，贯穿于整个村镇。而巷则如同树杈，由主干向四面八方延伸，并通过它来连接千家万户。通常所说的“大街小巷”，即指街道宽、巷道窄，前者为主，可以容纳许多人在其中进行各种交往活动；后者为辅，仅起着分散人流的交通联系作用。

如韩城党家村街巷系统可概括为“两横七纵”形态格局，以一条宽度约 3m 的东西向主巷为街巷骨架，一条南部与主巷平行的次巷，以及四条向南延伸、三条向北延伸的次巷分别串联各个宅院。党家村的街巷具有“巷不对巷、院不对巷，院不对院”的特征，无明显的十字路口，巷道交叉口往往呈丁字错开，同一巷道两侧的院落入口均相互错开，起到挡风、遮蔽视线的作用（图 3.14）。村内街巷由卵石或青砖条石铺砌，主要呈“丁”字、“井”字，

图 3.14　韩城党家村街巷系统

与整体古建筑群古朴自然的历史风貌相协调。街道多沿东西排布数条，南北小巷较密，分别沿主街两边分布，整体上东西走向的主街宽，使建筑庭院坐北朝南，可得到南向的充足阳光；南北走向的次巷窄，在节省用地的同时也为建筑争取更多阳光。

2. 街巷空间

传统乡村聚落的街巷空间是由民居聚合而成，它是连接聚落节点的纽带。街巷充满了人情味，充分体现了“场所感”，是一种人性空间。这种街巷空间为乡村居民的交往提供了必要和有益的场所，它是居住环境的扩展和延伸，并与公共空间交融，成为乡村居民最依赖的生活场所，具有无限的生机和活力。

村落的街由于偶然生成的因素占多数，会使人产生一种朴实自然的亲切感。由于两侧建筑物的密集程度不同，会产生封闭夹峙或者豁然开朗的对比。一些街道仅由两侧低矮的院墙来限定空间，院墙之后为住宅的庭院，院内种植花木，形成亲切而富有生机的氛围。

村落中的巷大多是一种封闭、狭长的带状空间，由于巷比街更窄，而且界定这种空间的界面又多为建筑物的山墙，按传统习惯，为保持宁静、安全，几乎都为不开窗的实墙，致使巷道空间成为一种超狭窄、超封闭的带状空间。由于窄而封闭，便显得深，所谓“窄巷深弄”正是对这种空间的一种感受。

密如蛛网的巷道连接着各家各户，从而形成一种独特的空间网络系统，人们由村外经村口而进至街道空间，再由街道空间转入巷道空间，最终走到私家宅院，在这一完整的空间序列中，空间的公共性逐渐减小，私密性则逐步加强。

党家村的巷道两侧分布有多种类型的灰空间，不同的空间形态形成各类“微节点”。例如民居入口停留休憩空间（台阶）旁的各类植物小品，部分巷道一侧的大树活动节点，街巷两侧设置台阶层级的高差型空间等，这些空间形成巷道底部界面与侧部界面之间的过渡与缓冲，同时为行人提供了停留空间、休憩空间、观赏空间。巷道的交叉口、方向变换处或结构变换处等转折空间多以植物小品点缀，形成视觉停留中心，丰富行走者的视觉及心理感受（图 3.15）。

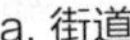

a. 街道　　　b. 巷道　　　c. 节点

图 3.15　韩城党家村街巷空间

三、作为村落公共节点的广场

在村落中，作为公共活动场所的广场多是自发形成的。我国农村由于长期处于以自给自足为特点的小农经济支配之下，加之封建礼教、宗教、血缘等关系的束缚，总的来说，公共交往活动并不受到人们的重视。反映在村落形态中，严格意义上的广场并不多。随着经济的发展，特别是手工业的兴旺，商品交换逐渐成为人们生活不可缺少的需求。在这种情况下，某些富庶的地区如江南一带，便相继出现了一些以商品交换为特色的集市。这种集市开始时出现在某些大的集镇，后来才逐渐扩散到比较偏僻的乡村。与此相适应，一部分乡村在路边、桥头、村口等交通便利的地方，设置一个固定的贸易场所，便形成以商品交换为主要内容的集市广场，主要是依附于街巷或建筑，成为它们的一部分。广场作为公共活动场所，既是道路空间车流、人流的大型集散点，又常常辅以牌坊、祠庙等公共性建筑，构成聚落空间的景观节点。这一类广场在布局上表现出极大的随机性和丰富多彩的变化。

村落中的广场空间可能是街巷与建筑的围合空间、街巷局部的扩张空间，也可能是街巷交叉处的汇集空间，它位于道路的拐点、交叉点或端点，在道路空间中占据着视觉转换的节点。村落常以此构建成广场类的公共活动场所，是从交通功能出发自然形成的、因地制宜利用剩余空间的结果，所以占地面积大小不一，形状灵活自由，边界模糊不清（图 3.16）。

一些广场作为村落公共建筑的扩展，通过与道路空间的融合而存在，成为村落中居民活动的中心场所；若与井边小空间相结合则往往成为公共空间与私人空间的过渡，起到柔和住宅边界的作用。对于规模较大、布局紧凑的某些村镇来讲，由于以街巷空间交织成的交通网络比较复杂，如果遇到几条路口汇集于一处时，便自然而然地形成了一个广场，并以它作为全村的交通枢纽（图 3.16）。

a. 街道交叉口广场

b. 祠堂前广场

c. 民居围合广场

图 3.16　榆林泥河沟村广场空间

四、乡村聚落空间特征

1. 整体布局因地制宜

由于受到外界客观因素的制约，传统乡村形成了协调自然环境、社会结构与乡民生活的居住环境，体现出结合地方条件与自然共生的建造思想。它们结合地形、节约用地、考虑气候条件、节约能源、注重环境生态及景观塑造，运用手工技艺、当地材料及地方化的建造方式，以最小的花费塑造极具居住质量的聚居场地，形成自然朴实的建筑风格，体现了人与自然的和谐景象。可以说，因地制宜、顺应自然是乡村空间营造的一个主导思想。

在此思想的引导下，乡村环境空间形态灵活而多样，聚落屋顶组合而成的天际轮廓线，民居单体细胞组合成的组团结构，以街、巷、路为骨架构成的丰富的内向型空间结构，通过路的转折、收放，结合水塘、井台等形成的亲切自然的交往空间，无不体现出自然的结构形态。

2. 空间形态富于变化

在乡村中，街道及广场空间构成聚落中重要的外部空间，它与民居的实体形态具有图形反转性，体现了传统村镇极富变化的空间形态。街道广场因其建造过程的自发性而不能整齐划一，且村落布局和建筑布局都与其所处的自然环境紧密关联，因此形成了丰富的村镇空间景观变化。平原、山地、水乡村落因其自然环境的不同，显示出各具魅力的村落景观。

（1）平地村落的曲折变化

建于平地的村落，街道景观为补先天不足而取形多样，单一线形街一般通过凹凸曲折、参差错落取得良好的景观效果；两条主街交叉，在节点上的建筑形成空间高潮；丁字交叉的街道注意街道对景的创造；街道转折时采用交角式、拌角式、切角式等方法，与建筑物相结合，或与植物树下相结合，或与水系相结合，形成丰富的曲折变化。

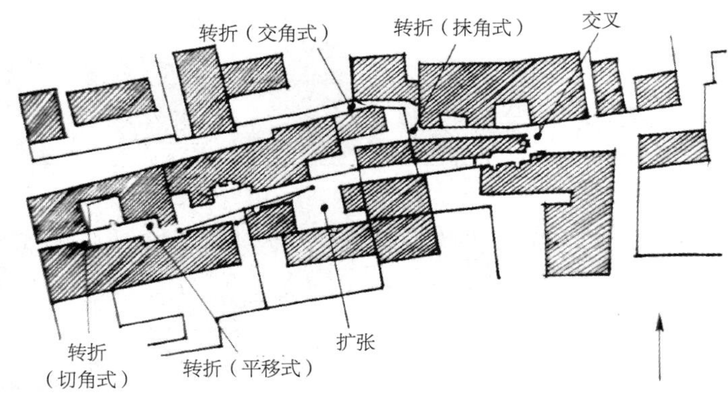

图 3.17　传统村镇街道转折示意

图片来源：段进，季松等著 . 城镇空间解析——太湖流域古镇空间结构与形态 [M]. 北京：中国建筑工业出版社，2002.

巷道传达出感知的连续性，曲折迂回的自由形态分散了线性空间的透视深度。同时巷道两侧平实的墙面有节奏地被各家各户的入口空间分割成段落，呈现简单与复杂的转换，于是连续的线变成了线段，避免了单一乏味的行走体验。有序与无序的重叠并置，丰富了空间体验的多样性（图 3.17）。

（2）山地村落的高低起伏

山地村落常沿地理等高线布置在山腰或山脚。在背山面水的条件下，村落多以垂直于等高线的街道为骨架组织民居，形成高低错落、与自然山势协调的村镇景观。

有些村镇的街道空间不仅从平面上看曲折蜿蜒，而且从高程方面看也有起伏变化。特别是当地形变化陡峻时，还必须设置台阶，并相应地提高台阶的坡度，于是街道空间的底界面就呈平段—坡段的阶梯形式，这为弯曲的街道空间增加了立体维度的变化，所以从景观效果看极富特色，处于这样的街道空间，既可以摄取仰视的画面构图，又可以摄取俯视的画面构图，特别在连续运动中来观赏街景，视点忽而升高，忽而降低，间或又走段平地，必然强烈地感受到各种节律的变化（图 3.18）。

（3）水乡村落的空间渗透

在江苏、浙江等地的水网密集区，水系既是居民对外交通的主要航线，也是居民生活的必需，这时，村落布局往往根据水量特点形成周围临水、引水入村、

图 3.18　陕南湛家湾村村落空间起伏

围绕河道布局等形式，使村落内部街道与河流走向平行，形成前朝街后枕河的居住格局。

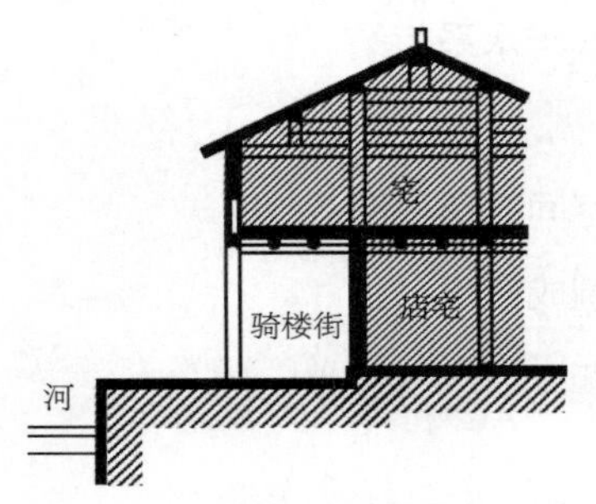

图 3.19　苏州水乡临河街道空间

图片来源：段进，季松等著．城镇空间解析——太湖流域古镇空间结构与形态[M]. 北京：中国建筑工业出版社，2002.

由于临河而建，很多水乡村落沿河设有用船渡人的渡口，渡口码头构成双向联系，把两岸变为互相渗透的空间，开阔的河面成为空间过渡，同时，必然建有供洗衣、交谈、汲水之用的石阶，使得水街两侧获得虚实、凹凸的对比与变化。临水的商业街市，沿街店铺门前常设有棚布，使商贾、买客免受雨淋日晒之苦，后来有的就做成固定的廊棚，一端靠着铺面楼底，一端伸出街沿，撑以木柱，实铺青瓦，成为店铺门面之延伸。这样既可以遮阳，又可以避雨，方便行人，一般通廊临水的一侧全部敞开，间或设有坐凳或“美人靠”，人们在这里既可购买日用品，又可歇脚，并领略水景和对岸的景色，进一步丰富空间层次（图 3.19）。

3. 民居庭院灵活实用

乡村庭院空间的主要形态以传统的四合院矩形庭院为基础类型进行不同形式的演变，其形态通常较为灵活，面宽和进深可以跟随基地建筑布局的变化而变化，形成富有变化的趣味性庭院空间，以满足人们日常生活的功能需求。

根据庭院空间的封闭与开敞可以将其分为内聚性封闭庭院空间与外向性开放庭院空间。前者庭院空间四周以建筑物围合，房屋的出入口均面向内庭院，

图 3.20　青海撒拉族乡村民居院落

对外不开窗或开高窗，空间内向封闭（图 3.20）。后者庭院空间是顺应自然条件形成的，庭院空间并非完全封闭而是与外部环境有一定的渗透和联系。

传统的庭院功能主要是满足最基本的居住及务农需求。基本可以分为：村民的休息、交往等日常活动；种植简单的瓜果等农作物；养殖鸡鸭等少量牲畜；进行稻谷等农作物的晾晒。在长期历史演化过程中，庭院的形式体现了广大人民群众保留下来的生活方式及对生活环境的适应。

4. 公共建筑特色鲜明

传统村镇聚落的生产生活内容虽不如城市复杂，以住宅为主，但亦有相应的内容，以及与之相对应的公用建筑和场所，有礼制性公共建筑，也有生产性和生活性的公共建筑。它们大多位于村落的中心地段，极大地丰富了传统村镇聚落的空间组织。

（1）礼制建筑

祠堂是村落中规格最高的公共建筑。大多修建得高大、敞亮、气派，有较大的、适宜的公共活动空间，有的甚至要造戏台。它的规模比一般住宅大，装饰也比其他建筑多而华丽，往往成了代表一个村最高建筑技术与艺术的典型。祠堂一般都位于村里重要的位置，成为一个村的中心。在南方不少地方，祠堂前面多设水塘。宗祠形制遵循一定的规则，格局为中轴对称式，居中布置主体建筑，沿双侧环绕布置其余配套设施。整体由三到四进院落组成，由前至后布有大门、仪门、享堂、寝堂等，享堂为宗祠正殿，又叫祭堂，是祭祀活动的举行之处，也是整个建筑群内装饰最为华丽、用材最为考究、规模最大的建筑。有的祠堂后设花园或林木。

庙宇多建于村口或村边不远处。庙宇往往与古树、溪流和广场结伴，所营造的环境则成为村民们娱乐、休憩和谈天说地的好场所。作为重要的公共建筑，庙宇大多是村落的建筑艺术重点作品，飞檐翼角，琉璃彩画，丰富了村落和环境的景观风貌，赋予村落以人文气息。

农业社会崇尚耕读传家，耕读生活被认为是有高尚道德价值的人生理想。宗族办学是中国乡村文化，尤其是江南乡村文化的一大特点，江南富庶地区的村落多设有规模等级较高的书院。如江西安乐县流坑村有二十几座书院，均由各房派自建，作为私人读书处、讲学所或房派的私塾，培育各房聪俊子弟。房派有儒田，田租供给书院使用。书院建筑形制并无定式，多依当代大宅形制建造，有的大型书院兼有文庙作用，可以称为文馆。这样的建筑规模较大，前有照壁或泮池及门屋，中堂为讲坛，后堂供孔子及大儒之像，左右厢房为学子书房。

（2）商业建筑

在以农业经济为主的封建社会中，商品经济不发达，在广大的传统村镇聚落中商业建筑分布较少，村民的生活用品大多用集市贸易的方法解决。集市可以设在宽阔的道路两侧，也可以设在广场。定日设集，各村轮流。

真正的商业建筑在北方乡村较少，且皆为封闭式，与住宅差不多，仅是木门或木槅扇面向街道，店外有招牌、幌子作为标志。南方经济发达地区乡村商店较多，店铺的形式各式各样，一般采用排门式门脸，小店沿街而建，进深五六米。沿街门面为六扇或八扇可卸的木板门，白天全部卸掉，店铺面向街道全部敞开。

5. 公共空间功能多样

村落空间形态及其内涵的丰富性导致了空间感受的复合性和多义性。从限定方式上来讲，空间之间限定方式的多样性使得空间相互交流较多，进一步丰富了空间感受；从功能上说，复合空间具有多种用途，进一步丰富了空间的层次。

村落中的许多公共空间并不具有清晰明确的空间边界和形式。有一些空间是由其他一些空间相互结合、包容而成，包含了不止一种的空间功能，本身即是一种多义的复合空间。村落的街道和广场更是创造了多义的空间功能、尺度宜人的空间结构、丰富的景观序列。寺庙建筑等形成标志性和象征性空间；由牌坊、照壁等小品形成围而不堵的空间流通效果，尺度适当，景观丰富，利于步行。

（1）街道的多功能性

传统村落的商业性街道是一种比较典型的复合空间。白天，街道两侧店铺的木门板全部卸下,店面对外完全开敞。虽然有门槛作为室内室外的划分标志，但实际上无论在空间上，还是从视线上，店内空间的性质已由私密转为公共，成为街道空间的组成部分。而晚上，木门板装上后，街道呈现出封闭的线性形态，成为单纯的交通空间（图 3.21）。

同时，村落的街道还作为居民从事家务的场所，只要搬个凳子坐在家门口的屋檐下，就限定出一小块半私用空间，在家务活动的同时与周围来往的居民和谐共处，还可参与街道上丰富的交往活动。

南方许多乡村的街道上都有骑楼、廊棚，有些连成了片，下雨天人们在街上走都不用带伞，十分方便舒适。骑楼及廊棚下空间是一种复合空间的典型代表，具有半室内的空间性质，实际上有很多人家也正是将这里作为自己家的延续，在廊下做家务、交往，使公共的街道带有十分强烈的私用感（图 3.22）。

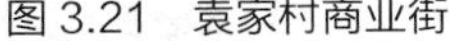
图 3.21　袁家村商业街

图 3.22　骑楼老街

（2）广场的多功能性

村落中的广场往往是村镇中公共建筑外部空间的扩展，并与街道空间融为一体，构成有一定容量的多功能性外延公共空间，承担着宗教集会、商业贸易、日常聚会、交通枢纽等功能。

在村镇中一些重要的公共建筑和标志物周围，大多设有广场，形成戏台广场、庙前广场、公共祠堂前广场等。规模不大的村落，只有一两处广场，平时作为村民交往、老人休息、儿童游戏的地方，节日里则成为庆祝聚会、赛歌、文艺表演等的场地。在缺乏大型公共建筑的村落中，较大场坝便成为村民意象中的中心。它们不一定居于村的中心位置，也可能不被建筑围合，多数是开敞式的，一面临村，视野开阔，场坝的一隅常群植或孤植高大的风水树，不但可蔽日，而且起到标志作用。

商业性广场更是多与街道相结合，即在主要街道相交汇的地方，稍稍扩展街道空间从而形成广场。由于街道和巷道空间均为封闭、狭长的带状线性空间，人们很难从中获得任何开敞或舒展的感觉，而一旦穿过街巷来到广场时，尽管它本身并不十分开阔，但也可借对比作用而产生豁然开朗的感觉（图 3.23）。

总之，传统村镇的总体空间形态表现出因自然生长、发展而产生的功能混合、无明确分区的特点。村镇的空间区域主要有街道、广场、寺庙、住宅等，但少有界限分明的情况出现，各功能区域之间有机结合，互相穿插，形成丰富多变的空间景观。

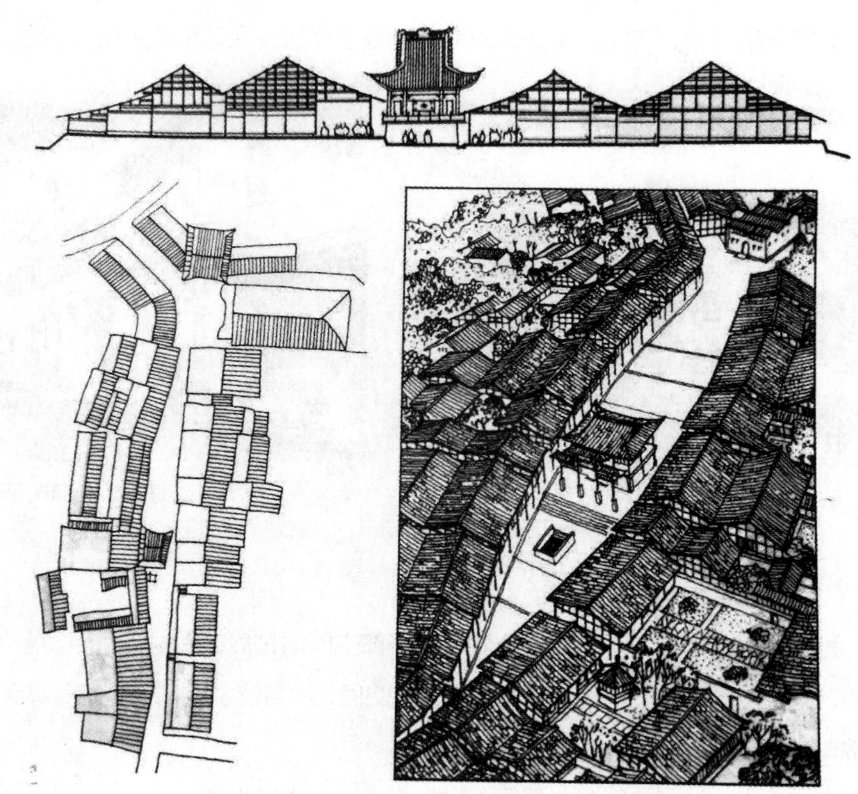

图 3.23　四川犍为罗城镇剖面图、平面图、鸟瞰图

图片来源：孙大章著．中国民居研究 [M]. 北京：中国建筑工业出版社，2004.

6. 空间尺度适宜合理

传统村镇中的街道和广场空间组成了适宜不同功能的空间结构序列，由于尺度不同，富于空间变化。

（1）街道的空间尺度

为适应村镇街道的不同功能要求，街道的空间尺度也不尽相同。在大型村镇中，街区内的道路系统可分为三级：主要街道，宽 4 ~ 6m；次要街道，宽 3 ~ 5m；巷道，宽 2 ~ 4m。

街是村镇的交通通道和村民进行购物、交往、集会等活动的场所，街道宽度与两边建筑高度之比一般小于 1，尺度亲切宜人。巷是邻里彼此联系的纽带，具有私密的生活性质，巷的宽度与两边建筑高度之比在 0.5 左右，给人以安定、亲切的感受。

在皖南传统村落中，街巷空间幽深，巷道的宽度一般仅达建筑层高的 1/5 左右，少数还不到。如西递的主巷道宽高比在 1 ∶ 3 ~ 1 ∶ 5，遇到祠堂的正门就会放大成小型广场。次要巷道有两种类型，一种是祠堂两旁的备弄，宽高比往往在 1 ∶ 8 ~ 1 ∶ 10，通常两旁是高耸的石墙面，巷道往往很直，宽度在 1m 左右，给人的感觉压抑阴郁；另一种是生活性巷道，高宽比介于主巷道与备弄之间，巷道曲折，宽 2m 多，界面丰富，有高墙石门楼、镂花石窗院墙，也有简单的厨房、后院出入口，光影变化丰富，富有生活气息。

在水乡村镇中，从“河道”“街道”到“弄”是空间尺度逐渐减小的过程，这一系列空间形成了整体的交通空间序列。河道空间的宽高比远远大于 1；沿河街市空间和普通街道空间宽高比一般小于 1 而大于 1 ∶ 3；巷弄空间宽高比有的甚至小于 1 ∶ 10（图 3.24）。

（2）广场的空间尺度

传统村镇中的广场因要承担人们聚集活动的功能，因此是村镇聚落中尺度较大的空间，包括入口广场、庙会集市广场、生活广场、街巷节点广场等。对于大型村镇，入口广场大多结合牌坊、照壁、商业街等形成相对开敞的空间，是人流集散的空间。生活广场在村落空间中发挥着重要的作用，一般面积不大，多因地制宜，尺度及形式灵活自由。在南方很多传统村镇聚落中，水起着日常洗涤、防灾、改善小气候等诸多作用，周围大多会形成生活广场。如宏村的“月塘”广场，中部为水塘，周围是洗衣、洗菜、聚集交流的场所，广场长 50 余米，

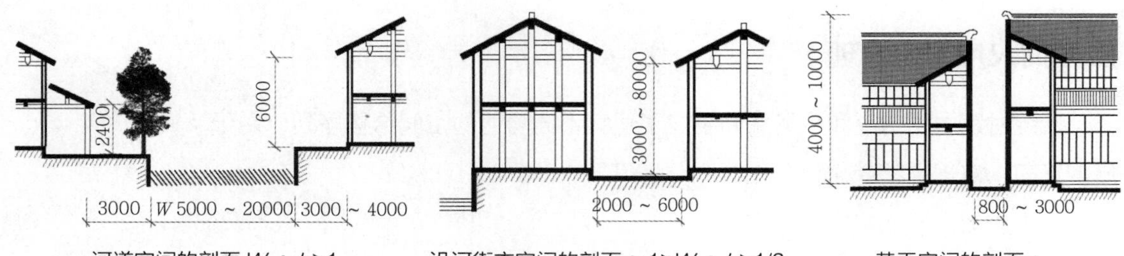

河道空间的剖面 $W : h>1$　　沿河街市空间的剖面：$1>W : h>1/3$　　巷弄空间的剖面：$1/3>W : h>1/10$

图 3.24　水乡村镇河道到弄的街道尺度变化

图片来源：段进，季松等著．城镇空间解析：太湖流域古镇空间结构与形态 [M]. 北京：中国建筑工业出版社，2002.

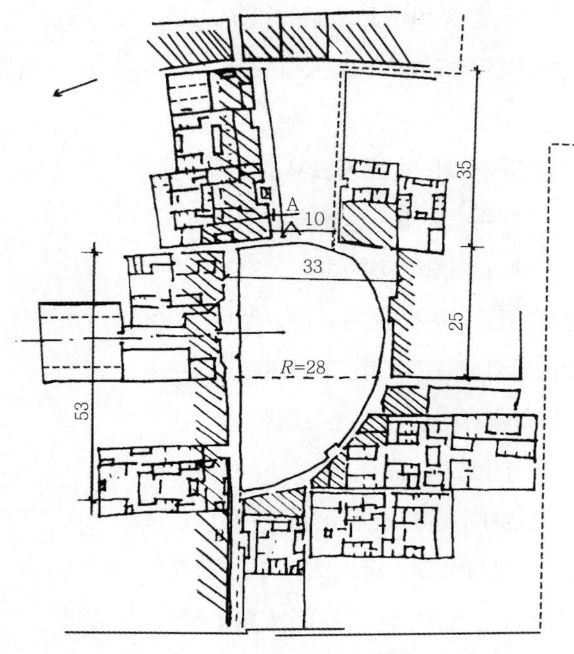

图 3.25　安徽宏村月塘平面图

图片来源：梁雪著．传统村镇实体环境设计 [M]. 天津：天津科学技术出版社，2001.

宽 30 余米，与周围街的连接以拱门界定，四周具有清晰的硬质边界，两侧立面高度在 7m 左右，有良好的围合感和广场景观（图 3.25）。

第三节　乡村聚落景观要素解析

一、入口与路径

1. 入口（牌楼、门楼）

牌楼是一种纪念性的建筑，本身并没有具体的功能使用价值，主要是用来纪念功德或宣扬封建伦理道德观念的。在传统的村落中，牌楼的造型都比较讲究，有的甚至精雕细刻，以使之在村落的景观中发挥重要的作用。设在街口的牌楼犹如街道的入口，标志着街道的开始（图 3.26）。牌楼有时与街道两侧的建筑结合得很紧密，起着界定街道空间端头的作用，既不会妨碍人们穿行通过，又可以暗示出空间的层次和领域。

依附于建筑物一侧的门楼，它的一侧与村镇其他建筑物相连接，另一侧临水或临陡坡，当中则留有可穿行的门洞。这样的门楼一般设于村口或村周，起着限定空间范围的作用（图 3.27、图 3.28）。

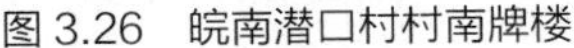

图 3.26　皖南潜口村村南牌楼

图 3.27　关中南豆角村门楼

图 3.28　关中东宫城村门楼

在村落中，牌楼、门楼，以及其他开口的地方都有可能起到框景的作用。由于村落形成过程的自发性，入口空间的框景效果多少也带有一些偶然性。

2. 路径

农村在大多数情况下是房屋先行，待房屋建成后，再按照人们惯常的足迹“踏”出一条路来，建筑与路径各行其是，不存在相互制约的关系。通进村镇的道路，起着将人们由村外引导至村内的作用，对于村镇景观也具有一定的影响。如果通往村镇的是一条笔直的大道，由于距离渐次缩短，建筑物在画面中所占比重越来越大，直至充满整个视野，画面构图不会发生显著变化；如果进村的道路盘迂曲折，所摄取的画面效果将富有变化。或者进村的道路经过一个大的回转，接近村落时才于不经意中突然发现村口，比之缓慢地接近，给人留下更为深刻的印象。

进入村镇的道路通常还有高程的变化。这是因为一般的村镇为防止水灾，多选择在地势突兀的高地上，致使进村的道路在临近村口时必须设置台阶。特别是丘陵地带所处的村落，道路多受地形影响而呈现不规矩的布局形式，迂回曲折地穿插于各建筑物之间。一些盛产石料的山区，常用片石或卵石来铺路砌石，既方便行走，又可以把路面明确地强调出来。多数情况下，因条件所限，村内道路多以土路为主，这样的道路与建筑、墙垣或沟坎相接时，边界明确，若与土地相连则边界就十分模糊。

为了减缓道路的坡度，某些山村常使道路呈盘旋的曲线或“之”字形的折线形式，通过拉长道路的长度来降低道路的坡度。行走的方向不断改变，既扩大了人的视野范围，又可使观景的角度获得多种多样的变化（图 3.29、图 3.30）。盘回于村内的道路，还经常与排除雨水的沟涧相结合，或设与道路并行的排水沟渠，每隔一定距离在沟涧之上搭上一块石板，以通往各户人家，水渠萦绕盘

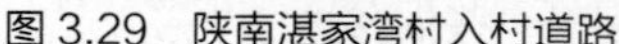

图 3.29　陕南湛家湾村入村道路

图 3.30　陕北泥河沟村入村道路

回于弯弯曲曲的巷道空间，雨天便水声潺潺，形成独特的水景和声景。

二、屋顶与造型

1. 屋顶

民居建筑系村民自建，受约束和限制较少。各幢民居建筑的形成，或由于使用要求不同，或受到气候、地形的影响和限制，或因为多次扩建，建筑物的平面各不相同，其屋顶的形式也极其多样。

从村落的整体景观角度看，屋顶的形式取决于建筑物的群体组合方式。群体组合越自由灵活，屋顶形式的变化便越丰富；群体组合方式越程式化，其屋顶形式便越单调。例如北京地区四合院由于采用一正两厢的布局形式，各建筑物之间互不关联，其屋顶一般均呈两坡硬山的形式，加之建筑物又取面向内院的布局形式，所以从外部看其屋顶形势变化并不丰富，对于村镇整体景观所起的作用也不显著。云南的一颗印民居建筑，虽然也呈四合院的布局形式，但平面组合十分紧凑，正、厢房之间的屋顶相互连接成为整体，特别是正房部分的屋顶显著地高出两厢，而两厢的屋顶又呈一坡长一坡短的偏脊形式，其屋顶形式的变化则较为丰富。皖南、福建、湘西、云南等地的四合院民居建筑，由于布局比较灵活，特别是体形上略有高低错落的变化，其屋顶形式的变化则更为丰富。

2. 马头墙

马头墙又称封火墙，它高出于屋面，可以起到防止火灾蔓延的作用，因而被广泛应用于皖南、浙、闽、赣、湘、黔等地的木结构民居建筑中。除了防火功能外，由于它高出于屋面，形象十分突出，无论对于单体建筑的外观或是村落整体的景观所起的作用都十分显著，特别是村落的整体景观，借助于屋顶和马头墙的相互穿插和交相辉映，具有浓郁的乡土特色。

马头墙和屋顶的关系十分密切，从某种意义上讲，它本身就是属于硬山屋顶的一个组成部分，只不过它比北方地区广为流行的硬山屋顶和屋顶山墙更高、更突出、更富有装饰色彩和变化。马头墙在村落景观中不仅可以极大地丰富村落立体轮廓线的变化，而且具有强烈的韵律和节奏感，以及引人注目的动势感。台阶式跌落的马头墙除具有起伏的轮廓变化外，还能给人以强烈的韵律感，当马头墙在群体组合中重复出现时，其效果更加明显。

马头墙虽然是出于防火的要求而形成的，但其形式处理却带有浓郁的地域和乡土特色。如皖南民居的马头墙多呈跌落的台阶形式，外轮廓线横平竖直，脊背多不起翘，装饰和色彩也比较简洁淡雅，给人以清新和朴素无华的感觉。湘、赣一带的马头墙，不仅厚重而且脊背起翘，沿瓦檐的下部常作彩绘或砖雕，给人的感觉则比较富丽而凝重。福建省的马头墙不仅装饰富丽，而且外形也变化无常，如“猫拱背”马头墙，外轮廓线呈复杂的曲线形式。

三、景观节点

1.桥

桥作为一种水上公共交通设施，在水乡村落较为常见。江南一带最具特色的是拱桥，上可行人，下可通舟，是各居住组团之间重要的联系通道。由于桥跨越河道，加之拱桥桥面的中央部分大大地高出地面，因而桥上的视野十分宽阔开朗。

所谓亭桥即在桥的中央部分设亭，以供人们休憩和观景。这种桥在皖南一带的村落中比较常见，使本来就十分轻盈的桥更加玲珑剔透，而且还可以丰富桥的外轮廓线变化，形成良好的虚实对比。风雨桥则常见于我国西南部广西一带，桥上建有带顶盖的通廊以遮蔽风雨，通廊的屋顶造型优美独特，具有很好的观赏价值，极大地丰富了村落整体空间环境的变化（图 3.31、图 3.32）。

对于其他地区的一些村落来讲，尽管桥并不多见，但凡是有桥的地方，即使是用几块石板乃至用独木搭成的最简陋的桥，都必将为村落环境增添一项独

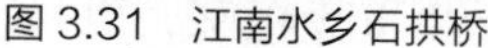
图 3.31　江南水乡石拱桥

图 3.32　广西侗乡风雨桥

特的景观要素，从而引起人们更多的兴趣。对于缺水干旱的地区来讲，水本身就十分令人向往，人们对涉水过桥的体验更感兴趣。

2. 阁与塔

乡村聚落中的阁与塔是重要的标志性景观，在以耕读为主的传统村落中，文昌阁（魁星阁）与文风塔（文峰塔）是主文运的信仰建筑，是村民对子孙后代文运亨通、光宗耀祖的希望寄托。这些阁与塔大多结合风水观念，选址于风景构图的关键之处，高耸的塔体是村落风景断面中的重要景观。

3. 水塘

在许多村落中，都会借助于地形的起伏，蓄水于低洼处而形成池塘。有的甚至把宗祠、寺庙、书院等少有的公共性建筑环列于四周，从而形成村落的中心。例如皖南黟县的宏村中心部分以一个半圆形的“月塘”代替广场，于月塘的北面安排了宗祠、书院等体量高大的公共性建筑作为背景，其他三面则以民居建筑环绕，使月塘成为景观的中心焦点（图 3.33）。

还有一些水塘，位于村落的周边，沿地形曲折变化，水塘边沿树木丛生或兼作菜圃，敞开的一面则设有供妇女洗衣之用的石、台，水塘中还可以喂养鹅、鸭之类的水禽。这种靠近村边的水塘，除为居民提供日常生活的方便条件外，还有助于形成既优雅宁静又充满生活气息的空间环境。

某些临近于建筑物的水塘，被建筑物所环抱，与建筑物的关系十分紧密。平静的水面像是一面镜子，将建筑物倒映于水中，若隐若现，使景观情趣倍增并形成开敞、宁静的氛围。某些水塘周围富有变化，例如有护坡、石阶、曲径等作为点缀，从而形成一种浓郁的自然情趣和田园风味。

图 3.33　宏村月沼

4. 溪流

溪流小巧蜿蜒，充满了动态和活力。坐落在溪流之畔的乡村聚落具有良好的环境及景观效果。

溪流与村落的关系大致有两种情况：一种是溪流沿着村落的边缘流过，多见于山村，民居建筑傍山而建，依地形起伏而参差错落，并通过台阶接近溪边。濒临溪边的人家便可得"近水楼台"之利，不仅可以充分利用溪水方便生活，而且还可以使生活更加接近自然，从而获得浓郁的山石林泉等自然情趣。另一种是溪流贯穿于村落的内部，由于溪流本身曲折蜿蜒，沿溪流两侧而建的民居不仅参差错落，而且与溪流之间形成缓坡或台地，加之溪流两侧树木葱茏、石滩铺陈，形成自然情趣的同时，可以起到调节气氛的作用，并使村落景观富有生机、活力和情趣。

5. 井台

在广大农村，井除了可以提供饮水外，还可以提供其他生活用水，如洗衣、淘米、洗菜等。井台空间虽小，却也是村落中不可多得的交往场所之一。由于家家户户都离不开井，因而它就成为联系各家各户的纽带。特别是某些规模较大的村，会设若干个井，每个井服务于一定的住户，于是就形成了以井为中心而把村落划分成若干小块的格局。为方便汲水或洗刷衣物，井的周围多用石条

图 3.34 相里堡村水井坊

砌筑成井台，与街头巷尾空间结合，形成一个相对宽敞的半封闭空间，既方便人们汲水，又不致影响交通。在有的乡村，出于对饮用水源的重视，会沿井台四周搭砌房屋，将水井保护起来，还会在井旁设祭祀的台座，形成村中的重要景观节点（图 3.34）。

井台空间的形成，虽然主要是出于使用要求，但在村落中，却也可以起到丰富景观变化的作用。一般街巷空间呈“线”状的空间形态，具有很强的连续性，井台空间则属于“点”状的空间形态，两者相结合，可加强街巷空间抑扬顿挫的节奏感。

6. 古树名木

古树名木作为整个村落的标志性景观，无论在村落整体景观还是村民心中都具有重要的意义和价值。福建的村落就很注重保护村内的风水树和风水林，所以在村中经常有树龄达几百年的古树，在村落周边有保护得很好的植被。古树与古民居相互映衬，形成良好的景观效果。

村落中广场中央、街巷交叉口或农户门前的大树下，通常会因其遮阴效果和空间限定作用，成为重要的交往空间，人们在树下吃饭、交谈、游憩，是乡村生活的重要场景构成。

四、材料与色彩

1. 地方材料与构造

民居建筑和村落景观所具有的地域、乡土特色是由多方面因素形成的，其中地方材料以及与这些材料相适应的传统结构和构造方法起着十分重要的作用。特别是以未经加工的天然材料或稍经加工但却仍然保持本色的材料建造起来的民居及村镇聚落，更能充分地表现出特定地区的特色风貌。

在地方材料中，最原始也最易取得的材料便是生土，它被广泛地运用于各个地区的民居建筑。特别是新疆以及陕、甘、宁、晋、豫等部分地区，由于干旱少雨，土质又特别优良，因而民居建筑除门窗等需使用木材外，其他部分几乎全部都是由生土建造而成。对生土更为彻底的利用方式是由生土“建”成的窑洞民居，建筑藏于土地之中，使村落整体环境、外部空间以及其他方面的景观，都迥然不同于一般的村落。除新疆、西北地区以外，其他如福建、江西、安徽、湖南、云南各省也有不少民居建筑的主体部分系由生土筑成，其中比较著名的是福建的土楼。由于生土的防水性很差，仅适合用来砌筑墙体，必须选择具有防水性能的青瓦来覆盖屋面。此外，为了防止墙体雨水的侵袭，屋顶需具有一定的坡度，还要出檐深远（图 3.35）。

图 3.35　永定土楼

在土质不好而又多雨潮湿的地区，一般选择其他天然材料来构筑民居建筑。如贵州省镇宁县一带，其天然石料多呈片状，当地乡村建筑为从屋顶到门窗、墙体全部都是由石料做成，形成“石头寨”村落。藏南谷地中的藏族民居“碉楼”也多用石块来砌筑，但石料较大，且经过加工而呈比较规则的形状。

砖瓦的原料都是生土，但经过焙烧后不仅强度提高而且可以经受雨水浸泡。在民居建筑中经常使用的瓦有两种类型：一种是筒瓦，一种是小青瓦。前者流行于我国北方即东北地区，后者流传于我国南方即西南地区。砖的色彩、形式、规格更为单一。除尺寸略有出入外，各地区民居建筑所使用的砖以青灰色为主。

木材是我国民居建筑主体结构所采用的主要材料。由于各地的气候差别以及其他因素，某些地区的民居建筑虽然以木构架作为基本支撑体系，但是借助其他材料作围护结构，使其外观并不能反映出木结构建筑的特点。而另外一些地区则使木构架部分或全部裸露，从而使木构架的特点得以表现。这两种情况不仅影响到单体建筑的外观，而且也间接地影响到村落的整体面貌。

竹篱茅舍，也是民居建筑所特有的一种形式。在经济不发达的农村地区因陋就简，以最低廉甚至仅需花费少量的劳力便可以获得的材料——稻草、茅草、海带草等来覆盖屋顶，以起到避风雨、御寒暑的作用。与瓦相比，以草为屋顶的民居建筑耐久性差，如果年久失修便会腐烂漏雨，稍有不慎还可能引起火灾，但在保温隔热方面比瓦屋顶更为优越，在景观效果上则显得更为原始、质朴。

2. 色彩

色彩和地方材料有着直接和紧密的联系。中国传统建筑由于采用木构，一

图 3.36　柳枝村四合院

般都必须借助油漆来保护木材以起到防止腐蚀的作用，因而可以通过修饰形成极为富丽的色彩效果。在福建、云南等少数地区也有一些民居建筑借助油漆、彩画来粉饰，但绝大部分地区乡村由于财力有限，大多以原材料直接裸露在外。由于材料本身具有很强的地域性，其色彩也必然带有浓郁的乡土特色。尤其是在材料比较单一的情况下，这种特色尤其突出。

新疆、西北地区的村镇环境，由湛蓝色天空和赭黄色大地、屋宇形成对比强烈的色彩基调，虽然特色鲜明，但色彩效果偏单一。福建的土楼和云南一颗印民居建筑，其主体墙面虽然都由赭黄色的生土筑成，但是屋顶部分却由深灰色的青瓦屋面所覆盖，使建筑物增添了一种色彩，因而不显得单调。加之这些地区的气候条件比较优越，植被覆盖面积大，林木枝繁叶茂，远有青山、近有绿水作为建筑物的衬托，村落的环境的色彩十分丰富。

江南民居的色彩特征主要表现在粉墙黛瓦的强烈对比之间。黑（深灰）与白虽然可以被摒除在“色彩”的范畴之外，但明暗对比却异常强烈。由于在自然环境中又很少见到这两种颜色，因而显得格外突出。洁白的墙面与青灰色的屋顶相互衬托对比，给人以清新淡雅的感觉。

湘、桂、黔一带的民居建筑，通常以木材作为主要围护结构，台基部分多由石块砌筑，屋顶部分则仍为青瓦屋面所覆盖。建筑物的主要色彩分别反映三种材料的本色：屋顶为深灰色；墙身部分为褐色；台基部分视石料质地不同呈浅暖灰色或冷灰色。

以青砖、灰瓦两种材料建造的民居建筑，其色彩最为单调。例如北方的四合院民居建筑的木装修多集中于临内院的一侧，它的色彩变化虽然比较丰富，但就村镇整体景观的外观效果而言，色彩依旧比较单调（图 3.36）。

总之，传统村镇乡土聚落是在中国农耕社会中发展完善的，它们以农业经济为大背景，无论选址、布局和构成，还是单栋建筑的空间、结构和材料等，无不体现着因地制宜、因山就势、相地构屋、就地取材和因材施工的营建思想，在朴素、和谐的形式中渗透着乡民大众的田园乡土、家庭血缘、邻里交往之情，形成生态、形态、情态的有机统一。

〔思考题〕

整理中国传统村落名录，从中选择自己熟知的典型村落，结合文献阅读与资料查找，对其村落环境进行系统的解析。

4 乡村环境中的朴素生态思想及适宜性技术

◆ 第一节　村落选址布局中的传统思想

一、传统思想与聚落择址

二、宏观尺度的统筹规划

三、村落单元的选址分析

四、村落空间布局与自然生态系统

五、村落空间组织与格局

◆ 第二节　乡村民居营建中的自然生态观

一、院落布局与环境小气候

二、建筑形式与室内环境微气候

三、地方性建筑材料的运用

◆ 第三节　传统农业景观中的生态技术

一、陕北地域典型场地建设雨水利用模式

二、新疆“坎儿井”地下引水工程

三、浙江青田“鱼稻共生”系统

四、太湖南岸地区“桑基鱼塘”生态农业

第四章　乡村环境中的朴素生态思想及适宜性技术

生态环境是人类赖以生存和发展的基础。乡村环境中人与自然、人与环境的关系构成了乡村生态系统。

中国传统文化中对待自然的态度强调“天人合一”的自然观。其中，“天”指自然界和自然规律，是与“人”“人类”相对应的概念。“天人合一”思想将人看成是大自然中的一部分，把人类社会放在宏观的生态环境中综合考虑，在尊重自然规律的同时，发挥人的主观能动性，保护、改造并利用自然环境，建立人与自然和谐发展的关系。从行为模式上，中国早期先民从“畏天”向“敬天”进而向“顺天”发展；从哲学理论上，由“伏羲八卦”的原始符号提取发展为“易”的理性思维，进而逐步产生了风水思想，形成了有机环境选择的观念与方法。天人合一、易学思想、风水观念共同构成传统村镇空间规划的朴素生态思想。

在朴素生态思想指导下，先民凭借传统的经验，结合地域性的技术，以及把握恰当的机遇，所形成的立足于本土文化的低技生态策略，即适宜性技术，是先民朴素自然观的真实体现。

第一节　村落选址布局中的传统思想

一、传统思想与聚落择址

传统选址思想是以古代哲学中的“生气论”和“大地有机说”为基础，可归结为阴阳五行说、有机循环观和天人感应说。

1. 阴阳五行学说

“阴阳”概念将宇宙世间万物分为阴与阳两大类，认为一切事物的形成、发展与变化，全在于阴阳两气的运动与转换。在村落选址中，山称为阳、水称为阴，山南为阳、山北为阴，水北称阳、水南称阴；温度高、日照多、地势高等统称为阳，而温度低、日照少、地势低等统称为阴。聚落选址必“相其阴阳”，寻找“阴阳和合，风雨所会”，即阴阳平衡的地方，地形要“负阴而抱阳”，背山而面水，因为只有这些地方才具备人们繁衍生息、安居乐业所需的物质环境条件。

2. 有机循环观

有机循环观即风水中的生气循环论。该理论认为，自然界每时每刻都在进行物质和能量的交换和转化，不同的物质形态的转化都是“生气”影响的结果。阴阳之气就是生成万物的“生气”，阴阳二气交合的结果，呼出则成风，上升则成云，下降而成雨，蕴藏在地下则为生气，此为“生气循环”的道理。有机循环观除反映了一种朴素的辩证法思想之外，还在一定程度上揭示了大地循环和水分循环的深刻原理。

3. 天人感应说

“天人感应”的理论基础是“天人合一”。古代认为“天道”和“人道”、“自然”和“人为”是合一的。天人感应学说认为，所谓的自然规律是天制定出来的，人是天根据自己的特点创造出来的。“天人感应”的思想进入村落选址中，就是认为只有选择合适的自然环境，才有利于自身的生存和发展。这种有机自然观，是东方传统文化的精华。以山水为核心的环境评价体系，将适宜人居的基址定为“吉”，不宜人居的基址定为“凶”，进一步将环境要素物化，赋予一定的含义。所谓“风水宝地”是指由其所处的山脉和水系及其他组成部分共同构建一个适宜人类生存的山水系统。

4. 风水观念与聚落择址

风水在古代作为相地之术，在选择最佳宅址时需临场校察地理，以有利于农业生产和人类居住为基本准则，讲求“负阴抱阳”“山环水抱”，一般要求基址后面有主峰来龙山，左右有次峰、左辅右弼，山上要保持丰茂的植被；前面有月牙形的池塘（宅、村环境）或弯曲的水流（城、镇环境）；水的对面还有一个对景山——案山；轴线方向最好是坐北朝南。基址正好处于这个山水环抱的中央，地势平坦而具有一定的坡度（图 4.1）。

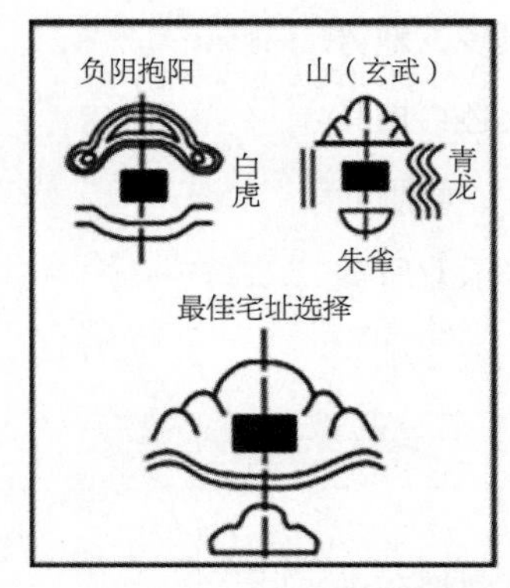

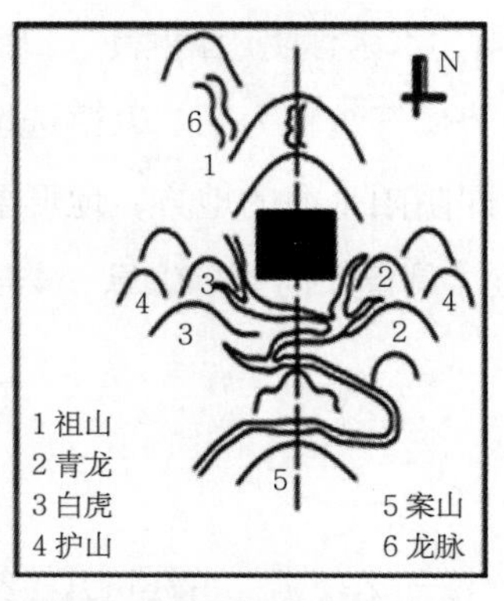

图 4.1 风水观念中的理想宅基及聚落选址示意

传统乡村聚落在规划之初，要考虑的第一件事便是确立最适宜的发展空间。在系统性思想的指导下，形成了通过对地脉、地势、地形的筛选，并结合水源、水脉的考量，层层深入细化的系统性选址方法。

二、宏观尺度的统筹规划

从宏观角度看，中国传统乡村聚落受易学思想为代表的系统观念影响，通过选址与理形，形成传统村镇空间的整体环境。以系统性思维分析，乡村聚落处于大地山川系统层级之下，与周边环境相互协调开放，形成整体性的形态。

在国土大地环境尺度上，作为一个节点，村镇聚落必须与外部大地山川系统相互协调，这就是“寻龙捉脉”，即通过“望势、察迹、辨形、观色”等方法选择山脉。现代地理科学证明，山系庞大、脉络悠远的地质结构更加稳定、资源更加富饶。能够成为传统聚落龙脉的山川应当在外形上连绵起伏，环境上生态良好。

根据我国传统地理学与风水相关著作的描述，古人将我国的山川地理总结为：祖于昆仑，下生“三龙入中国”。昆仑山是中国传统神话传说之中的万祖之山、第一神山。昆仑山高耸连绵，屏障西部，在古时候被人们认为是世界的边缘，更成为传统文化中山脉与水系的总源头。

三龙又称为三大干，分为北干、中干、南干，指被视为中国历代龙脉走向的山脉。北干指黄河以北的广大区域，黄河与鸭绿江之间的漠南诸山脉，如太行山、燕山、军都山、天寿山等；中干指黄河与长江之间淮南诸山脉，如嵩山、大别山等；南干则是长江与南海之间岭南诸山脉，如武夷山、衡山、天目山。

中国境内的“七大水系”均为河流构成，均属太平洋水系，分别是珠江水系、长江水系、黄河水系、淮河水系、辽河水系、海河水系和松花江水系。山脉与水系往往是相辅相成的，水随山势蜿蜒，山为水所分隔。对于山地、丘陵地带的传统村镇来说，山脉的情况决定了村镇选址的宏观区域。而对于平原地区的村镇来说，微地形变化及水系情况则成为选址的主导要素。

山、水作为两大自然要素，与乡村的布局有着多种空间关系。这种空间关系，不仅决定了山、水、村之间的位置关系，也影响着自然山水环境下的乡村总体布局与空间形态等。

影响聚落选址的山脉，往往由主干山脉分形而来，呈树状扩散，等级明确。这是由传统聚落（包括城市、村镇等）与龙脉之间双向影响的关系造成的。一方面，传统聚落等级规模决定了所需选址疆域面积；另一方面，山脉条件往往决定聚落的发展前景，这就造成区域开阔、交通便利的小型村镇在不受战乱等人为因素影响的条件下，更便于发展为大型集镇，甚至成为中心城市。在这种情况下，聚落规模、职能与龙脉干、枝之间相呼应的分形形态特征，有着由大干龙—小干龙—大枝龙—小枝龙的树状分形格局（图 4.2）。

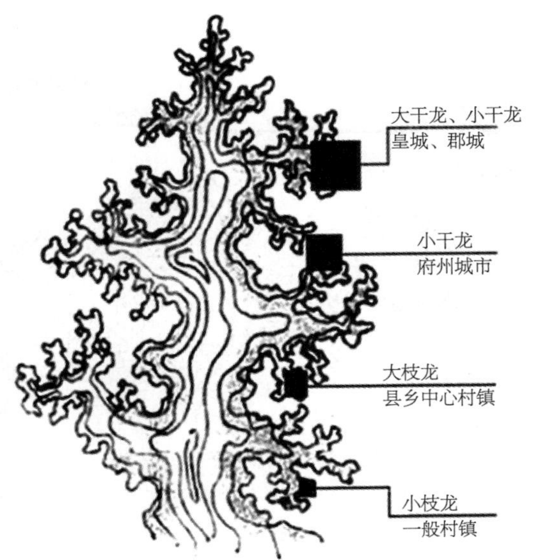

图 4.2　龙脉分形与村镇选址图

图片来源：李蕊．中国传统村镇空间规划生态设计思维研究 [D]. 河北工业大学，2012.

聚气，是中国人对于人居环境的基本要求之一。中国传统文化中，气是万物基本元素，包括阴阳两性，阴阳结合于地中就是生气，可“生乎万物”。生气是沿山脉流动的，山脉停止结穴的地方就是生气的汇聚场所。根据“气乘风则散，界水则止”的学说，“山环水抱”的地理条件可以形成聚气的吉祥宝地。

山川形胜和建筑外部的自然环境，构成自然的山水景观格局，山、水、建筑组成了人类宜居环境的物质空间要素。山水格局下的中国乡村依据先人“天人合一”的营造理念，总是能因地制宜，或随田散居，或依山就势，或临水而居，由此形成如林盘景观、苗寨景观、圩田景观、梯田景观、土楼景观以及其他各具风水特色的山水景观。

三、村落单元的选址分析

在村镇整体环境区域尺度上，通过龙脉的确定，可知传统村镇的宏观区位，作为一个面域，对于微环境形胜的选择与改造，则体现着最直观的生态良好选择标准，这就是“察砂点穴”。

“砂”同“龙”同属于山，“砂”与“龙”形成层层叠抱合围的态势，以

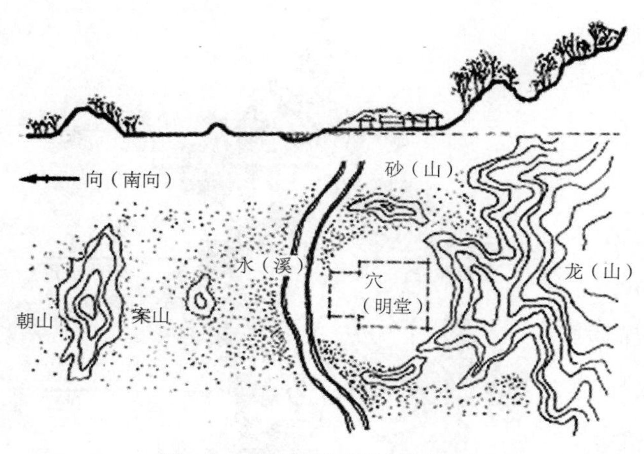

图 4.3　传统思想下理想村落示意

图片来源：孙大章．中国民居研究 [M]．北京：中国建筑工业出版社，2004.

形成“风水宝地”优良的小气候。“砂”对构成负阴抱阳这一封闭型地理环境起了决定性的作用。山能掩风，临近水源、平坦的土地便于农耕，这是具有农业社会特色的理想环境模式，是中国古人在处理居住建筑与周围环境的长期实践中形成的经验总结（图 4.3）。

“点穴”即确定阳基的范围。一般选取地势宽平，局面阔大，前不破碎，坐得方正之地，枕山襟水，或左山右水。建筑格式多喜扁矩形，而忌纵深方向的狭长形。“察砂点穴”是对于地形的具体环境的辨别，通过考虑临近村镇的山体和水系的形态、品质、方位等要素实现周边环境的形胜，进一步使村镇得到良好的资源与微气候条件，同时满足人们的美学心理要求。

1. 山法——“围合”与“均衡”意识

相对于宏观区域的确定来说，村镇整体尺度上的精确选址是人视觉直观可见的，其具体的要求往往更为严格复杂。选址过程中，对于山体的处理，核心是“聚气”，有着“围合”和“均衡”的要求。

聚气是通过内向环抱的主山和砂山，结合水系“生气界水则止”的作用而形成的空间格局。由于中国冬季寒风多为北、东北和西北风，尤其是风水盛行的东南部地区，风由北、北偏东吹来。通过经验的积累，对于村镇环抱的山形，主山和东侧龙山相对较高，可以有效遮挡冬季寒风（图 4.4）。夏季中国多南风，东南部地区是明显的东南季风和西北季风区，气候高温多雨，山体环绕并留有开阔的明堂，结合水系，可在减缓热风的同时，得到经过山体缓和与水面生成的舒缓的夏季凉风（图 4.5）。这样一个冬暖夏凉的微气候环境正是理想的居所。

村镇的选址往往具有轴线性。村镇、主山和案山形成基本对位的轴线，左右砂山对称于轴线两侧。这种对称并不严格，但一定要具有均衡的空间格局。村镇四周山形不应死板，要活泼疏朗，“玄武垂头，青龙蜿蜒，白虎驯俯，朱雀翔舞”。此外，往往还有文峰、文笔、笔架、印斗、宝椅、金马、狮、象、鸡、

图 4.4 冬季风环境

图片来源：李蕊．中国传统村镇空间规划生态设计思维研究 [D]. 河北工业大学，2012.

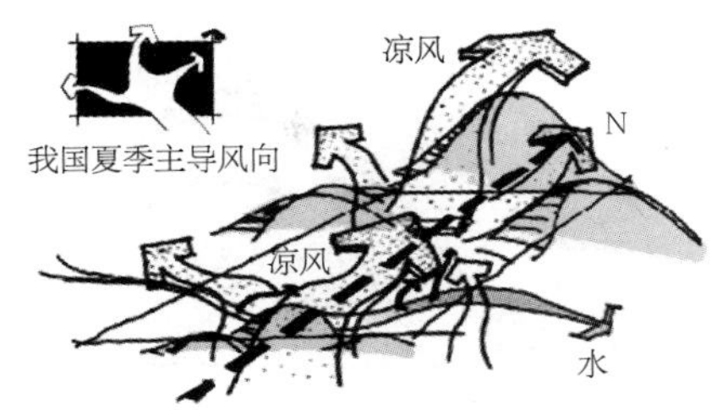

图 4.5 夏季风环境

图片来源：李蕊．中国传统村镇空间规划生态设计思维研究 [D]. 河北工业大学，2012.

玉兔、神龟等联想比喻，是为“喝形”。通过喝形，山体形态符合人们心理上的美的感受，形成具有文化氛围的可感知空间场所，增加了居住者的认知感与归属感。从一定程度上来说，这让当时的人们在心理上得到安慰与满足，也激发了他们美好生活的愿景，促使村镇建设进一步展开。

2. 水法——以曲为吉、以柔生情

中国古代村落环境尤为重视水的形势，凡一乡一村，必有一水源，水渠处若有高峰大山、交牙关锁、重叠周密，不见水去，则被认为是吉地。水道不可水流湍急或转弯陡急，最好流速平缓，蜿蜒屈曲。河流以河曲之内为吉地。聚落建在河曲内凸岸，地基不断增宽，利于居住，是与河流地貌学原理相符的（图 4.6）。

在村镇整体环境层面，中国传统文化中对于水的辨别是从方位、形态、品质三个方面出发的。其中，水的品质是基本要求，水质清澈甘甜是必然的选择；在水法中水的形态是最重要的标准，好的形态具有“曲”“柔”“情”等特点；而方位观念在实际的选址应用中往往根据地形山川的不同而有所调整，如果山水形态均适宜，方位上可有所放松。如江西乐安县牛田镇的流坑村，水系乌江由东南向西北形成天然的金城环抱之势，所以以村镇南山为主山，整体方位居南面北，但因其山川形态良好，也是一个生态环境优美富足的宝地（图 4.7）。

再如宏村古村落的选址规划和古水系的开凿建设，对水的利用和改造既满足了生产生活等多种功能需求，同时也营造了生态化、园林化的村落宜居环境，其中蕴含着先民朴素的生态观念。古水系的开凿尊重村落环境，因势利导。水圳开凿在村落的中间，西溪旧河道之上，保留下来的江河湖泊蜿蜒、分叉散

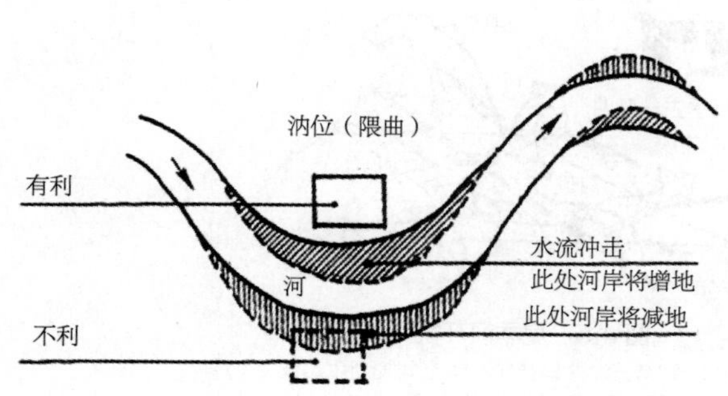

图 4.6　河曲宅基的地貌学原理示意

图片来源：孙大章．中国民居研究 [M]. 北京：中国建筑工业出版社，2004.

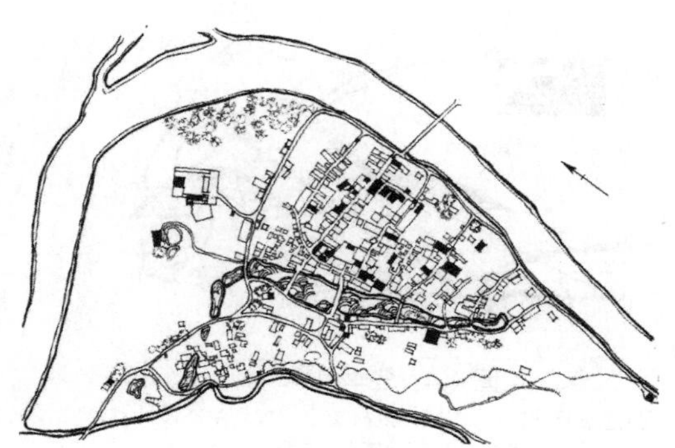

图 4.7　江西流坑村地理格局

图片来源：孙大章．中国民居研究 [M]. 北京：中国建筑工业出版社，2004.

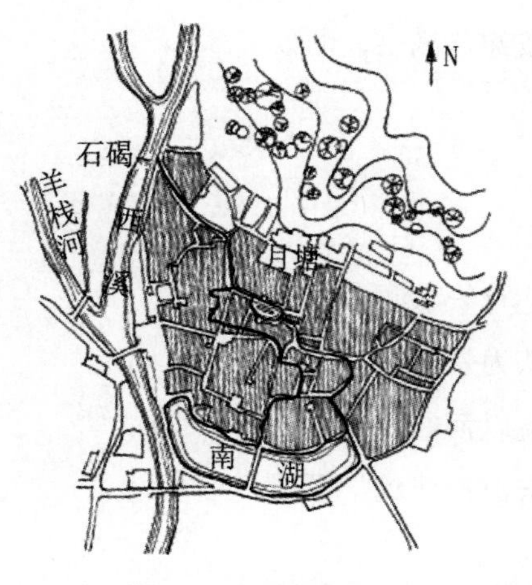

图 4.8　宏村水系格局

乱的自然形态，是与自然环境保持和谐的有效手段；在原河道之上开凿节省了很多的土石方工程量；水圳顺应宏村西北高、东南低的自然地势开凿，解决了水流的动力问题；古水系工程合理利用自然所赋予的便利条件，并与自然环境交融在一起（图 4.8）。这些手法使得水系和村落民居与自然完美地融合在一起，同时也使村落中的居民充分享受到自然的美好。这种尊重自然环境并以积极主动的态度利用自然环境的生态观是人居环境可持续的关键。

3. 山水围合——聚气藏风

村镇周围的山形成“全围合”的实体空间模式；由北部环绕的山体与村镇建设发展区域形成的实体空间上的“半围合”，这种空间的半围合往往由面前玉带状的水系在心理上实现“全围合”，对于村镇的实体建筑空间来说，又形成内部的“全围合”形态，以凝聚的状态扎根大地。

“多重围合、山水相依”的空间形态即为“藏风聚气”的实体反映。由于“气乘风则散”，所以有靠山、能够遮挡寒风的围合之地可以“藏风”，而“气”会“界水则止”，好的气场会停留与聚集在河流、湖泊旁边，所以门前有水流的地方可以“聚气”。以现代科学观点来看，“围合”的基地便于村镇的实体空间环境的微气候调节，同时这种形态亦满足了人们心理上的领域感与安全感（图 4.9）。

4. 择向——面南而居

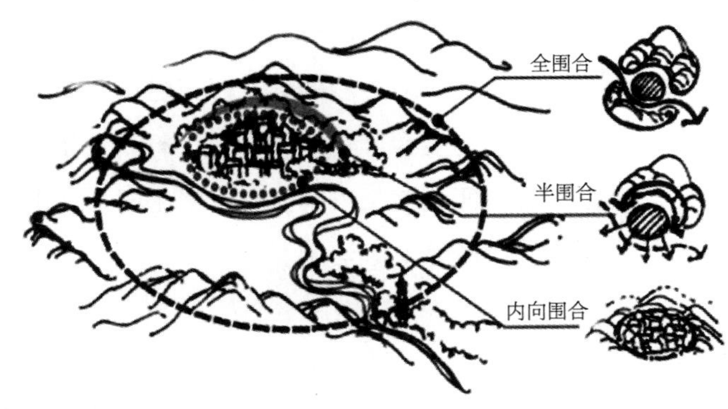

图 4.9　多重围合的村镇空间选址

图片来源：李蕊 . 中国传统村镇空间规划生态设计思维研究 [D]. 河北工业大学，2012.

风水中讲究“面南而居”。《周易·说卦》中说：“圣人面南而听天下，向明而治。”实际上就是指“向阳而治”。这就形成了一种中国古代特有的“面南文化”：天文星图立仰天象，地图俯视地理，都城坐北朝南沿中轴线展开，建筑也多是坐北朝南兴建而成。

中国大部分地区阳光从南面照射，夏季盛行的是暖湿的偏南风，这就决定了中国风水在坐北朝南的模式下，聚落西、北、东三面环山，可以抵挡寒冷的冬季风，南面略显开阔，以迎纳暖湿的夏季风。

5. 案例解析——榆林米脂县刘家峁姜氏庄园

榆林米脂县刘家峁姜氏庄园位于县城东 16km 桥河岔乡刘家峁村的牛家梁山巅，南面的沟谷属于无定河支流东河沟流域的源头部分，呈现沟壑纵横、梁峁起伏的地貌景观，山丘顶部较为平缓。东河沟流域北面靠山牛家梁属中龙在陕西境内支脉六盘山的横山余脉，由祖山昆仑山、少祖山六盘山、父母山横山徐徐而来，拱至穴前。

姜氏庄园是在山“凹”处开挖建造的民居院落，院落主体坐东北朝西南。牛家梁来脉悠远，北面靠山，左右护砂环抱合围，南方朱雀遥相呼应。水流自东北向西南，汇入无定河，最终入黄河。姜氏庄园“玄武”牛家梁居东北方，“朱雀来朝”居西南方，“白虎低伏”居西北，“青龙蜿蜒”居东南，整体形成一个“负阴抱阳”“金带环抱”“明堂阔大”的格局。

陕北地区冬季盛行凛冽的西北风，十分寒冷。而姜氏庄园即使在最寒冷的冬季也十分温暖。除了“藏风得水”的山水格局外，还有对于阳光的完美利用。姜氏庄园整体坐东北向西南，以中院大门—月洞门—二门—垂花门—上院正窑中孔为中轴线，两边对称。最尽头主人居住的正窑为靠山式窑洞，朝向最佳日照方向，可以接受较多的太阳辐射面积。

姜氏庄园具备典型的陕北小流域选址的特点，即“负阴抱阳”“藏风得水”。

这些最佳的环境因素使得姜氏庄园具备了极好的气候环境。尤其在冬季，庄园南部地势较低，光照充足，庄园内没有凛冽的寒风，十分温暖宜人。而夏季则能迎来东南暖湿风。村落选址距离河谷不远，取水便捷；雨季时，雨水由西北流至东南河沟，使庄园不被由暴雨所致的水位上涨、土壤湿陷、滑坡所威胁（图 4.10）。

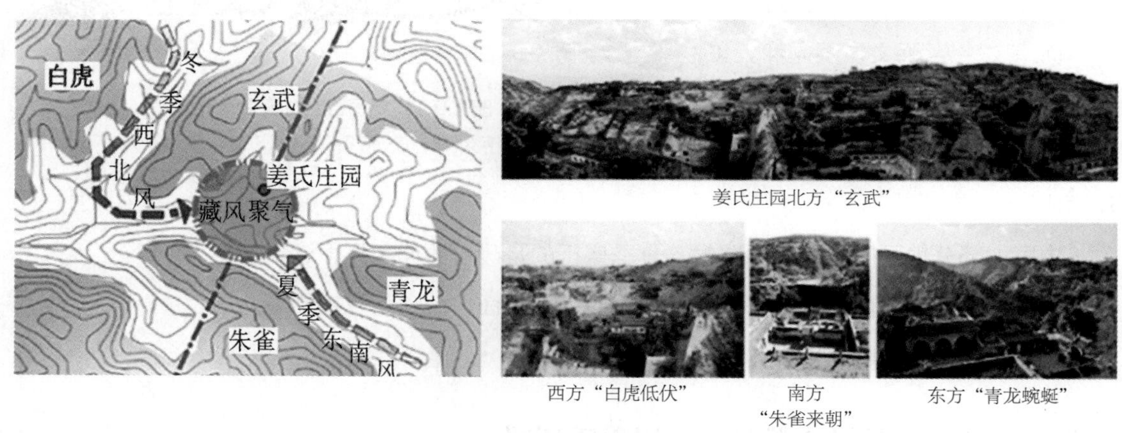

图 4.10　姜氏庄园择址分析示意图

图片来源：李冰倩 . 姜氏庄园外部空间环境分析 [J]. 建筑与文化，2016（6）：39-40.

四、村落空间布局与自然生态系统

确定基址后，中国传统村落奠定了良好的自然基础与环境场所，而如何将良好的资源引入村落内部，则是更为关键的问题。传统村落自身的空间布局充分结合当地的地理条件，因地制宜，依山川形势营建，其空间形态结构是综合考虑自然条件与人文需求而形成的村落发展骨架。

传统村落是人工环境为主的人类聚集场所。人工环境是村镇空间的基质与容器，它装载了风、水、绿等多种自然环境要素。人工环境除基本的居住、农业经济功能外，还有商业、宗教、教育、行政、休憩等多种功能。从村镇的发展结果来看，功能越是丰富的村镇，其活力越繁荣，抵抗外部干扰的能力越强。

1. 通风系统

通风系统主要以村镇街道—巷弄—院落空间为主要空气输送通道。宜居环境对于风的要求是：风速柔和、空气清新、夏季凉爽、冬季减少寒风沙尘。由于南北气候差异，湿热的南方地区对通风环境的要求最为严格。村镇内部形成

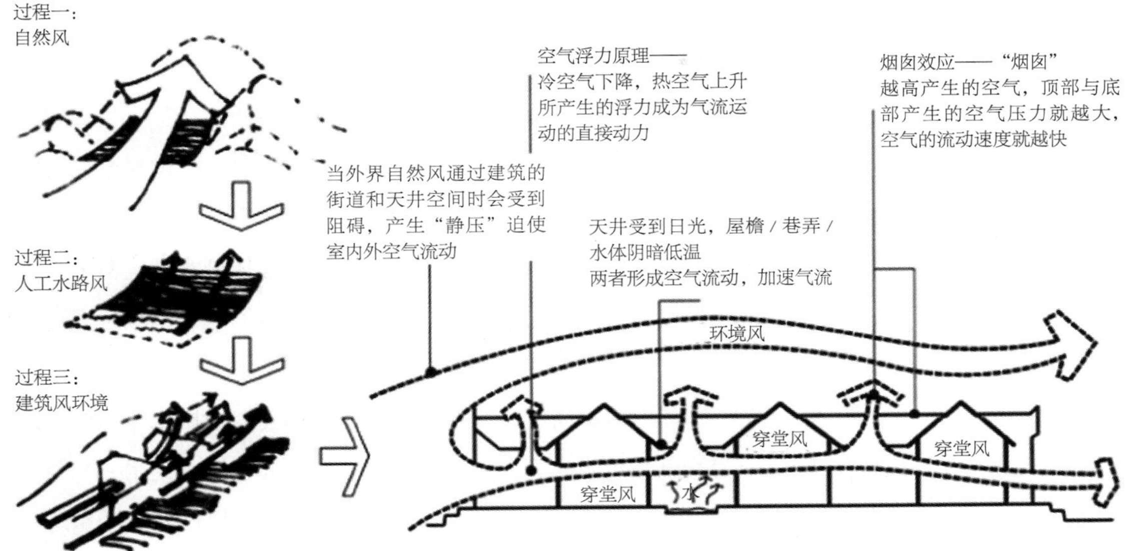

图 4.11　村镇风环境系统示意图

图片来源：李蕊．中国传统村镇空间规划生态设计思维研究 [D]. 河北工业大学，2012.

的通风系统主要包括三个过程（图 4.11）：

过程一：外部空间主导风向，形成村落基本风环境。村镇建筑应当顺应这一风向。

过程二：村落中的湖、池、塘形成水路风，调节微气候。

过程三：巷弄、备弄空间是阴影区，温度较低，形成冷巷/冷院，与接受阳光的院落相比，风由大气→街道→巷弄→院落（入风口）→居室→廊道/后院（出风口）→大气，形成建筑风环境。

因此，具备良好通风体系的村落，其主体建筑、主要街道常顺应主导风向，以利于村落新鲜空气的引入；村落外部空间的收放可以引导风向、降低风速；院落空间则是风环境的重要节点。通过“街道—巷弄—门窗/院落”形成的通风系统，充分发挥空气的物理动力，形成健康、经济、持续的被动式通风环境。

2. 用水系统

村镇聚落空间中主要的水体包括外部地表水系、人工湖、水池/水塘、水圳、水槽/渠、水井、水缸等。各种水体均有各自的作用，分工明确，联系紧密。

村落环境对于水系统的整体要求为：清洁干净、洁污分流、活水循环、充分利用。

首先，从外部地表或内部水源引来的水必须是干净健康的。

其次，将洁水与污水利用水平分离或垂直分层的方法分流，使村落内部水系洁污分流，互不干扰。

再次，通过水的流通“管道”的空间收放与落差处理控制水量与流速，使村落内部活水循环往复，自我净化。如宏村水圳中的水最终汇入南湖，通过沉淀、生态过滤和净化作用，流回溪流时依然是一股清流。

最后，提倡一水多用。水通过屋檐水槽、天井下方及墙内排水管后流入地下水道，经过一定的自然净化，流入人工水系，可以形成“居民使用—养鱼—灌溉”的一水多用模式，还可以产生以人养鱼、以鱼养田、以田养人的循环生物链（图 4.12）。

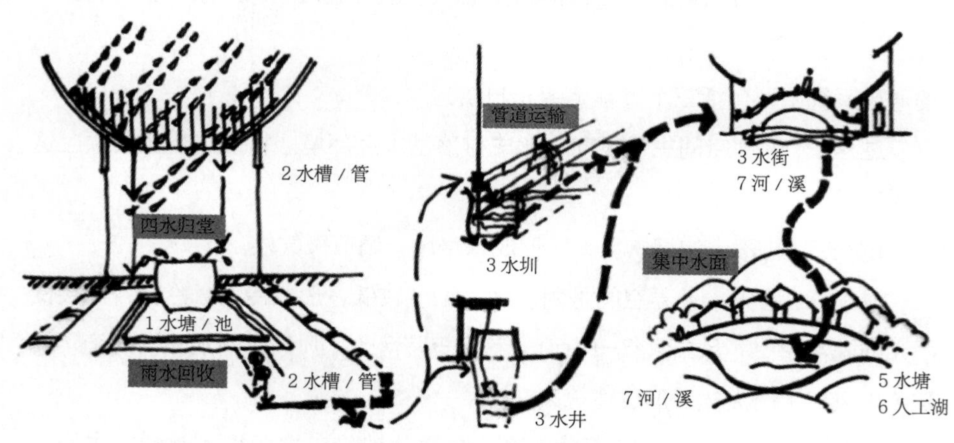

图 4.12　村镇水环境系统示意图

图片来源：李蕊．中国传统村镇空间规划生态设计思维研究 [D]. 河北工业大学，2012.

3. 绿化系统

传统村镇聚落的绿化系统，往往是伴随水环境系统而生。就其自身来看，可从点、线、面三个方面进行分析。

（1）点型绿化

中国传统村镇内部空间的绿化系统以“点”为主，多集中于民居院落之中。大户人家的院落包括园林区和建筑区，建筑区内部以点树为主，多为乔木或乔灌结合。植物的配置呈对称式或独立设置。普通民居院落的植物配置较为简单，可独立、可对称种植，花果树种也常有出现，亦有简化使用盆栽、盆景的方式作为院落绿化景观。

传统村镇内部街巷空间尺度较小，很多情况下难以容纳线状绿化，通常以“点”的形式出现。其中,最重要的类型是“风水树”。风水树是村镇中神化的树木，代表村镇的民间信仰和精神寄托。风水树的位置在村口或建筑围合的公共节点，常为孤植，亦有群栽，是村民休闲、集会的标志性空间节点。风水树的树种选择常见香樟、槐树、银杏、枫杨、枫香、黄连木等长寿树种（图 4.13）。

台基

主房坐北朝南

图 4.13　合院式民居建筑的生态性

图片来源：许岩，储若男 . 浅析关中合院式民居建筑的历史沿革 [J]. 建筑遗产，2013(19)：245-245.

点型绿化的生态作用，是植物的呼吸作用成为民居微气候的调节机制之一，同时也为村镇内生物，尤其是鸟类提供生态立足点。

（2）线型绿化

线型绿化通常出现在村落的边界，集中于入口道路、河岸与湖岸，树种以乡土树种为主，结合部分景观树种，形成丰富的空间层次。如宏村湖岸植物线型分布，树种为落叶阔叶型，上层是枫杨、杨树，中层是垂柳等。传统村镇河流有村落边缘穿过或村内穿过两种形式，村落边缘水系堤岸呈线性绿化，但一般村内穿过的水系，建筑空间利用率高，很少以线性方式出现。

（3）面型绿化

面型绿化指集中的绿化方式，这种绿化方式往往是村落的生态源地，常出现在水口园林、四周环抱的龙背砂山等处。这种生态源地的树种一般选择高大、茂密的乡土树种，为村镇提供天然的标志物、屏障与背景。这一区域的植被是村镇环境保护的重点，一般不容随意砍伐，并且会定时修剪、培补。生态源地面域植被对村镇来说代表的是微气候调节的第一道屏障，具有遮挡冬季来风，提供水源涵养，为村镇建设提供乡土材料等实用意义。同时，无论是水口园林还是龙脉园林都具有财富、吉祥等精神象征意义。

五、村落空间组织与格局

传统村落的空间组织由“中心、方向与领域”三元素组成。

1. 中心：以“点”形态构建空间核心

传统风水中的“穴”就是中国传统民居聚落构建中的“中心”的概念。古代认为人们居住在苍天之下，土地之上，自然之气与人之气聚集交会之处，即天人相交的结合点，就是“穴”。村落内部向心内聚状的空间，是以血缘来展开的聚族而居的空间组织。其空间布局是以祠堂、庙为几何中心展开的，严整大气的序列结构塑造着庄严肃穆的空间氛围，表达敬祖尊先、长幼有序等宗族礼制精神。这种围绕一个中心组织空间的建筑群形式，一直影响着中国传统聚落的发展。

2. 方向：以“线”形态构建空间走向和结构脉络

地形坡度与水系形成了民居聚落中街巷的方向感，即常以道路为骨架构建空间序列，丰富空间的层次。在传统民居聚落中，多沿着长巷与水道线性展开，形成线型布局，构建灵活多变的空间结构；也有的采取均衡对称的中轴线布局构建规整严谨的空间结构。而街巷多半不是平直的，用迂回曲折的自由形态来分散线性空间的透视深度，住户的入口空间则被街巷两侧平直的墙面有节奏地分割成段落，使连续的线分成了线段，增加了情趣，避免了单一乏味，也体现了空间的多样性，街巷与院落相辅相成，构成形态各异的公共场所，彼此渗透交融。

3. 领域：以有形的界面构建封闭形态的活动空间

领域的边界界面小至庭院围墙，大至山川、树林。传统聚落空间常选址于大自然群山环抱或河水萦绕的封闭领域之中，主要是由于其强调封闭格局，追求“藏风聚气”的环境。

第二节　乡村民居营建中的自然生态观

中国传统民居建筑是以尊重自然为前提，在自然环境和社会历史传统中融入人类的创造力而形成的。崇尚天地，适应自然，对自然资源既合理利用又积极保护成为中国传统民居建筑发展的主要特征。

一、院落布局与环境小气候

1. 合院式

合院式的建筑空间是人类在建筑活动中较早出现的一种空间形式，在我国可以上溯至西周奴隶社会时期。对自然条件和气候因素的考虑和适应性的演化，使传统四合院民居从空间形态、构造形式到细部处理上都体现出与气候、环境协调的朴素自然生态观。

作为主房的正房采用坐北朝南的布置方式，在冬季可以更好地获取日照，有利于进行采光和供暖；另外门窗朝南向开启，冬天可避开寒风，夏天则可迎风纳凉；在空间上合理安排各部分的尺度，通过改变台基和各房间的高度，使各房间在冬季均能够获得良好的日照，有利于采光和被动式供暖；合院形态的微气候调节能力可以净化院内空气质量，解决由于建筑所造成的污染排放，达到小范围内的自然生态平衡；冬季，合院民居中宽大的南窗不仅增大了天然采光面积，而且可利用围护结构的蓄热作用，达到节能和提升居室的室内热环境质量的目的（图 4.14）。

2. 窑居式

窑居式民居主要分布在甘肃、陕西、山西、河南和宁夏等五省区，河北省中部、西部和内蒙古中部地区也有少量分布。

覆土建筑的厚重围护结构使窑居建筑避免了室外环境温度波动变化的不

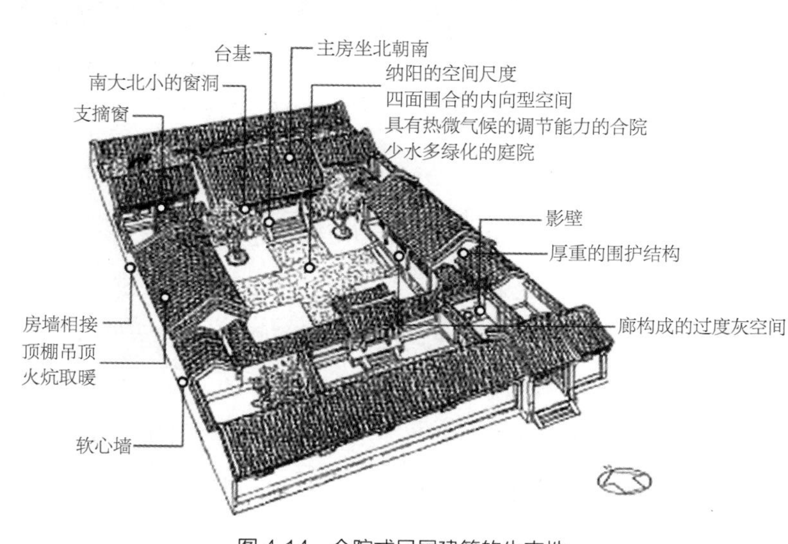

图 4.14　合院式民居建筑的生态性

利影响；集中式形体具有较少的外墙面积，得热与失热相对较少，有利于保持室内相对稳定的热环境，因而冬暖夏凉是窑居建筑的最大特色和优点。此外，窑居的建构和使用作为自然的一部分构成要素，恰当地嵌入自然肌理，参与自然生态系统和能量的循环，与自然建立了和谐的关系。

靠山式窑居的群落布局多坐北朝南，随坡就势地层层建于阳坡之上，这样可以尽可能多地获得充足日照，并使前后的窑居无光线遮挡。下沉式窑居的窑顶可以种植蔬菜与经济作物，尽可能减少对耕地的占用，达到节地的目的；同时，建筑体量置于地下，也保证了近地面层绿化系统和步行系统的延续性；此外，窑顶植被的种植可以减少风沙、暴雨造成的土层流失，增加绿化并保持生物的多样性（图 4.15）。

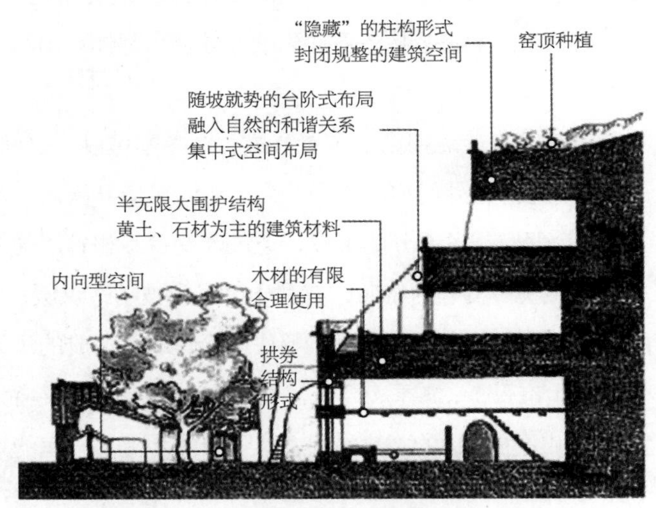

图 4.15　窑居式民居建筑的生态性

图片来源：田银城．传统民居庭院类型的气候适应性初探 [D]. 西安建筑科技大学，2013.

3. 厅井式

厅井式民居是中原传统建筑文化与地域建筑文化长期交融的结果。夏热冬冷地区的徽州民居是厅井式民居的代表。

徽州厅井式民居建筑空间的组合是传统沿袭下来的固定模式，由多开间建筑单体围合出天井，利用开敞的堂屋和天井有效地组织热压通风以改善室内的热湿环境，天井面积较小而高宽比较大，避免大量阳光的直射。另外，天井内条石铺地，设排水池，院墙一侧多布置盆景、植物，起到很好的蒸发降温作用。厅井式民居的天井能很好地适应当地夏季炎热、多雨、潮湿的气候条件，满足建筑院落采光、通风、排水等需求，而且是日常家庭活动以及与外界沟通的重要空间（图 4.16）。

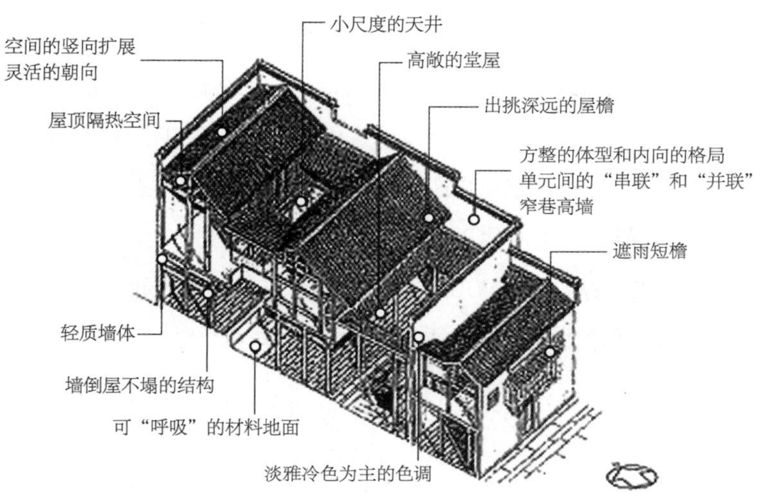

图 4.16　厅井式民居建筑的生态性

图片来源：田银城．传统民居庭院类型的气候适应性初探 [D]. 西安建筑科技大学，2013.

4. 干栏式

干栏式民居建筑大多位于沼泽河湖、地势卑湿的地区，如西南地区的云贵山区等，是为了解决当地自然条件“下湿润伤民”而采取的理想建筑形式。

干栏民居村寨选址于高山阳坡，随坡就势而建，有利于排除雨水和防涝，且拥有良好的视线和朝向及采光。经过植被降温的山谷风增强了干栏民居的通风散热效果；山坡下的河谷方便生产生活用水，夏季河谷风给民居提供了良好的通风和散热。建筑通透开敞的平面空间有利于夏季良好的通风，空气的流动带给室内新鲜空气的同时带走室内热量和湿气，更可增强人体的舒适感（图 4.17）。

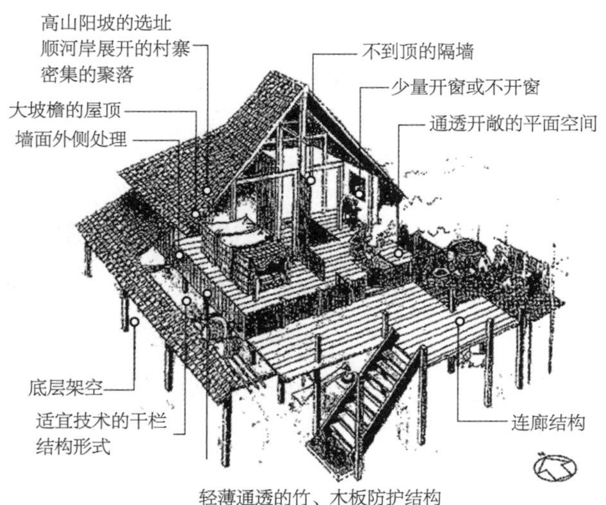

图 4.17　干栏式民居建筑的生态性

图片来源：杨大禹，朱良文．云南民居 [M]. 北京：中国建筑工业出版社，2009.

二、建筑形式与室内环境微气候

1. 合院式

出于对争取冬季日照采光保暖的考虑，传统的北京四合院在建筑单体的形式上具有约定俗成的做法，如房屋的台基高、室内净高低，房屋进深窄、南窗宽大等。建筑的檐廊可以在热天或雨季提供舒适的户外工作和家务活动环境，是一种既方便生活又适应气候的处理方法。

北京四合院普遍采用厚重的墙体结构，材料以土、砖、石为主，平均厚度达 490mm，屋面厚度达 200 ~ 300mm。这样的外围护结构具有保温、隔热的优点，能较好适应北京冬季寒冷的气候和早晚温差变化对室内热环境的影响。

2. 窑居式

黄土高原的窑居以黄土和砖石作为围护结构，通常窑顶上多覆土，其围护结构具有很好的热稳定性，可以有效调节窑居室内环境的微气候，适应当地明显的季节性气候特征。建筑部分体量置于地下，或被大面积的绿化及平台覆盖，起到隔热、防尘、改善微循环的作用，与建筑空间共同构筑一个平衡的生态系统。

3. 厅井式

厅井式民居的墙体仅起围护作用而不承重，建筑的荷载完全由木柱来承担，因此立面开窗不受限制，可以开宽大的门窗以利通风。屋顶以硬山为主，先在檩条上搁椽，椽上铺望砖和小青瓦。在铺瓦之前要先做好屋脊，然后从上而下，从中间向两边依次施工。底瓦大头向上，盖瓦大头向下，以利于排水。有些民居在檩条上密铺方木椽子，椽上铺望砖和瓦或者直接铺厚木板，板上铺方砖和瓦。这种屋面构造热阻较大而热容相对较小，利于建筑的隔热。

此外，对于一些重要的建筑构件，徽派民居也采取了有效的防潮措施。例如楼梯的下端往往用石块垫起，柱子下端用雕刻精美的石料作柱础，这些都是为了防止潮湿对木构件的侵蚀。

4. 干栏式

底层架空是干栏民居建筑的典型特征。这种形式既避免了对地表的破坏，又避免贴地潮湿，利于楼面通风，能够适应西南地区的热带季风气候条件，并且能够防避虫兽侵害，便于防洪排涝。建筑外墙、楼板和屋顶都是由木板或竹片拼接而成，轻薄通透，夏季有利于室内的通风换气，达到降温和避免围护结构潮湿的作用；室内隔墙不到顶，保证了内部空间的通透性，充分利用热压通风，可强化建筑的通风效果。

三、地方性建筑材料的运用

我国传统民居建造过程中大量使用地方性材料，不仅经济节约，而且可以充分发挥各种材料的特性、质地、色泽、肌理等，反映出传统民居的地域特色，并能使材料的力学性能、热工性能得到合理发挥。另外，使用自然材料也体现出返璞归真、与大自然融合的生态思想。传统民居使用的自然材料中，植物材料包括木、竹、草等；无机材料包括土、石、砂及用土烧制成的红砖、青砖、瓦等。

1. 生土

生土是最经济、环保、易取的建筑材料。中国地域辽阔，生土材料分布面广、量大，数千年来人们对生土的挖掘可谓“土尽其才”，体现在民居营建的诸多方面。

生土材料在建筑结构中广为使用，如用于生土墙的土坯拱顶体系、土木结构体系等。生土材料既可以用作主要的墙体材料，如制作夯土墙体、土坯砖墙体，又可以用作外墙表皮的保温层或者围护层（图 4.18）。生土材料与木材结合可作为生土建筑的承重结构，还可应用于民居的屋顶。生土材料还经常用作民居生活设施，如以生土材料砌筑的炉灶，烟囱开在墙体内侧直通屋顶；以生土、土坯修造土炕，寒冷的季节可以用来供暖。

生土材料在传统民居应用方面优势突出，是最为生态低碳的建筑材料之一。厚实的生土具有吸放湿度的功能，能自然地调节室内湿度，有效改善室内的舒适度；而厚重的夯土墙与土坯墙具有较好的保温性，一般在生土墙较高处开小窗保证最小的散热面积并获得一定的采光，即可使建筑保持恒温，节约能源。

a. 土坯墙施工

b. 制成的土坯砖

图 4.18　木材在民居中的应用

图片来源：王军 . 西北民居 [M]. 北京：中国建筑工业出版社，2009.

2. 木材

木材是天然能耗低而且可再生的有机资源，有自身完整的循环周期：从参天大树到原木材料，最后腐化成为腐殖质或者是燃料，符合绿色生态特征。木材被应用于传统民居，不仅具有物质功能，还具有文化内涵，体现了道教中万物生死存亡、周而复始的哲学观。在木材产地丰富的地区，传统民居营建中广泛使用木材。

木结构建筑抗压耐震、节能、环保，有利于人体健康，并且纤巧多变、可塑性强、易于模数定型化。木材常应用于民居的承重结构框架，包括立柱、梁、檩，也应用于建筑的围护结构及室内外连接构件。传统的民居木构方式为柱上架梁、梁上叠梁、梁端架檩；四根柱子组成一“间”，一栋房子由几“间”组成，一组建筑群又由若干栋房子组成。这种木构方式具有极大的灵活性，能适应不同气候地理条件和多方面的要求。木材还因其可塑性强的特点经常作为门窗及隔断的主要材料，并雕饰出各式体现地域文化的窗花纹样（图 4.19）。

废弃的旧建筑拆下的木材，若没有太大损坏，经过修补可再次利用在建筑营造中。废弃的木材可以充当燃料使用，或经腐蚀归土，对自然环境污染极小。

3. 石材与砖瓦

石材是最原始的建筑材料之一，具有坚硬和厚重的特点，能够满足人们对于建筑坚固性的要求。历史上人们用这种最普遍的材料来建造遮蔽风雨的庇护

a. 木材梁柱

b. 木质隔断与门窗

图 4.19　木材在民居中的应用

图片来源：王军 . 西北民居 [M]. 北京：中国建筑工业出版社，2009.

所，由此带动桥梁、水坝、输水管等工程体系的发展。石材的另一个特点是具有自然的肌理和色彩，能产生一种返璞归真的装饰效果。传统民居通过使用石材形成了具有地域建筑文化的居住模式，产生自然、原始、和谐的生态景观，体现了民居与自然环境的协调性。

传统民居营造过程中，通常直接利用附近较方便获取的石材，或对石材进行简单加工后使用，加工技术主要与当地经济技术条件有关。由于石材开采、搬运与加工都费工费时，附加成本高，所以广泛应用在一些有耐磨或防潮等特殊要求的部位，如天井的铺地与台阶，或者砌墙的基角处。有些临河坝的村落就地取江边的卵石筑墙基、砌台阶，不仅可降低造价，还可增强抗风雨的性能（图 4.20）。

黏土砖是世界上最古老的建筑材料之一，由直接取自大自然的生土烧制而成，不仅经久耐用，而且有防火、隔热、隔声、吸潮等优点，在传统民居建筑中使用广泛。其纹理质朴、质感丰富、颜色柔和，砌筑方式多样，可以形成不同的墙面图案，形成和谐的建筑艺术造型（图 4.21）。瓦是传统坡顶建筑铺砌屋顶用建筑材料，一般用泥土烧成，本身有多样的造型和粗糙的质感，通过特殊的铺砌方式可防止雨水渗入室内，并使屋面形成独特的纹理和造型。

4. 农作物秸秆

农作物秸秆作为建筑材料，具有取材方便、成本低、生态性能良好、加工

图 4.20　石材墙面和墙基
图片来源：王军．西北民居 [M]. 北京：中国建筑工业出版社，2009.

图 4.21　砖瓦民居建筑
图片来源：王军．西北民居 [M].
北京：中国建筑工业出版社，2009.

技术手段简单等特点。农作物秸秆在民居建筑中一般有两方面应用，一是将其打碎后与生土结合，用于建筑墙体可以保护墙体的稳定性，防止墙体皲裂；或者经过简单加工用于建筑屋顶，如高粱秸秆用麻绳编织成席并与生土结合加固用于屋顶；另一方面，秸秆可直接运用到聚落附属建筑物如牲畜棚顶部，以作遮风挡雨、避暑御寒之用。

农作物秸秆在资源获取、材料加工、建造及使用的整个过程中，都呈现出资源消耗低、无废弃物排放的特点，不会造成环境污染。

第三节　传统农业景观中的生态技术

一、陕北地域典型场地建设雨水利用模式

中国的陕北地域历史上是生态脆弱、经济落后的典型区域。由于水资源匮乏，加之人类与自然的双重作用，水土流失加剧、水资源与水生态环境破坏严重，干旱与内涝时常发生。然而，陕北地域在长久的历史发展中，在合理利用雨水资源、解决地域缺水问题、治理地域水土流失等方面，积累并形成了地方独有的智慧与经验。通过合理利用地域资源，建造出各种类型的雨水利用设施，其中许多技术成功地延续到今天，形成了低成本、低能耗、低技术、与环境融合的治理水土、利用雨水的模式。

1. 淤地坝

“淤地坝”是黄土高原地区人民在该地域季节性暴雨多、植被稀少、土壤裸露且湿陷性严重、常年缺水的环境下，以拦泥淤地为目的而修建的构筑物。“淤地坝”在黄土高原地区具有 400 多年的历史，既能保持水土，又能淤地造田。

经过长期的生产建设实践，“淤地坝”及其空间场地已经成为地域景观的重要组成部分。

淤地坝的构成要素包含汇水面、沟谷、坝体及其构造物、坝地、道路、植被等，坝体是横拦沟道的构筑物，起到拦蓄洪水、淤积泥沙、抬高淤积面的作用。淤地坝的各构成要素与雨水利用之间的联系如图 4.22 所示。

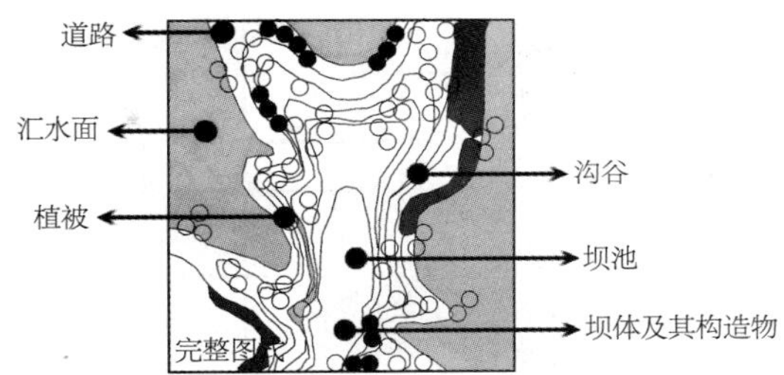

图 4.22　淤地坝构成要素

图片来源：杨建辉，岳邦瑞．响应水资源特征的多尺度陕北地域景观图式语言 [J]. 风景园林，2015（2）：74-79.

根据沟谷的长度及坡度、地形地貌特点以及防洪、生产、生态、景观、经济等方面的不同要求，在同一沟谷还可以设置一系列“淤地坝”，形成“坝系”。

2. 谷坊

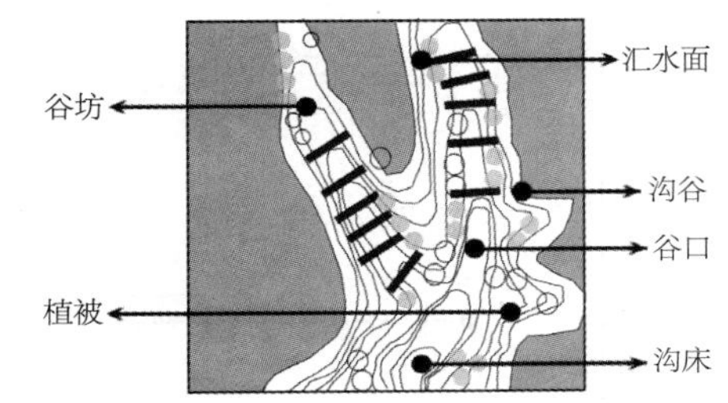

图 4.23　谷坊构成要素

图片来源：杨建辉，岳邦瑞．响应水资源特征的多尺度陕北地域景观图式语言 [J]. 风景园林，2015（2）：74-79.

谷坊是指分段横筑于沟壑和山溪中的较低的拦水构筑物，可以缓和水流、阻截泥沙、制止溪沟被侵蚀刷深，同时还能淤成大块耕地。按修筑的材料可分为土谷坊、石谷坊、柳谷坊等。谷坊可以起到稳定坡脚、防止沟底下切、抬高沟道侵蚀基点、防止沟岸扩张等作用。

“谷坊”的基本要素包含汇水面、沟谷、谷口、沟床及植被，各要素与雨水利用之间的联系如图 4.23 所示。

3. 塬边埂（沟边埂、封沟埂）

塬边埂工程，是在塬边沟岸上沿围绕塬边修筑的土埂工程，其目的是防止塬水下沟，是黄土高原治理的最后一道防线，也是治理沟道的第一道防线。塬边埂可截断雨水径流，减轻水蚀，起到保塬固沟的作用。

完整的“塬边埂”建设场地的构成要素包括塬面、塬边埂、埂内乔木防护林带、埂外灌木带、埂面农田防风林带、埂边沟（排水沟、截流沟）、塬面蓄水池等，各要素与雨水利用之间的联系如图 4.24 所示。

4. 涝池

涝池是指我国西北干旱地区为充分利用地表径流而修筑的一种简单蓄水设

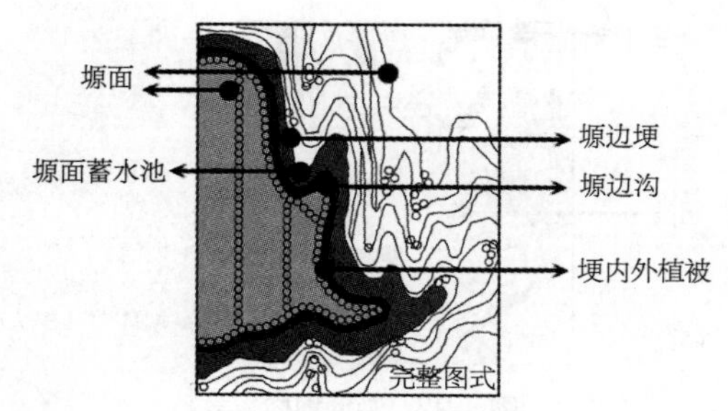

图 4.24　塬边埂构成要素

图片来源：杨建辉，岳邦瑞 . 响应水资源特征的多尺度陕北地域景观图式语言 [J]. 风景园林，2015（2）：74-79.

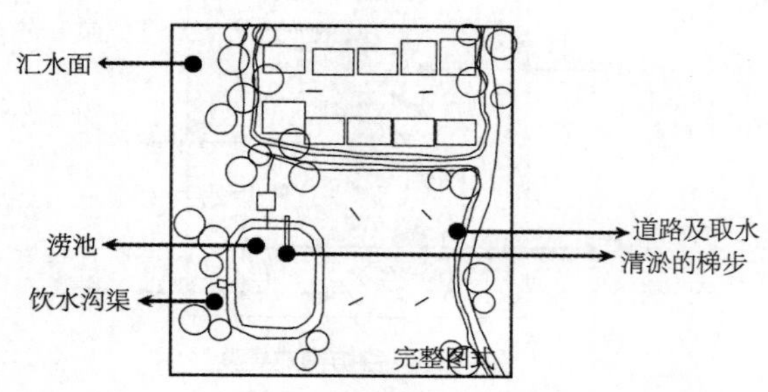

图 4.25　涝池构成要素

图片来源：杨建辉，岳邦瑞 . 响应水资源特征的多尺度陕北地域景观图式语言 [J]. 风景园林，2015（2）：74-79.

施，形如池塘。主要通过人工开挖成形，再利用本地的黄黏土捣砌池面，疏通进水、排水渠道口即可。传统涝池的应用模式，一般有单涝池、结合沟头防护、开挖小渠将地下水引入涝池、结合山地灌溉等方式。一般可以设置在村头、路旁、地头、沟头或山坡上、低洼处等。涝池的大小、形状不定，因地而宜，各地还普遍在涝池四周栽上树，美化环境，成为夏日人们乘凉避暑的好地方。

涝池的基本构成要素包括汇水面、涝池、引水沟渠、道路及取水清淤的梯步等，其各要素与雨水利用之间的联系如图 4.25 所示。

5. 坡式梯田

坡式梯田是指在坡面上顺坡向每隔一定距离，沿等高线开沟筑埂所形成的梯田。除开沟和筑埂部分改变了小地形外，坡面其他部分保持原状不动。坡式梯田通过把坡面分隔成若干带状的坡段，可以截短坡长，拦蓄部分地表径流，减轻土壤冲刷。

坡式梯田是向水平梯田过渡的一种形式，主要用于果园等。坡式梯田的基本构成要素一般包括田埂、田面及坡面、蓄水沟、田面及坡面植被，其各要素与雨水利用之间的联系如图 4.26 所示。

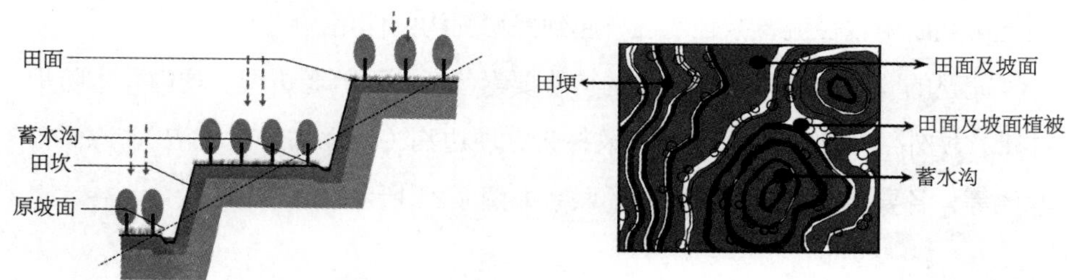

图 4.26　坡式梯田示意图

图片来源：杨建辉，岳邦瑞 . 响应水资源特征的多尺度陕北地域景观图式语言 [J]. 风景园林，2015（2）：74-79.

6. 鱼鳞坑

鱼鳞坑是陡坡地（45°）植树造林的整地工程，多挖在山区较陡的梁峁坡面上，或支离破碎的沟坡上。由于这些地区不便于修筑水平沟，因而采取挖坑的办法分散拦截坡面径流。鱼鳞坑的布置是从山顶到山脚每隔一定距离成排地挖月牙形坑，每排坑均沿等高线排列，上下两个坑位置交叉而又互相搭接，成品字形排列。挖坑取出的土培在外沿筑成半圆埂，以增加蓄水量，埂中间高、两边低，使水从两边流入下一个鱼鳞坑。表土填入挖成的坑内，坑内植树，每坑一树。

鱼鳞坑的构成要素包括不规则或者破碎的坡面、月牙形坑、坑外围半圆形埂、坑中植物、坑两侧的截水沟等，其所在场地的典型景观图式如图 4.27 所示。

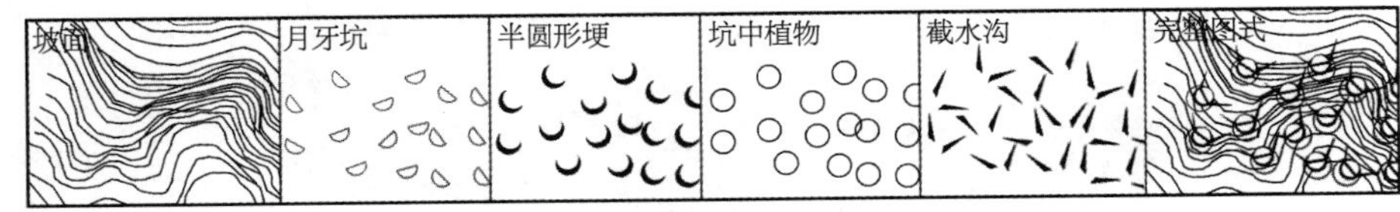

图 4.27　鱼鳞坑示意图

图片来源：杨建辉，岳邦瑞．响应水资源特征的多尺度陕北地域景观图式语言 [J]. 风景园林，2015（2）：74-79.

二、新疆“坎儿井”地下引水工程

坎儿井是“井穴”的意思，早在《史记》中便有记载，时称“井渠”，是干旱荒漠地区的一种特殊灌溉系统，普遍见于中国新疆吐鲁番地区，与万里长城、京杭大运河并称为中国古代三大工程。吐鲁番的坎儿井总数达 1100 多条，全长约 5000km（图 4.28）。

坎儿井是一种无动力吸水设施，通过地下渠道自流将地下水引导至地面，为居民提供灌溉和生活用水，长期以来是吐鲁番各族人民农牧业生产和人畜饮水的主要水源之一。从坎儿井引出的水，水量稳定、水质好，自流引用无需动力，蒸发损失少、风沙危害小，施工工具及技术要求简单，管理费用低，便于个体农户分散经营，因此深受当地人民喜爱。

坎儿井的结构由竖井、暗渠（地下渠道）、明渠（地面渠道）和涝坝（小型蓄水池）四部分组成（图 4.29）。竖井是开挖或清理坎儿井暗渠时运送地下

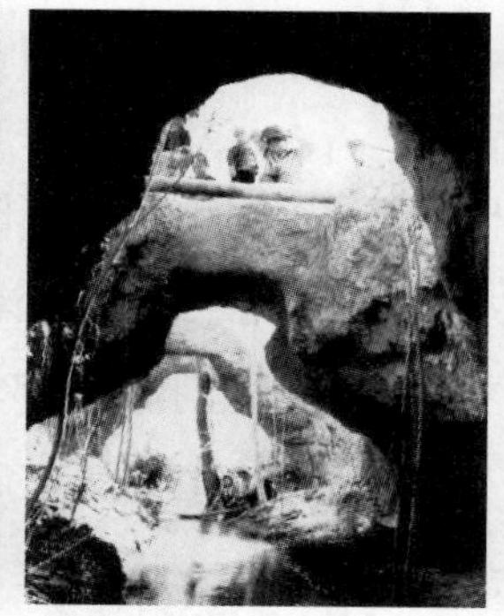

图 4.28　井渠

图片来源：http://www.360doc.com/content/16/0123/19/20981216_530069163.shtml.

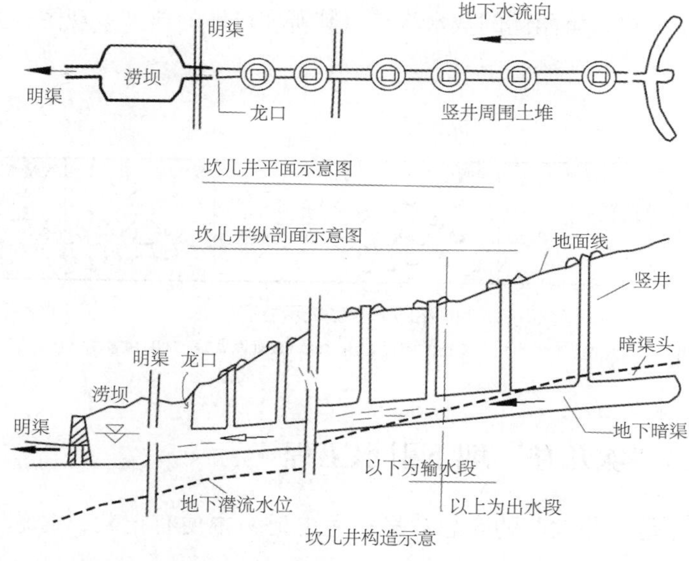

图 4.29　坎儿井结构解析

图片来源：张书函 . 基于城市雨洪资源综合利用的“海绵城市”建设 [J]. 建设科技，2015（1）：26-28.

泥沙或淤泥的通道，也是送气通风口，一般每隔 20 ~ 70m 就有一口竖井，最深的竖井可达 90m 以上。井口一般呈长方形或圆形，长 1m，宽 0.7m。暗渠是坎儿井的主体，一般按一定的坡度由低往高处挖，使得地下水自动流出地表。暗渠一般高 1.7m，宽 1.2m，短的 100 ~ 200m，最长的可达 25km。暗渠流出地面后，就成了在地表上流的明渠。涝坝是人们在明渠特定地段修建的具有蓄水和调水作用的蓄水池。坎儿井明渠、暗渠与竖井口的交界处，天山雪水经过地层渗透通过暗渠流向明渠的第一个出水口，叫龙口。

坎儿井特殊的构造形式，不因炎热、狂风而使水分大量蒸发，因而流量稳定，保证了自流灌溉。其设计和建造表现出对自然资源的尊敬与珍惜，减少了对环境的干扰，既节约又生态。

三、浙江青田“鱼稻共生”系统

青田县位于浙江省中南部，瓯江流域的中下游，1300 多年以来一直保持着传统的农业生产方式——“鱼稻共生”，并不断发展出独具特色的鱼稻文化。其原理是利用稻田放养鱼种，为鱼类摄食和生长提供场所、空间，鱼类为稻田除草、除虫并提供水稻生长的有机粪肥，节约成本，使水稻、鱼类成为“双有机”产品（图 4.30）。

鱼稻共生系统是一种典型的生态农业生产方式，系统内水稻和鱼类共生，通过内部自然生态协调机制，实现系统功能的完善。稻鱼共生系统既可使水稻丰产，又能充分利用稻田养殖鱼类，促进稻田生态系统的物质循环与能量流动，提高生产效益；减少化肥农药的使用，保护农田生态环境；提高当地居民的生活质量，传承地方农耕文化。

2005 年，“浙江青田稻鱼共生系统”被联合国粮农组织认定为全球重要农

图 4.30　浙江青田“鱼稻共生”系统

图片来源：焦雯珺 . 全球重要农业文化遗产——浙江青田鱼稻共生系统 [J]. 中国农业大学学报，2017（10）：26-28.

业文化遗产，成为首批6个全球重要农业文化遗产之一、中国第一个全球重要农业文化遗产。2013年，“浙江青田稻鱼共生系统”被农业部列入首批“中国重要农业文化遗产（China-NIAHS）”名录。

青田龙现村田鱼养殖是典型的“鱼稻共生”案例。稻田依山而建，水稻栽植在平坦的田块里，田鱼放养其中。由于稻鱼共生系统的作用，水稻和鱼类都是健康食品。田鱼养殖水来源于山涧，常年流水不断，水质优，含氧量高，温度适中，适合田鱼生活；稻荫给田鱼提供充足的遮阴空间。田鱼以稻田的天然饲料为主，摄食田间杂草、底栖生物、水稻敌害；田鱼的排泄物成为水稻田的有机肥料。这样形成了绿色生态的种养循环系统。

四、太湖南岸地区“桑基鱼塘”生态农业

桑基鱼塘是我国东南部水网地区人民在水土资源利用方面创造的一种传统复合型农业生产模式。太湖南岸地区以杭嘉湖平原为主体，在地理位置、发展历史等方面具有一定的独特性，该地区桑基鱼塘是循环型、集约化农业的典型代表。其中浙江湖州和孚镇是传统桑基鱼塘系统最集中、最大、保留最完整的区域，距今有2500多年历史，是我国历史最悠久的综合生态养殖模式。

桑基鱼塘将水网洼地挖深成为池塘，挖出的泥在水塘的四周堆成高基，在池埂上或池塘附近种植桑树，塘中养鱼，桑叶用来养蚕，蚕的排泄物用来喂鱼，而鱼塘中的淤泥又可用来肥桑，形成池埂种桑、桑叶养蚕、蚕沙喂鱼、塘泥肥桑的生产结构或生产链条，桑基和鱼塘二者互相促进，水陆资源相结合形成生态循环，取得了“两利俱全，十倍禾稼”的经济效益。塘和基的比例为六比四（或七比三），六分为塘，四分为基。

桑基鱼塘作为一个独立的生物群落，其内部的种群之间形成较为复杂的食物链和食物网。系统内生物生长所需要的光照、温度、水分、空气等环境因子具有明显的空间差异性和时间周期性。基面和池塘共同承载桑基鱼塘生态系统，二者在自然力与劳动力的共同作用下发生物质、能量的水陆交换。基面种养的部分废弃物被倒入水体，地表的土壤携带有机质等经雨水冲刷也进入水体，反过来池塘养殖累积的肥沃塘泥被捞、挖至陆地，为基面带来水分、肥力等，水陆相互作用促进系统良性循环（图4.31）。

桑基鱼塘的发展，既促进了种桑、养蚕及养鱼事业的发展，又带动了缫丝等加工工业的前进，已然发展成一种完整的、科学化的人工生态系统。在这个

系统中，蚕丝为中间产品，不再进入物质循环。鲜鱼是终极产品，提供给人们食用。“桑茂、蚕壮、鱼肥大，塘肥、基好、蚕茧多”，是桑基鱼塘良性循环生产的结果。

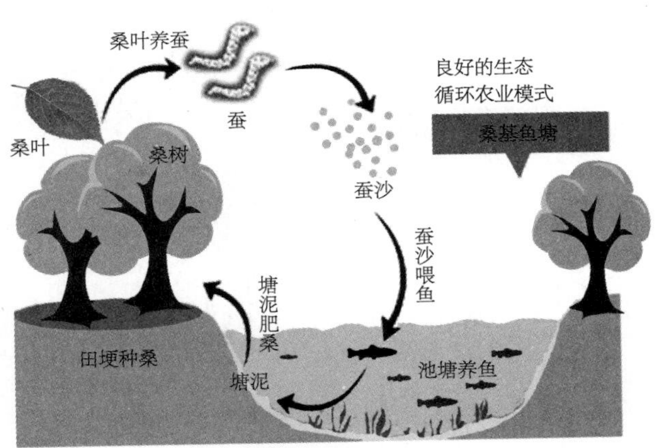

图 4.31　桑基鱼塘微生物物质循环流程

图片来源：https://www.hanspub.org/journal/PaperInformation.aspx?paperID=24051.

〔思考题〕

1. 试论“朴素生态思想”和“适宜性生态技术”在乡村环境建设中的必要性。

2. 结合文献阅读和整理，对我国各地的乡村环境营建中体现民间智慧的生态技术进行解读和分析。

5 乡村环境规划设计基础知识与方法

- ◆ 第一节　乡村规划基础知识
  - 一、村庄布点规划
  - 二、村庄建设规划
  - 三、乡村住房设计导则
- ◆ 第二节　乡村环境规划基本理论
  - 一、乡村环境规划与建设现状
  - 二、乡村环境规划的意义和特点
  - 三、乡村环境规划的内容和依据
  - 四、乡村环境规划的指导思想和原则
- ◆ 第三节　乡村环境规划设计方法与步骤
  - 一、乡村环境总体规划设计要点
  - 二、乡村环境设计方法
  - 三、乡村环境规划设计的程序与步骤
- ◆ 第四节　乡村环境建设的方式
  - 一、保护的方式：展现特色
  - 二、改造的方式：传承特色
  - 三、创新的方式：发扬特色

第五章　乡村环境规划设计基础知识与方法

第一节　乡村规划基础知识

乡村规划是对未来一定时间和范围内乡村空间资源配置的总体部署和具体安排，是做好农村地区各项建设工作的基础，是各项建设管理工作的基本依据。乡村规划的科学编制与实施对于乡村地区的有序建设和可持续发展具有引导和调控作用，对改变农村落后面貌，加强农村地区生产设施和生活服务设施、社会公益事业和基础设施等各项建设具有重大意义。

一、村庄布点规划

1.村镇等级体系及布点规划对象

我国的城乡居民点体系由城镇体系和村庄体系共同构成。城镇体系由中心城市、中心镇和一般镇构成；城镇以下的农村居民点分为集镇、中心村和基层村3类，这3类农村居民点与城镇体系的不同关系构成城乡居民点总体体系（图5.1）。

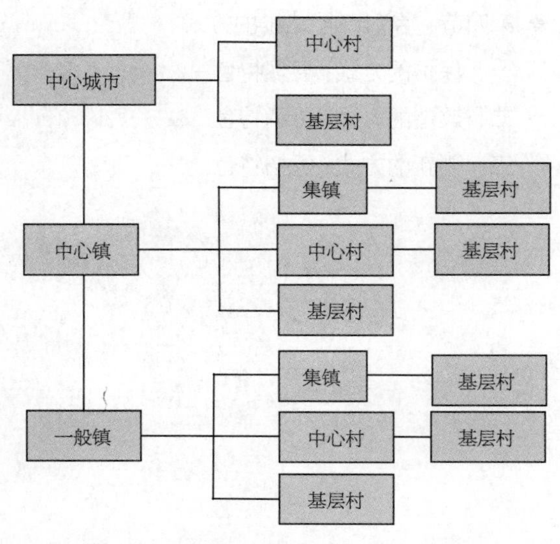

图5.1　城镇与村庄构成城乡居民点体系

图片来源：李明．美好乡村规划建设[M]. 北京：中国建筑工业出版社，2014.

自20世纪90年代开始，全国的城镇化进程加快，农村人口减少，但是人多地少的矛盾持续存在。同时农业机械化水平的提高，耕作方式的变化，交通工具的进步，使得适宜耕作半径在加大，耕作距离对农民居住点的制约逐渐变得宽松。因此，村庄的合并、集中居住是各地村庄规划、城镇体系规划中的重要内容，中心村的数量、选址成为村庄规划布点的关键。

村庄布点规划的主要对象是城市、镇总体规划确定的建设用地范围以外区域的村庄。

城市、镇总体规划确定的建设用地范围以内区域的村庄建设，应遵守城市、镇总体规划。

2. 村庄布点规划的核心任务与目的

村庄布点规划是在县（市、区）域城乡统筹发展的思路下，确定村庄个数、规模、选点及设施配套的规划。村庄布点规划应结合村庄发展策略、容量预测与现状分析，在保持村庄体系结构科学合理的基础上，以集镇、中心村为重点，以撤并自然村与建设基层村为主要手段。

其主要目的在于：

（1）科学预测乡村人口，减少农业人口，让有条件的农民进城、进镇，加快城镇化；

（2）确定村庄分类引导政策，并确定需要鼓励发展的、控制的、调整的村庄数量；

（3）确定村庄规模，引导农民集中居住，节约土地；

（4）根据交通条件及产业基础，确定村庄选点，发展符合乡村特色的产业，恢复乡村活力，增加农民收入；

（5）合理配置设施，让居住在农村的农民方便地使用教育、医疗，文化、商业等公共服务设施，以及便捷的道路交通设施和其他基础设施。

3. 村庄布点规划方法

（1）现状调查

召开部门座谈会，了解全县（市、区）情况；走访乡镇，与干部座谈；走访村庄，与村民访谈；对各个行政村发放问卷，摸底调查；全面收集规划基础资料。

（2）乡村人口预测

乡村人口预测的核心任务是顺应农村人口向城镇的转移趋势，判断农村人口流出多少、流向哪里，科学预测县（市区）城、各乡镇的乡村常住人口数量，为配置村庄公共服务设施和基础设施提供依据。

具体方法是分析农村人口到县城和各个小城镇外出打工和买房定居的数量与趋势，结合县（市、区）城镇体系规划，科学预测各乡镇乡村人口数量，以便确定需要保留的自然村数量。

（3）中心村布点规划

中心村是乡村人口相对集聚的居民点，也是乡村各项公共服务设施（如村

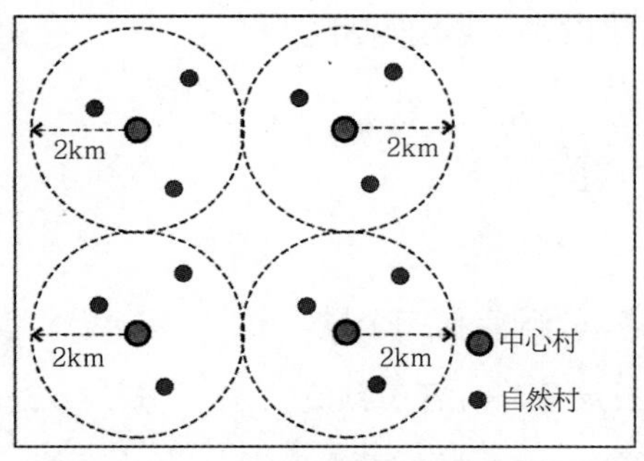

图 5.2　中心村服务半径与服务范围示意图

图片来源：李明 . 美好乡村规划建设 [M]. 北京：中国建筑工业出版社，2014.

委会、学校等）和基础设施（如污水处理设施、公交站等）的集中所在地。

中心村布点规划的核心任务如下：

①选择中心村的考虑因素

人口规模较大，宅基地相对集中；村集体经济发展较好，村民收入相对较高；公共设施和基础设施相对完善；交通便捷，邻近省道、县道；用地条件较好，平坦开敞，有建设发展空间；耕地资源较丰富，农业基础较好；有山有林有水，生态环境较好。

②中心村服务半径的确定

原则上每个行政村设 1 个中心村，但由于有些地区的行政村村域面积大，只设 1 个中心村则服务半径过大，难以辐射全村，需要增设中心村。因此需要确定合理的社会服务半径，调整中心村数量。中心村服务半径一般在 2km 左右，步行 20 ~ 30min（图 5.2）。

③中心村人口服务规模

由于各片区之间人口密度、交通条件差别较大，人口密度高、交通方便的地区，中心村服务规模大，人口密度小、交通不便的地区，中心村服务规模小。因此需要结合实际情况确定中心村人口服务规模，以便在各中心村配置与其人口服务规模相适应的公共设施与基础设施。

④中心村人口集聚规模

分析各行政村人口与用地条件，确定适合本县（市、区）的中心村人口集聚规模，从而引导乡村人口向中心村集中，节约村庄建设用地，集中资金配建设施，让更多的农民享受福利。

（4）自然村布点规划

自然村是农民因为生产生活需要经过长时间自然形成的村落。有些千年古村至今人丁兴旺，具有极高的历史文化价值，需要进行保护。有些村落经济发展衰落、人口流失严重、建筑环境破败，已经是空心村；有些村落生存条件恶劣，面临地震、泥石流地质灾害威胁，这些自然村均需要引导调整。

自然村布点的核心任务如下：

①确定需要保留的自然村数量

分析各行政村人口与用地条件，确定适合本县（市、区）的自然村人口集聚规模。根据乡村人口总数确定需要保留的自然村数量，引导村民相对集中居住，提高村庄活力。

②确定需要引导调整的自然村

分析村庄常住人口比例与年龄特征，没有耕作能力的老人村、儿童村，常住人口较少的村庄均需要进行引导调整，引导老人和小孩到附近设施更完善的小城镇或中心村居住。

分析生态与地质安全条件，不适宜人类生存的村庄以及容易发生塌陷、地震、滑坡、泥石流等灾害的村庄均需进行引导调整，引导农民到附近更舒适、更安全的自然村或中心村居住。

③确定需要原地保留的自然村位置

分析村庄历史文化条件，保留历史悠久、文化深厚的传统村落，以保护和传承历史文化。分析村庄交通区位条件，保留邻近道路、交通便捷的村庄，以减少城乡基础设施投资。根据耕作半径，确定需要保留的自然村位置，以方便农民从事生产。从村庄到农田的距离一般以不超过 2km 为宜。

（5）以乡镇为单位制定村庄引导对策

根据建设项目与产业项目进程分析村庄撤并的难易程度，调查并充分尊重村民意愿，以乡镇为单位制定村庄调整计划，分近、远期确定自然村布点，保证村庄调整实施顺利可行。

二、村庄建设规划

1. 核心任务与目的

村庄建设规划是在乡镇总体规划和村庄布点规划的指导下，从农村实际出发，尊重农民意愿，确定村庄的具体规模、范围和界线，引导产业健康发展，促进农民增收，综合部署村庄各项建设，完善基础设施，提升乡村风貌，最终改善农村生产生活条件和村民居住环境。具体任务包括：

（1）整村：通过村庄布点引导村庄集中建设，实现土地集约使用，公共服务、市政设施集中布置，减少投资，提高使用率；

（2）治田：通过产业布局规划引导农村经济发展，合理配置和利用农村居民点用地，对土地进行整理、复垦或开发，提高土地集约利用率和产出率；

（3）理水：通过梳理水系，优化村庄肌理，对被污染的水体进行生态化治理；

（4）整治：通过具体的建设规划，对村庄环境、建筑、设施等进行综合整治，实现生活环境的美化；

（5）植树：通过对房前屋后、道路两侧、沟塘水系沿岸进行绿化种植，实现村庄生态环境的营造；

（6）节点打造：结合村庄道路与景观的梳理，着重打造村口、广场、停车场等节点；

（7）兴业富民：因地制宜选择适合乡村发展的产业，依托乡村资源，培育特色优势产业，实现兴业富民。

2. 规划方法与要点

（1）现状调查方法

通过资料收集、现场踏勘、问卷访谈的形式，了解综合现状，总结现状特征、优势与问题，找到需要重点解决的各项问题并提出规划策略。

①调查准备：在实地调查之前，先与乡镇政府及县（市、旗）人民政府的专门协调机构联系，取得村庄地形图、村庄航空影像图、上位规划和相关规划等基础资料，通过资料整理初步确定调查的方向并准备调查问卷。

② 初步调查：分为现场踏勘与村民访谈两部分。

现场踏勘应着重调查村落范围内产业发展、用地类型、用地权属、风景旅游资源等情况，以及历史文化遗产、农房建设（包括房屋用途、产权、占地面积、建筑面积、层数、建筑质量、建筑风貌）、人口规模、生产生活基础设施、灾害发生情况等内容。

村民访谈应分别组织镇（乡）干部、村干部和村民代表进行座谈，讲解政策和上位规划，了解村庄发展过程、历史文化、民风民俗、现状经济结构与发展水平、社区组织情况等，村民代表应包括不同收入水平的农户。编制人员应入户调查并填写调查问卷。

③深入调查：有针对性地对重点问题和内容进行深入调查，要核实村庄规划建设项目的可操作性。

④补充调查，针对各方对规划方案提出的建议进行补充调查。根据实际情况可多次进行补充调查。

（2）村域规划内容与要点

从行政村层面进行规模、产业、用地等方面研究，并制定相应规划。制定产业发展策略，进行产业布局、旅游空间布局，引导农村经济发展。通过村庄布点引导村庄集中建设，实现土地集约使用，公共服务、市政设施集中布置。减少投资，提高使用率。

规划应遵循的原则包括：

①尊重自然：结合地形地貌多样化布局，不砍树，不填塘，保留乡村自然景观；

②保护历史：延续村庄肌理，保护历史遗产，弘扬历史文化；

③尊重民俗：从当地村民的生活风俗习惯出发，户型、建筑风格、组合形式尊重村民意愿；

④完善设施：配套公共服务设施和基础设施，做到省钱管用；

⑤功能复合：追求设施的混合使用、多功能的合一布置；

⑥尺度宜人：村庄布局应具有乡村的空间尺度、建筑高度、道路宽度和宜人形式。

3. 村庄选址与安全防灾

（1）村庄选址

村庄建设选址应避免地质灾害、震灾、洪灾等危险性区域（图 5.3）。

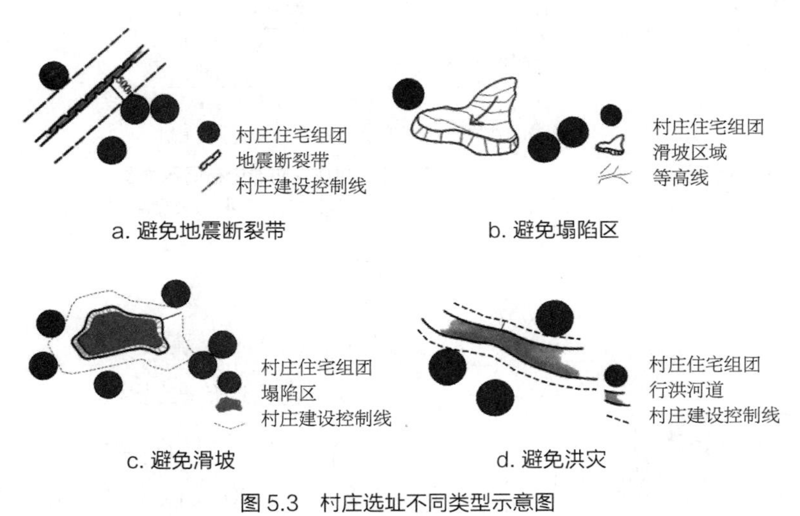

图 5.3　村庄选址不同类型示意图

图片来源：李明 . 美好乡村规划建设 [M]. 北京：中国建筑工业出版社，2014.

（2）防灾措施

①防滑坡：加砌石块护坡或挡土墙；

②防风灾：在迎风方向的边缘种植密集型防护林带或设置挡风墙；

③防洪涝：扩大坑塘水体调节容量，强化坑塘旱涝调节功能；疏浚河道，

保障行洪泄洪通道。

（3）消防安全

①消除火灾隐患

迁移或改造严重影响村庄安全的工厂、仓库、堆场、储罐等不安全因素。堆量较大的柴草、饲料等可燃物应位于主导风向的下风侧、全年最小风频的上风侧。柴草堆场与建筑物的防火间距不宜小于 25m。

②保障消防供水

充分利用天然水体作为消防水源，结合村庄配水管网设置消火栓，保障消防供水。消火栓的保护半径不宜大于 150m（图 5.4）。

③畅通消防通道

按照消防车通道的宽度、间距和转弯半径等规范要求，合理规划建设和改造消防车通道，保证消防车辆畅通无阻。消防通道宽度不宜小于 4m，转弯半径不宜小于 8m。尽端式消防回车场面积不应小于 15m × 15m（图 5.5）。

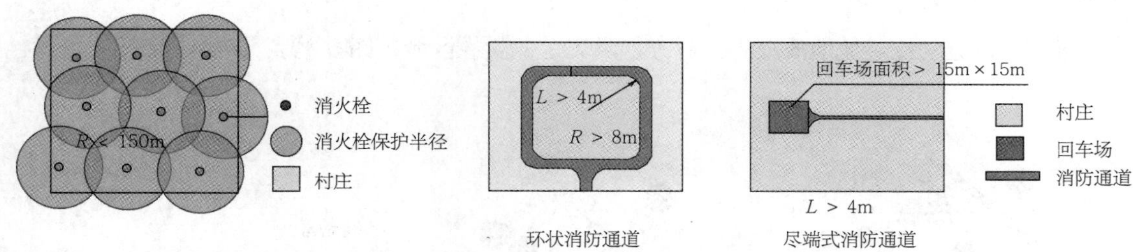

图 5.4　村庄消火栓服务半径示意图

图片来源：李明 . 美好乡村规划建设 [M]. 北京：中国建筑工业出版社，2014.

图 5.5　村庄消防通道布局示意图

图片来源：李明 . 美好乡村规划建设 [M]. 北京：中国建筑工业出版社，2014.

（4）避灾疏散

①畅通疏散通道

村庄道路出入口数量不宜少于 2 个，1000 人以上的村庄与出入口相连的主干道路有效宽度不宜小于 7m，避灾疏散场所内外的避灾疏散主通道的有效宽度不宜小于 4m（图 5.6）。

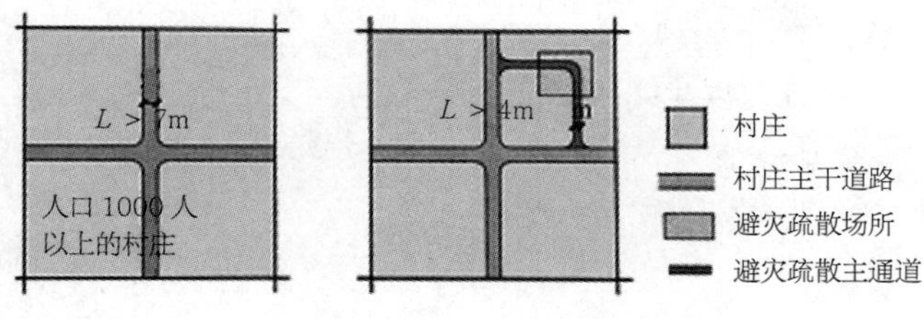

图 5.6　村庄疏散通道布局示意图

图片来源：李明 . 美好乡村规划建设 [M]. 北京：中国建筑工业出版社，2014.

②设置安全隔离带

避灾疏散场所与周围易燃建筑物等一般火灾危险源之间应设置宽度不小于 30m 的防火安全隔离带（图 5.7）。

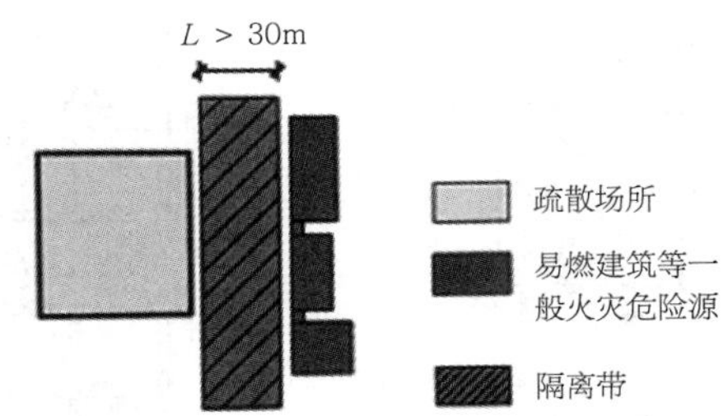

图 5.7　村庄隔离带布局示意图

图片来源：李明. 美好乡村规划建设 [M]. 北京：中国建筑工业出版社，2014.

4. 村庄布局规划

因为位置的不同、规模的不同、资源禀赋的差异以及村庄特色、产业发展的不同等，各个村庄都有自身的特点。在村庄规划时配套服务设施内容与规模的界定，要结合当地资源和发展规划，如结合将来的乡村旅游、区域性绿道规划等合理配置（图 5.8）。

村庄布局应充分利用自然条件，充分挖掘地方文化，体现地方特色，结合村民生产生活方式，体现村庄特色，新、旧村庄有机衔接，形成合理有序的空间结构。结合地形地貌、路网、村组单元和整治内容，可将村庄划分为大小不等的若干住宅组团，形成有序的空间脉络。

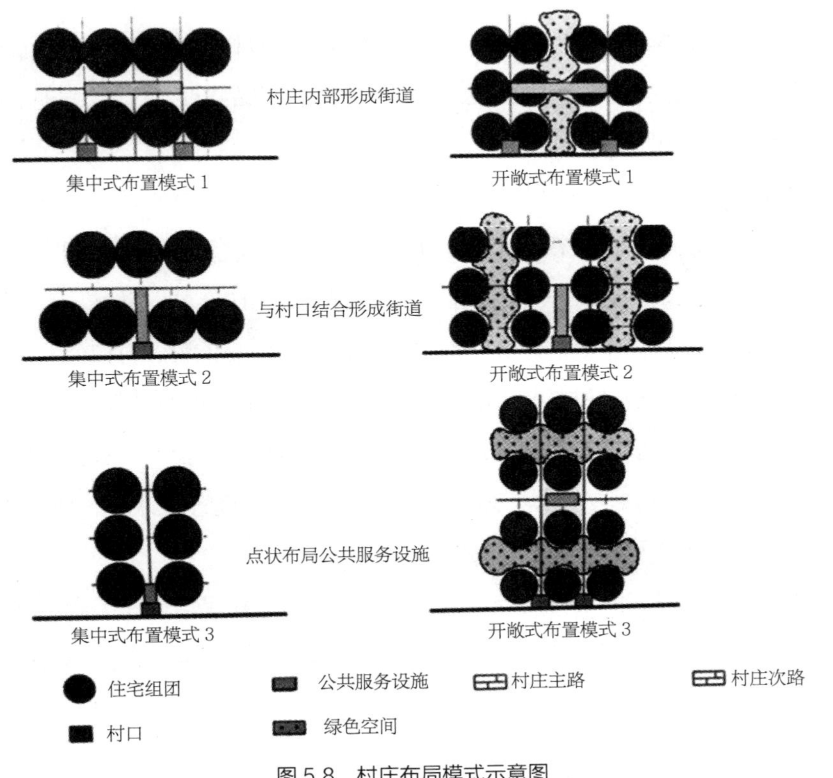

图 5.8　村庄布局模式示意图

图片来源：李明. 美好乡村规划建设 [M]. 北京：中国建筑工业出版社，2014.

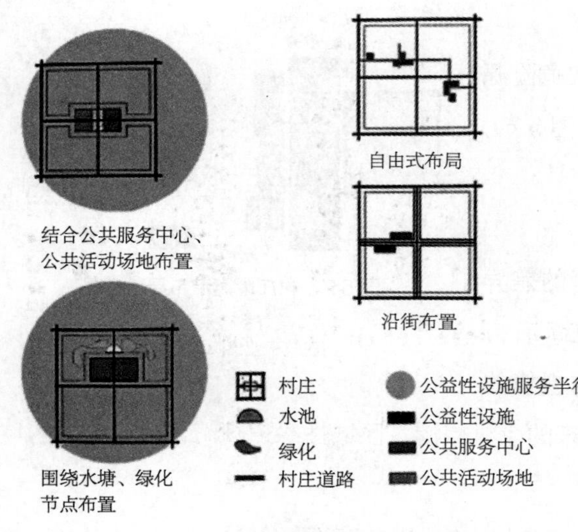

图 5.9　村庄公共服务设施布局模式

图片来源：李明．美好乡村规划建设 [M]. 北京：中国建筑工业出版社，2014.

5. 村庄公共服务设施规划

（1）公共服务设施内容及规划原则

村庄公共服务设施按照经济性质不同可分为公益性公共服务设施和商业性公共服务设施两大类。公益性公共设施主要是指行政管理、文化教育、信息服务、医疗保健、体育健身等服务设施，如村委会、小学、幼儿园、卫生所等；商业性公共设施主要是指商店、理发店、杂货店、综合修理、集贸市场、娱乐场所等。

根据村庄人口规模和产业特点确定公共服务设施的规模。根据村庄的布局结构及公共服务设施的规模来确定其在村庄中的布局形式，宜相对集中布置在村民方便使用的位置（图 5.9）。

①村委会、学校、医疗站、集贸市场等应在行政村范围内综合考虑、统筹集中布点，宜设置在规模较大、位置适中、交通便利的自然村，以方便行政村内的各自然村村民使用。

②幼儿园、小学应设置在安全、阳光充足、环境安静的地段，主要出入口应该避开公路。当村庄规模较小时，也可与相邻村庄联建公用幼儿园。

③除了学校、幼儿园以外的公益性公共设施宜集中布置，并结合村庄公共活动场地，形成村民中心。村民中心宜位于村庄的中心位置、村口位置或者临近村内主要道路，以方便村民使用。公共活动场地宜铺装地面并与绿化相结合，可设置休闲娱乐、座凳、儿童游玩设施以及健身器材，可配置村务公开栏、科普文化宣传栏等设施。运动场地可根据村民的需求，设置篮球场、羽毛球场、乒乓球台、单双杠及其他健身器械等。

④商业服务设施的设置要综合考虑交通、环境与村民习惯等因素，宜设在村庄入口或村庄主要道路交通方便的地段。一般根据市场需要，可以单独设置，也可以结合经营者住房设置（图 5.10）。

（2）公共服务设施配置要求

商业性服务公共设施一般按照人居建筑面积指标来配置，参考总共指标为

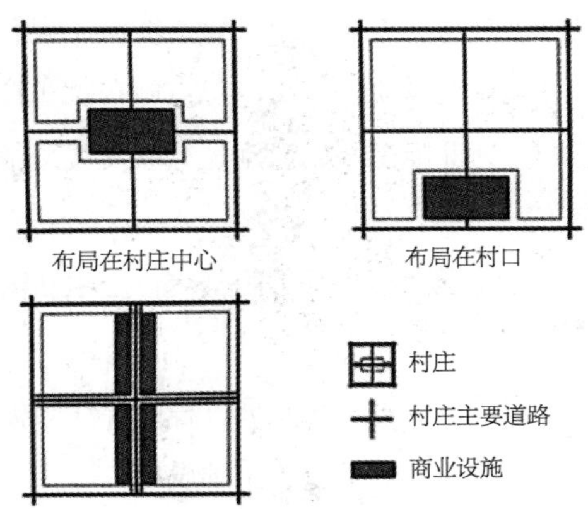

图 5.10　村庄商业设施布局模式

图片来源：李明 . 美好乡村规划建设 [M]. 北京：中国建筑工业出版社，2014.

200 ~ 600m²/ 千人，配置内容和指标值的确定应以市场需求为依据，并按照规划要求进行选择和安排用地。具体配置要求如表 5.1。

公益性公共服务设施设置方法及建设规模　　表 5.1

公共设施项目	设置方法	建设规模
村委会	可附设于其他建筑或单独设施	100 ~ 300m²
幼儿园、托儿所	单独设置、环境安静	根据适龄人口计算
小学	按照学校布点规划单独设置，位置应方便学生到达，环境安宁	按有关部门规划建设
文化站	可结合村民中心设置	不少于 50m²
老年活动室	可结合村民中心设置	不少于 50m²
卫生所、计生站	可结合村民中心设置	不少于 50m²
信息服务站	可结合村民中心设置	不少于 30m²
运动场所	可与绿地广场结合设置	—
公厕	与公共建筑、活动场地结合设置	不少于 10m²

注：“—”结合村庄实际确定建设规模。

表格来源：李明 . 美好乡村规划建设 [M]. 北京：中国建筑工业出版社，2014.

6. 基础设施与道路规划

（1）基础设施规划

村庄布局和人口分布的分散性特点决定了乡村基础设施的布局和建设不同于城市，且乡村基础设施的功能和作用不具有单一性，大多基础设施同时承载着当地村民生产和生活的功能。因此乡村基础设施的分类和建设不能简单沿用城市的基础设施分类体系，脱离乡村实际经济发展水平和生活需求。在进行村庄布局的同时，应进行给排水工程、供电工程、能源工程、信息工程、环卫工程、防灾工程等基础设施规划，明确村庄内部设施布点和管线走向。

乡村基础设施可划分为保障型基础设施、分项发展型基础设施和综合提高型基础设施几种类型（表 5.2）。

保障型基础设施是指配置保障当地村民基本生产生活需求的基础设施，具体包括道路硬化、供电、供水等。

分项发展型基础设施是指各村庄在发展过程中存在短板，制约村庄社会经济发展和农民安居乐业，需要补足短板的基础设施。

综合提高型基础设施是指根据不同类型村落的基础设施配置现状和发展条件，配置较完整、相对独立并能满足居民日常生产生活需要的基础设施，必要时可与城市对接，减少投资成本。具体包括保障性基础设施、排水、电信、燃气、环卫、供热等。

乡村基础设施配套设置　　表 5.2

乡村基础设施	保障型基础设施	分项发展基础设施	综合提高型基础设施
道路硬化、拓宽、亮化、设置公交站点、停车场	道路硬化、拓宽	道路硬化、拓宽亮化、设置公交站点、停车场	道路硬化、拓宽、亮化、停车场（设置公交站点）
分散式给水	分散式供水设施	分散式供水设施	分散式给水设施（集中型给水设施）
污水收集系统、污水处理设施	—	分散式污水处理设施	污水处理设施（污水收集系统）
变电所、电力线网	电力线网	电力线网（变电所）	电力线网、变电所
有线电视、电话、网络宽带、电信所、邮政等	—	有线电视、电话（电信所、邮政）	有线电视、电话、邮政（电信所）
能源利用	省柴节煤灶（沼气、太阳能）	省柴节煤灶（沼气、太阳能）	省柴节煤灶、沼气、太阳能（天然气）
	分散供热	分散供热	分散供热（集中供热）
垃圾收集点、公厕建设、户厕改造等	户厕改造	垃圾定期收集点、户厕改造	垃圾收集点（垃圾中转站）、公厕建设、户厕改造

表格来源：李明 . 美好乡村规划建设 [M]. 北京：中国建筑工业出版社，2014.

（2）道路设施规划

村庄道路规划应结合地形地貌条件和原有交通路线，结合村庄规模合理明确等级，构建村庄环路体系，实现户户通，方便村民出行。应根据村庄规模、村民生产方式和生活需要，设置村庄内部道路等级及道路断面形式，并合理安排停车场。中心村宜按照主要、次要、宅间道路进行分级布置；自然村要因地制宜，酌情选择道路等级与宽度。

①路面材料：硬化路面、砌筑路堤边坡等应选取天然材料和废旧材料，突出本土化和生态化。历史街巷应采用传统铺装材料，保持传统风貌。路肩设置根据“宁软勿硬”原则，尽量采用土培路肩并植草绿化的形式。

②路灯：应合理配置路灯，优先选用节能型灯具。

③停车场：根据村庄规模、类型与经济发展水平，考虑村民私家车增长趋势，合理规划布局停车场，满足车辆停放需求。

④交通标志与安全设施：在村口、主要道路合理设置指路、路名等标识，增加村庄识别性。在交叉口、人流较多的路段，设置交通警示标志与交通安全设施，提高村庄交通安全。

三、乡村住房设计导则

1. 房屋选址

（1）应选择拥有稳定的基岩、土层坚硬、开阔平坦、土质密实、硬度均匀稳定的有利地段建房。

（2）避开饱和砂层、软弱土层、软硬不均的土层和容易发生砂土液化的地段。

（3）避开活动断层和可能发生滑坡、山崩、地陷的非岩质陡坡，突出的山嘴，孤立的山包地段。

（4）避开河岸边缘易滑坡地段。

（5）避开河道、老水塘等软弱地基地段。

（6）禁止在有滑坡、泥石流等地质隐患的地段建房。

2. 功能组成

农村住宅建筑是村民生活生产的载体，除了具有居住功能以外，还兼有家庭生产活动的功能。由于农村每个家庭的成员结构、经济收入、生活习惯等都有很大的差异，农村住宅在建筑设计时应该充分考虑这些因素。首先要满足基本的功能需求，即居住生活功能，合理安排卧室、厨房、卫生间等；其次要满足附加的功能需求，要顾及农村居家功能的多样性，以及不同家庭的特殊需求，如为专业户和商业户开辟加工和仓库等专用空间，为农业户配置杂物、粮食储藏的空间以及家禽饲养舍等（图 5.11）。

住宅平面设计应尊重当地农民的生产生活习惯，满足农民的生产生活需要，引导卫生、舒适、科学的生活方式。可合理加大住宅建筑进深、减小面宽以节约用地。住宅内部空间应分区明确，实现寝居分离、食寝分离和净污分离，厨房与卫生间应自然通风，直接采光。

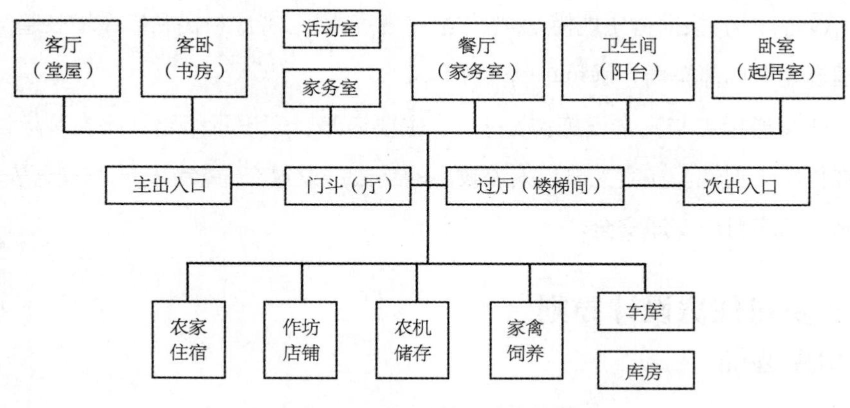

图 5.11　村庄住宅功能示意图

图片来源：李明 . 美好乡村规划建设 [M]. 北京：中国建筑工业出版社，2014.

3. 建筑形式

受传统生活生产方式的影响，农村地区每家每户多以独立院落住宅为主，为了节约土地，可在保留传统形式的前提下采用并联式、联排式住宅。有条件地区可引导多层集合式住宅建设，以便提高土地的使用效率。农村住宅建筑多以低层为主，在具体设计时可根据农民从事产业及脱产情况不同来选择不同的层数。对于完全从事农业劳动的农业户，由于其大部分的生产劳动需要在地面上进行，住宅层数应以 2 层为主。对于半农业用户，其住宅建筑层数可适当提高至 3 ~ 4 层。此外，综合考虑到采光、通风、日照、经济等因素的影响，根据《健康住宅建设技术要点（2004 年版）》的规定，住宅的室内净高不宜低于 2.5m，不宜高于 3.3m。因此，可推荐农村住宅层高控制在 2.8 ~ 3m。

4. 建筑结构与材料

农村住宅的建造主要以就地取材为主，采用传统的构造方法。主要形式有：

（1）木结构：分布面广，易于加工、运输和安装，既可做承重构件，又可做围护构件。有北方农村常见的梁、柱（梁架式）构造和南方农村常见的檩、柱（穿斗式）构造等。

（2）土结构：分布较广，施工方便，造价低廉，利于隔热保温。有天然土拱（窑洞）、土坯叠拱、土坯墙和夯土墙等。

（3）混合结构：材料以黏土砖和混凝土制品为主，具有坚固耐用、节省木材等优点，是近年来农村住宅逐步推广的建房材料。此外，在盛产竹子和易于取石的地区，也常用竹材和石材建造住宅。

在现代技术影响下，当代乡村建筑多采用现代结构体系，包括预制装配式结构体系、复合型结构体系、传统建造型结构体系及特殊类型结构体系等。

5. 建筑风格与形式

住宅的造型设计应结合当地的地形地貌、自然条件、技术发展及民情风俗等因素。建筑风格应适合农村特点，体现地方特色，并与周边环境相协调，避免“千村一面、千户一面”的设计。对于具有传统风貌和历史文化价值的建筑，应考虑具体的历史、文化、政治、经济等多方面的因素，对民居的改造要保持和延续传统格局和历史风貌，维护历史文化遗产的完整性、真实性、延续性和原始性。

新建住房与建筑整治应符合规划要求，充分利用农村的自然景观优势，保护原有的生态环境，利用原有的自然地形、地貌、植被，创造具有鲜明地方特色和浓郁乡土风情的建筑语言，表达农村的特有意境。挖掘和使用地方建筑材料，逐步探索出适合地方材料的建筑艺术造型和表现方法，赋予农村住宅立面造型以浓郁乡土气息和生活气息。

6. 节能设计

建筑节能方面，住宅建筑应做到：

（1）有效安排建筑朝向，合理安排不同方位的窗墙比，改造农房墙体、门窗、屋面、地面等围护结构，加强墙体、屋面保温节能措施。墙体采用保温节能型砌体材料代替黏土实心砖，屋面设置保温、通风夹层，考虑夏季通风散热并兼顾冬季保暖，取得冬暖夏凉的效果。

（2）提倡新建房屋采用被动式太阳房技术，提高冬季保温效果。能源利用的相关设施应结合住宅建设同步考虑，推广应用太阳能及其他可再生能源和清洁能源，积极普及节水设备、节能灯具等。

7. 改厕

实施无害化卫生厕所改造，实现一户一厕。

第二节　乡村环境规划基本理论

一、乡村环境规划与建设现状

中国的乡村大多远离城市，其周围自然环境及生态环境良好。很多村落基本是由传统村落延续发展而来的，保留着传统乡土建筑文化的成分，包含着中国传统的文化和哲学思想。村落民居建筑形式、外部空间环境以及村民的生活方式、民风习俗等均是乡村景观的重要组成部分。

2005 年中国共产党第十六届五中全会提出建设社会主义新农村的重大历史任务，确定了“生产发展、生活宽裕、乡风文明、村容整洁、管理民主”等具体要求。随着社会主义新农村建设工作的启动和逐步开展，各省市通过不同的方式进行了试点工作，给乡村环境建设带来了难得的发展机遇。新农村建设的重点是稳步推进村容村貌整治，积极开展村庄整治试点工作。坚持因地制宜、量力而行，突出乡村特色、民族特色和地方特色，立足于村庄已有基础，以改善农民最急需的生产生活条件为目标，优先整治村内供水、道路、排水、垃圾、废弃宅基地、公共活动场所、住宅与畜禽圈舍混杂等项目，逐步改变农村落后面貌。新农村建设使乡村整体环境得到一定的改善，极大地促进了乡村景观的发展。

自推进新农村建设以来，虽然全国有一大部分村庄已经编制了村庄总体规划，但是总的看来，规划水平较低。部分设计人员认识到了乡村发展的迫切需要，但是往往忽略了乡村的环境特征，将只适用于城市环境的设计规范生搬硬套到乡村景观和乡村住宅设计中去。规划设计缺乏对乡村居民心理、行为的充分研究，造成使用不便，缺乏吸引力，未能有效保护和继承乡村景观固有风貌等问题，使得地方特色随着乡村的更新改造而逐渐褪色。

在 2013 年中央一号文件中，第一次提出了建设“美丽乡村”的奋斗目标，进一步加强农村生态建设、环境保护和综合整治工作。农业部于 2014 年 2 月正式对外发布美丽乡村建设十大模式，为全国的美丽乡村建设提供范本和借鉴。这十大模式分别为：产业发展型、生态保护型、城郊集约型、社会综治型、文化传承型、渔业开发型、草原牧场型、环境整治型、休闲旅游型、高效农业型等。2017 年党的十九大报告提出了“乡村振兴”的战略，2018 年及 2021 年的中央一号文件分别就实施和推进“乡村振兴”战略提出了具体意见，乡村环境的规划建设和可持续发展成为新时期城乡建设领域所关注的重点。

目前中国村镇建设稳定发展，村镇住宅建设已经从单纯追求数量逐步转变到注重质量和提高功能上来；村镇基础设施、生产设施、公共设施建设力度加大，现代化水平有所提高，一大批科技、教育、文化、卫生、体育等设施相继建成，为农村精神文明建设创造了有利环境；村镇人居环境意识逐步增强，村镇中各种与老百姓生产生活直接相关的基础设施发展速度进一步加快，村容镇貌明显改观，村镇环境质量不断改善；村镇规划设计水平不断提高，调控和指导作用增强。

这些对推动和促进乡村环境的规划与建设起到了重要的作用，也为乡村的发展提供了良好的机遇。尤其在经济发达的乡村地区，已经开始兴起乡村人居环境建设的高潮。

二、乡村环境规划的意义和特点

1. 乡村环境规划的意义

乡村环境规划是应用多学科的理论，对乡村各种环境及景观要素进行整体规划与设计，保护乡村景观完整性和文化特色，挖掘乡村景观的经济价值，保护乡村的生态环境，推动乡村的社会、经济和生态持续协调发展的综合规划。

开展乡村环境规划与建设有重要的现实意义：

（1）有助于改变目前乡村片面追求形式上的城市化现象，保护乡村景观的完整性和田园文化特色，正确引导乡村的建设与发展，加强对乡村居民的环境教育。

（2）有助于充分利用乡村环境资源，调整产业结构，发展乡村旅游等多种经济，为长期困扰中国发展的“三农”问题提供新的思路和途径。

（3）有助于协调乡村环境资源开发与环境保护之间的关系，重新塑造一个自然生态平衡的乡村环境，实现乡村的生产、生活、生态三位一体的可持续发展目标。

2. 乡村环境规划的特点

乡村环境规划关系到村庄的建设和人民的生活，涉及政治、经济、技术和艺术各方面的问题，内容广泛而复杂。为了对乡村环境规划工作的性质有比较确切的了解，必须进一步认识基本特征：

（1）综合性

乡村环境规划需要统筹安排村庄的各项建设，包括工业、农业、交通、居住、公用设施、文教卫生、商业、园林绿化等。乡村环境规划的技术工作涉及多方面的问题：当考虑村庄建设条件时，涉及气象、水文、工程地质等范畴问题：当考虑村庄性质、规模时，涉及大量的规划技术工作：当具体布置各项建设项目，研究各种建设方案时，涉及大量工程技术方面工作：另外，村庄空间的组合、建筑的布局形式、村庄的风貌、园林绿化的安排等，又需从建筑艺术的角度来研究处理。因此乡村环境规划是一项综合性的技术工作。

（2）政策性

乡村环境规划一方面关系到村庄各项建设的战略部署，另一方面又关系到居民物质和文化生活的组织，几乎涉及国民经济的每一个部门。特别是在村庄总体规划中，一些重大问题的解决都关系到国家和地方的一些方针政策。例如村庄的性质、规模、工业布置，以及居住区的用地指标、人均居住面积定额等，都不单纯是技术和经济的问题，而是关系到生产力发展水平、城乡关系、消费与积累比例等重大问题，因此规划工作者必须努力学习各项方针政策，在工作中认真贯彻执行。

（3）地方性

乡村环境规划是一项地方性的事业，每个村庄在国民经济中的任务和作用不同，各有不同的历史条件和发展条件，因此乡村景观规划任务、内容和方法也可能各异。每个村庄都有其不同的自然条件，各地景观、文化和建筑的风貌也都各有特色。这就要求在乡村景观规划中具体分析村庄的条件和特点，因地制宜地制定规划方案。

（4）长期性

乡村环境规划既要解决当前建设问题，又要考虑今后的发展和充分估计长远的发展要求，因此乡村环境规划工作既要有现实性，又要有预见性。社会是不断发展变化的，乡村在建设过程中，影响乡村发展的因素也在不断变化，乡村的规划方案不可能准确地预计，必须随着乡村发展因素的变化而加以修改或补充，因此是一项长期性和经常性的工作。

三、乡村环境规划的内容和依据

1. 乡村环境规划的内容

乡村环境规划的核心内容包括以聚居环境为核心的乡村聚落环境规划、以农业为主体的生产性景观规划和以自然生态为目标的乡村生态景观规划。由此可见，乡村环境规划的基本内涵包含了以下三个层面：

（1）生活层面

乡村环境规划的生活层面，即社会文化层面，包括物质形态和精神文化两个方面。物质形态是针对乡村环境的视觉感受而言，就是通过乡村环境规划完善乡村聚落的基础设施，改善乡村聚落整体风貌，提高乡村的生活环境品质，营造良好的乡村人居环境。而精神文化是针对乡村居民的行为、活动以及与之相关的历史文化而言，就是通过乡村环境规划丰富乡村居民的生活内容，展现与他们精神生活息息相关的乡土文化、风土民情、宗教信仰等。

（2）生态层面

乡村环境规划的生态层面，即自然环境层面。乡村环境规划在开发利用乡村环境资源的同时，必须保持乡村环境的稳定性和维持乡村生态环境的平衡。乡村环境规划与保护必须结合经济开发进行，通过人类生产活动有目的地进行生态建设，如土壤培肥工程、防护林营造、产业结构调整等。

（3）生产层面

乡村环境规划的生产层面，即经济产业层面。以农业为主体的生产性景观是乡村景观规划的重要组成部分。农业景观不仅是乡村景观的主体，而且是乡村居民的主要经济来源，这关系到国家的经济发展和社会稳定。乡村环境规划，一方面要对生产性景观资源进行合理的规划，保护基本农田；另一方面要充分利用乡村环境资源，调整乡村产业结构，将传统农业经验和现代科技成果相结合，发展多种形式的乡村经济，有效提高乡村居民的收入。

2. 乡村环境规划的依据

自20世纪90年代以来，国家先后颁布了一系列村镇规划法规和技术标准。各地也根据当地的具体情况，在国家政策和法规的框架下，制定出了相应的管理条例和实施办法，以有效地指导当地的村镇规划建设。这些法规政策成为村镇环境规划设计的重要依据。

四、乡村环境规划的指导思想和原则

1.“以人为本”，建立和谐农村人居环境

农村人居环境建设应本着“以人为本”的精神，满足人们生活舒适、健康、安全、便利的需求，符合农民的生活、生产、学习与工作方式，同时尊重当地风俗习惯。应注重地域风貌景观的体现，挖掘传统空间的文化内涵，尊重历史文脉和地域特征。

2. 以可持续发展为目标，建设生态型农村人居环境

在规划时应处理好地理、气候、生物、资源、人文等各要素对农村建设及民居建设的影响；在建设过程中还要调节好山、田、水、路、渠、库、村综合治理与生态过程的关系。村落空间生态化设计应通过对各层次的环境目标管理，把握社会环境和自然环境的适应机制，对空间环境进行整体协调，创造适合地方物理环境和资源条件的，具有良好投资经济效益的舒适空间。

3. 整体规划设计原则

规划应将乡村各种环境要素结合起来作为整体考虑，从整体上解决乡村地区社会、经济和生态问题的实践研究。乡村环境规划不是某个部门单独能实现的，而是众多利益部门共同协作完成的。因此，在规划中，不仅要考虑空间、社会、经济和生态功能上的结合，而且要考虑与相关规划的衔接，只有从整体规划的角度考虑才能真正确保乡村的可持续发展。

4. 公众参与原则

乡村环境规划不仅仅是一种政府行为，同时也是一种公众行为，这在于乡村环境更新的利益主体是广大的乡村居民。乡村环境规划只有得到乡村居民的广泛认同，才有实施的价值和可能，因此乡村环境规划必须坚持以人为本、公众参与的原则，这不仅体现在主观认知上，更重要的是要落实在规划方法上。

第三节 乡村环境规划设计方法与步骤

一、乡村环境总体规划设计要点

1. 利用地形地势，突出乡村地理优势

地形地势在乡村景观中起着重要的作用。平原地带的乡村，一望无际；丘陵地带的乡村，高低起伏；群山聚集的乡村，呈现的是层层梯田的壮观景象。

乡村景观是大地肌理的一部分，是人们尊重自然、顺应自然、利用自然，对自然合理利用以满足生存需要所形成的，是人工与自然和谐相处的成功典范。乡村环境总体规划应顺应自然地形，保护和发挥当地的地形地势，突出当地的景观特色。

2. 保护生态环境，发挥乡村自然特色

农村的山水格局，沟渠护堤、水岸河塘、山林田野都与乡村自然生态维持着和谐平衡的关系。这种持续稳定的关系，是先辈们几千年来在与各种自然灾害的斗争中建立的，维护农村的生态平衡就是保护人类生命。因此，保护好农村的生态环境应是乡村环境建设规划的出发点和归宿。

乡村环境总体规划应利用各地乡村自然环境优势，根据区域环境和气候特点等，保护、协调、循环、再生、利用土地资源，科学利用动植物资源。乡村环境应以绿色农田和生态林为主，避免公路网过于密集形成隔离，保持生态链的完整性和多样化。对于引起环境破坏的污染源要进行合理治理，以自然恢复为主的方式促进乡村生态环境健康发展。

3. 利用农业植物，展现农村景观特征

乡村广阔的田野是形成乡村景观的要素之一，种有各种作物的农田是人工与自然美妙结合的第二自然，是劳动人民以实用生存为目的形成的景观。其中农作物是起决定作用的审美元素，不同季相的农作物决定了农村丰富多彩的四季景色。

乡村环境规划设计应在尊重农田生产实用功能的基础上进行适当的调整和设计，在不影响主体生产的基础上，围绕田野、鱼塘、果林等边角空地进行合理化的种植和套种，也可以利用一些自然的花草或花木装饰田埂和边角地带，与大片的农作物形成对比，使农田色彩既和谐统一又富有变化。

二、乡村环境设计方法

1.村落空间与肌理的特色设计

（1）空间结构层次的把握

村落中，山水自然环境与村落形体空间在空间特质与环境认知模式上具有一致性。在空间的结构层次设计上，应将山水模式及有关的自然要素有机地组织到村落空间体系中，使村落空间设计拥有山水意象，同时注意使山水自然结构与村落空间结构相互穿插，通过内外关系的转化，形成层次分明、肌理丰富的村落空间。

（2）村落肌理特色的延续

传统村落的发展历史悠久，经历了很多代的建设，形成了丰厚的肌理。村落空间的再创造，要遵循原有肌理的演变规律，设计自然和谐的空间形象。

（3）空间设计的人性化

新的时代条件下，村落空间设计应具备与社会生活密切相关的活动内容及与这些内容相符合的布局结构和空间形态特征。在空间设计中，注重空间比例及尺度的适宜、领域空间的界定等人性化的要素，强调以人为本的设计理念。

2.村落环境设计

（1）提供方便村民生产生活的环境

设计要符合当地村民生活习惯和生产条件，设计适宜的农家生产生活环境。村庄道路的铺设要考虑不同机械的重量与宽度，村内还要有停放农机具等的场所以及生产所需的晾晒粮食谷物的场地、仓库等。

（2）提供整洁优良的健康环境

设计师要充分了解农村和农民的生产生活特点，设计出既实用又美观且便于维护管理的环境。要引导和培养农民养成良好的生产和生活习惯。

（3）提供村民的社会交流环境

一般村庄中老人和孩子留守较多，从老年人和孩子的健康角度考虑，为村民提供图书馆、文化活动室、活动场地，以增进邻里之间的交流，有条件的还可以建造幼儿园、养老院、游乐场等。公共环境中要结合实际，适当地配置公共设施，如路灯、座椅、垃圾箱、公厕、凉亭等，逐步缩小与城市的差距。

（4）美化和提升环境品质

以人性化、生态、安全、卫生、整洁、美观为设计原则，适当配备公共设施，建造与农村自然环境相和谐的美丽环境。设计尽可能用自然材料，避免人工景观的大面积铺装，避免建造华而不实的人工景观，减少对农村自然环境的破坏。

三、乡村环境规划设计的程序与步骤

1. 调查分析阶段

在进行乡村环境规划与设计前，首先要了解任务书的要求，了解整个项目的概况，包括建设规模、投资规模、可持续发展计划等，特别要了解项目的总体规划方向和基本实施内容。

在充分了解任务书的要求以后，可根据需要查阅相关的文献资料，了解现状环境基本情况，如乡村的自然条件特点，主要包括地形、气候、土壤、水体、植被、地上地下管线等情况；乡村的历史、文化特征，主要包括名胜古迹、人文情况、民俗、文化教育等。还要到现场进行认真的实地调查、测量等工作，收集规划设计前必须掌握的原始资料，包括周围环境，主要道路，车流人流方向；基地内环境，村庄风貌、现有建筑、湖泊、河流、水渠分布状况；各处地形标高、走向等。最后，将所有资料进行整理分析。

（1）自然环境调查

调查周边环境的可利用度，对自然景色如瀑布、小溪、河川湿地、森林、温泉等自然条件能否被充分利用要做一定的评价，对当地的动植物进行调查了解，对特色景观和特色资源进行调查和再利用评价，并对村域内自然灾害发生情况进行调查。

（2）建筑调查

对村落建筑分布及建筑类型、建筑质量现状、使用情况等进行调查统计。

对传统建筑的形态、装饰元素、建筑材料、建筑色彩等进行深入调查和记录收集。对居住人口、村民生活习惯、居住房间的布局格式，院内的布局，厕所、厨房、家禽圈养等生活空间进行深入了解。

（3）生产调查

调查村落可开发资源及产业发展上位规划和政策导向。

对农作物的种植情况，以及林业、渔业、畜牧业等各种生产情况进行调查和记录。另外还包括深加工企业的情况记录。

（4）民俗民艺调查

了解当地的民俗习惯，走访当地民间老艺人，或非物质文化遗产传承人，收集当地各种传统文化元素的第一手资料。

2. 总体规划阶段

通过第一阶段深入全面的调查，有了一定的设计元素和设计依据。将调查资料分类，并分别进行深入分析。首先要确定设计思想、设计目的和设计内容，然后再对现状条件进行梳理和分析，找出可利用的各种景观资源；对规划中的创新项目做详细说明；确定村庄建筑基调和风格等。

生产生活环境方面需要在调查的基础上分析和寻找可利用的各种资源并做合适的调整和设计，集中突出生产生活的自然美，尽可能消除脏、乱、差的现象，突出当地生产生活的景观特色，提升乡村环境文明。

乡村旅游项目的开发，要对游、购、娱、食、住、行等各方面作统筹规划，设计要合情合理。设计时对旅游环境的打造更需考虑经济现状和实地条件许可。适当把握民俗文化、手工艺制作展示与商品的开发、农业科教、衣副产品的深加工与土特产商品的销售等，因地制宜规划建设。

（1）规划说明书

①现状概况：具体包括该乡村的地理位置、规划设计范围、景观现状特征、历史文化特征、人口情况、经济特点、用地情况以及市政基础设施情况等。

②规划设计的依据：包括中央和地方关于城市以及乡村规划设计的法规、办法、条例、意见等相关法律、法规的规定。

③乡村环境现状分析：对所规划的乡村环境现状做出具体分析，主要应通过分析指出该乡村环境现状的优势和不足，以便因地制宜制定相应的规划设计方法和原则、目标。

④规划设计的原则和目标：通过综合分析指出本规划设计应遵循的主要原则和通过本次规划设计将要达到的目标。

⑤规划设计的主要内容介绍；对本规划设计的方案进行简单介绍，主要应包括乡村环境总体布局、道路系统规划设计、绿地系统规划设计、市政系统规划设计、建筑规划设计以及其他景观小品的规划设计等。

⑥其他：包括需要说明的其他情况，如分期建设实施情况、投资概算等。

（2）总体规划图

总体规划图是在对所规划的乡村环境进行充分调查和详细资料收集工作的基础上，对乡村环境进行功能分区及各种环境进行总体安排的图纸。其目的是通过分析、研究，制定乡村环境总体规划的原则和目标，乡村环境的布局和将要达到的艺术效果、功能的要求、交通的组织以及整体环境的艺术风格等，为下一个阶段的详细设计提供依据。

3. 方案设计阶段

（1）初步构思草图

在总体规划的框架下对设计场地进行设计构思，提出设计概念性草图，并结合收集到的原始资料进行补充、修改、使整个规划在功能上趋于合理，在设计形式上符合美观、舒适等原则。

（2）设计方案图

完成规划平面图、功能分区图、绿化种植图、小品设计图、全景透视图、局部景点透视图，汇编成图纸部分。文字部分与图纸部分相结合，形成一套完整的规划方案。

（3）施工图

施工图是将设计与施工联系起来的重要环节。根据设计的内容、要求，绘制出能够具体、准确进行施工的各种图纸。施工图应能清楚、准确表达设计的尺寸、形状、位置、材料、数量、种类、色彩以及构造和结构，一般需要具体进行施工的所有内容都要绘制施工图，以作为施工的依据。

方案的设计和施工需充分听取村民意见，及时做出反馈和修改。还需按具体情况和设计面积分别定出前期工程和后期工程，统筹安排好施工计划。

第四节　乡村环境建设的方式

一、保护的方式：展现特色

注重保护地域景观特色是农村环境设计要注重的首要问题。要保护原有地方景观特色以及原汁原味的乡土风格，首先是要保护好自然和人文的原生态。比如皖南乡村是以群山环抱，草盛林茂为特色；江南乡村则以水网密布，鱼米丰产为特色；苏北平原开阔，视野通透。保护好本地特有的自然生态环境，才能发挥其地域特有的农村自然景观优势。

位于乡村文化景观保护区的乡村聚落，应保护聚落的历史文化遗产，延续有历史价值的聚落肌理与空间格局，严格保护文物类建筑、有特点的民居聚落，从村庄群落布置、村庄个体布局、单体院落三个层次，保护原有建筑风貌及乡土环境。

1. 群落布置方面

我国传统乡村地域趋向于无规律的“满天星”式的群落布局，是传统自给型农业经济的产物，是乡村居民适应当地自然环境的一种聚居模式。虽然乡村群落布局占地面积大，不利于公路、通信、教育、医疗的覆盖，但是，乡村群落的总体布局体现了人居与自然天人合一的聚居模式，是我国宝贵的文化遗产。因此，除对一些选址不当，例如处于生态敏感区域的村庄，以及一些对当地景观破坏严重的聚落，如沿路无序蔓延的聚落应该加以改造整理之外，应尽量保护乡村的群落布局方式，避免拆除旧村，合并或新建村庄，以避免引入完全不同的景观特征而破坏当地的景观特色。

2. 总体布局方面

我国许多传统聚落在街道组织、公共空间、绿地布局方面形成了有机的整体。街道—公共空间—绿地的有机组织展现出独特的景观风貌。在乡村发展的过程中，应该注意延续这种外部空间体系，使之成为整个乡村聚落的基本框架。

（1）保护村庄肌理

村庄规划布局应传承村庄肌理，灵活布局，避免“兵营式”布局。

（2）保护传统街巷

对于村庄内具有历史文化价值的传统街巷，其道路走向、空间尺度、建筑形式乃至建筑小品和细部装饰，均应按照原貌保存和修复。

3. 单体院落及建筑方面

我国乡村民居及公共建筑丰富多样，有合院式、天井式、干栏式、窑洞式、碉房式等多种形式，反映了各地的悠久历史与独特的地域文化。应从形式、色彩、材料等方面，对具有一定历史文化价值的传统民居和祠堂、庙宇、亭榭、牌坊、碑塔和堡桥等公共建筑物和构筑物进行精心保护，破损的应该按照原貌加以修整。具体的整修方法包括以下几种：

（1）修缮

修旧如旧。修缮具有历史风貌及保留价值的建筑、构筑物，保持建筑原有的高度、体量、外观及色彩（图 5.12）。

图 5.12　建筑原貌修复

图片来源：顾小玲．新农村景观设计艺术 [M]. 南京：东南大学出版社，2011.

（2）改善

对保存情况较好的传统居住建筑，按原有风貌维修，改造内部设施，适应现代的生活需求（图 5.13、图 5.14）。

图 5.13　局部加固

图片来源：顾小玲．新农村景观设计艺术 [M]. 南京：东南大学出版社，2011.

图 5.14　改善排水

图片来源：顾小玲．新农村景观设计艺术 [M]. 南京：东南大学出版社，2011.

（3）协调传统风貌

凡临近传统民居、历史文化公共建筑和传统街巷的新建建筑，其尺度、形式、材质、色彩均应与传统建筑协调一致，对与传统风格不相协调的建筑应及时进行整治。与传统风貌特色冲突不大的现代建筑，对其建筑风格、立面材质等进行修整，使其与传统建筑相协调。位于历史建筑周边且与历史建筑风貌有较大冲突的，可更换立面材质或改变建筑造型。对于与原历史建筑风貌冲突较大的加建部分，应进行拆除处理（图 5.15、图 5.16）。

图 5.15　风貌修整前

图片来源：柳建 . 中国乡村建设系列丛书 把农村建设得更像农村 戴维村 [M]. 南京：江苏凤凰科学技术出版社，2019.

图 5.16　风貌修整后

图片来源：柳建 . 中国乡村建设系列丛书 把农村建设得更像农村 戴维村 [M]. 南京：江苏凤凰科学技术出版社，2019.

（4）保护自然历史遗存

对于村庄内遗存的古树名木、林地、湿地、沟渠和河道等自然及人工地物、地貌要严加保护，不得随意砍伐、更改或填挖。执行规划绿线和蓝线管理规定，必要时应加设围栏或疏浚修复。

（5）保护非物质文化遗存

街名、传说、典故、音乐、民俗、技艺等非物质要素可通过碑刻、音像或模拟展示等方法就地或依托古迹遗存，在公共场所集中保留（图 5.17、图 5.18）。

图 5.17　农耕文化体验园

图 5.18　乡村非遗展示馆中的剪纸作品

二、改造的方式：传承特色

改造的目的是传承当地的自然和文化特色，使之成为有本地传统特色的现代化新农村景观。改造不是随意的盲目改变，是在保护原有景观风貌基础上的改造，是一种传承地域文化的行为。在调查的基础上分析和寻找地方文化传统元素，有计划、有步骤地进行系统化的规划设计，形成适应当地人们生产生活的最佳环境。改造的方式包括环境整治、改扩建两种方法。

1. 村落环境整治

我国农村建设和社会发展明显滞后，基础设施和公共设施严重短缺，环境脏、乱、差现象比较突出明显。整治型的村庄规划主要立足于现有的村庄空间肌理和建筑，在保护传统村落村景观特征的同时，对村庄进行现代化环境整治。

村庄整治工作要因地制宜，可采取社区建设、空心化整理、历史文化遗存保护性整治相结合的方式，以村容村貌整治，废旧坑（水）塘和露天粪坑整理，村内闲置宅基地和私搭乱建清理，打通乡村连通道路和硬化村内主要道路，配套建设供水设施、排水沟渠及垃圾集中堆放点、集中场院、农村基层组织与村民活动场所、公共消防通道及设施等为主要内容进行整村整治；整治后的村庄村容村貌应整洁优美，硬化路面符合规划，饮用水质达到标准，厕所卫生符合要求，排水沟渠和新旧水塘明暗有序，垃圾收集和转运场所实现无害化处理，农村住宅安全、经济、美观，富有地方特色，面源污染得到有效控制，医疗、文化、教育等基本得到保障，农民素质得到明显提高，农村风尚得到有效改善。

在整治规划设计中应注重体现村落历史景观风貌的延续性，村落功能与环境应具有现代性，使村民居住环境、基础设施配置等方面得到改善，包括道路交通、住房条件、村庄电气化、因地制宜提供自来水等。整治措施包括增加公共设施、改善市政基础设施、拓宽改造现有道路、整治环境景观（清理垃圾杂物、整治标牌广告、增加路边绿化）（图 5.19、图 5.20）。

2. 村落改扩建

随着经济的发展与政策对农村的倾斜、城市前往农村休闲娱乐人员的增多，农村社会自身逐渐富裕，促使村庄不断扩展建设范围，发生由内向外的更新。

图 5.19　村中道路改造

图片来源：柳建 . 中国乡村建设系列丛书 把农村建设得更像农村 戴维村 [M]. 南京：江苏凤凰科学技术出版社，2019.

图 5.20　建筑立面改造

图片来源：柳建 . 中国乡村建设系列丛书 把农村建设得更像农村 [M]. 南京：江苏凤凰科学技术出版社，2019.

在村庄加建和扩容时，应在充分理解现有景观特征的基础上进行规划和设计，使新建地区的肌理特色与老村和谐一致。

在建筑设计方面，应充分利用当地的智慧，鼓励当地农民在满足自身需要的前提下，利用和复兴传统的房屋制造体系，同时应该结合当地本土建造方式，进行详细的建筑和景观设计指导，减少对原有地物与环境的损伤或破坏，尽量采用原有的建筑形式、材料及色彩，与原有建筑风格协调一致。

三、创新的方式：发扬特色

在一些农村发展试点区域，为了减少农民过大的宅基地占地面积，以腾出建设用地指标，用于城镇扩充建设，因此提倡农民集中居住、兴建新的村庄一度成为新农村建设的主旨之一。新建村庄设计的优点是可以建设村容整洁、设施完善的农村环境，但由于规划设计周期较短、规划人员缺乏村庄规划经验等原因，导致规划模式千篇一律、用地规模任意扩大、规划标准缺乏依据等，造成建成的新村景观风貌过于简单粗暴或是城市化等弊病。

因此，拆除旧村、新建村庄必须具有充分的理由，避免农民耕作半径增大、农民丧失庭院经济收益、无处晾晒粮食等问题。新村规划设计需要充分理解当地建筑技术、建筑材料、聚落肌理和农民的使用方式。在有必要建设新村的地方，必须进行充分的地方景观特征研究，充分考虑当地的建筑风貌和景观特色。地方政府可以从设计初期和审批两个层面控制规划设计质量，在设计初期提供详细的景观风貌和规划设计细则，指导聚落规划和设计，并实施严格的规划和设计审批制度。

用创新的方式规划和设计乡村景观，其目的是发扬地域的景观特色，引导和规范乡村住宅建设。应注意整体规划的重要性，设定乡村建设的长远目标，有一定的发展规划和具体措施。对有碍农村整体形象、破坏农村自然环境的行为应该加以制止，消除对农村经济发展不利的因素。

创新不能脱离地域特色，应在传统文化中寻找文化元素，结合现代人的生产生活习惯重新建造，使新建筑既有传统风格又不乏现代气息。新农居建设要注意满足居住者生产生活的双重需要，还要有一定的预见性和超前意识，适应乡村居民生活方式的变化。

〔**思考题**〕

对比乡村环境设计与城市环境设计的方法与要点，思考二者在调研、设计、施工方面有哪些不同的侧重点。

6 乡村聚落生活空间环境设计

◆ 第一节　乡村居住建筑及其环境设计

一、居住建筑的选址与布局

二、居住建筑的组成与组合形式

三、居住建筑的造型

四、农家庭院设计

五、乡村庭院绿化

◆ 第二节　乡村公共建筑与公共活动空间设计

一、乡村公共建筑的布局与设计

二、乡村公共活动空间及其环境设计

三、乡村公共设施与景观小品设计

四、乡村公共空间绿化

五、乡村滨水景观设计

◆ 第三节　乡村环境整治规划与设计

一、乡村环境整治规划思路

二、村庄建筑形态梳理设计

三、公共空间体系梳理设计

四、居住环境整治设计

五、绿化及水体环境整治设计

第六章　乡村聚落生活空间环境设计

第一节　乡村居住建筑及其环境设计

一、居住建筑的选址与布局

1. 居住建筑的选址

（1）宅基

选择宅基的传统经验是要求地势高燥、水源流畅、建筑向阳等。在选择宅基时要考虑地形、地势、土壤、地基、朝向、水源、交通及生产联系等各个方面，做到“有利生产，方便生活”。

（2）朝向

传统住宅的良好朝向是人们在长期生活中总结出来的，能够保证住宅具有“冬暖夏凉”的效果。当代乡村住宅的朝向，要结合日照时间、太阳辐射强度、常年主导风向、地形等因素综合考虑。

（3）日照

日照是住宅选址所考虑的自然环境要素中最主要的一项，居住建筑需要保证住宅内一定的日照量，通常要求保证房屋底层向阳的窗户应满足冬至日满窗日照不少于 1h。

（4）水源

宅基一般都应选在有水源的地方。在没有河流的地方，可采用沟井来解决生活用水并改善水质，尽量使用地下水。有条件的可接入自来水管道。选宅基时要注意宅地的水源是否污染，通常宅基设在污染源上游 500m 以上的地方。

2. 居住建筑的布局形式

在乡村建筑中，居住建筑用地约占总用地的 30% ~ 70%。因此，农村居住建筑布局的好坏直接影响村镇的空间形态和乡村建设的面貌。

农村居住建筑的规模与布局是经过长期历史形成的。随着农村经济发展和科技进步以及环境、生产结构的变化，原有的乡村居民点的规模也将随之扩展。我国幅员辽阔，平原地区、水网地区、丘陵地区等环境不一，应区分情况做好布局规划。

（1）平原、水网地区

在平原、水网地区建造住宅，按农业生产要求，除自然村自发形成外，新开发的村庄，一般都应靠近机耕路和重要的河道布置，以便于交通运输。新村的布置形式可归纳为带状、行列式、田块式、灵活布局等类型。

①带状布局

有面河一字型（图 6.1、图 6.2）、夹路双面一字型，还有夹河夹路双面一字型。这种布局离水源近，使用方便，布置容易。

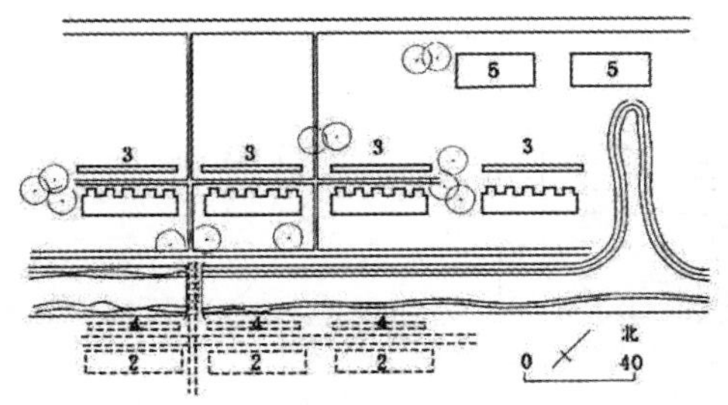

1. 二层农民住宅　2. 拟建建筑　3. 猪舍
4. 拟建建筑　5. 仓库

图 6.1　带状布局形式平面图

图 6.2　带状布局形式鸟瞰图

资料来源：付军，蒋林树 . 乡村景观规划设计 [M]. 北京：中国农业出版社，2008.

②行列式布局

建筑按照一定朝向和间距成排布置，使每户都能获得良好的日照和通风条件，是当前广泛采用的一种布置形式。但如果处理不当，会造成景观及空间单调呆板，因此，在规划时常采用山墙错落、单元错开拼接以及用矮墙分隔等手法，或将住宅成组地改变朝向。

行列式布局可结合河、路等特点分为倚河行列式、倚路行列式、倚河夹路行列式（图 6.3）。

③田块式布局

这类布局以纵干道、横干河为中心或以十字河为中心向四面均匀发展，是以乡村为中心的新村规划的基本形式。从农村城镇的发展远景来看，这种成片成块的布置，有利于公共设施的建设，实现农村城镇化。但由于民居建筑过分集中，对农民出工不利。布局形式可分为十字路河田块型、十字路田块型、十字河田块型（图 6.4）。

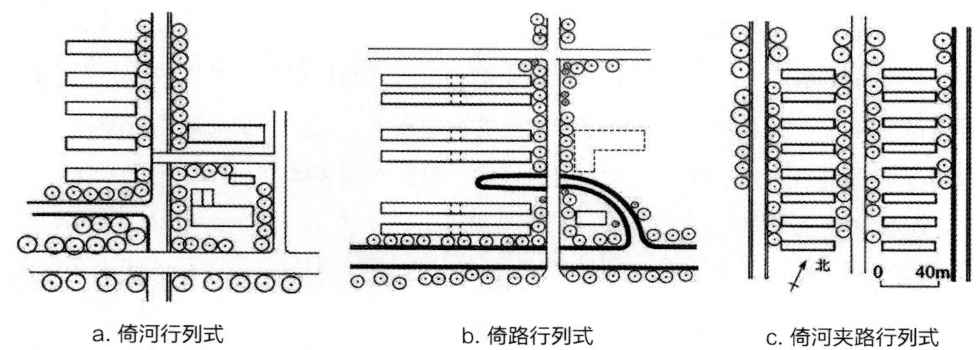

a. 倚河行列式　　b. 倚路行列式　　c. 倚河夹路行列式

图 6.3　行列式布局形式

资料来源：付军，蒋林树 . 乡村景观规划设计 [M]. 北京：中国农业出版社，2008.

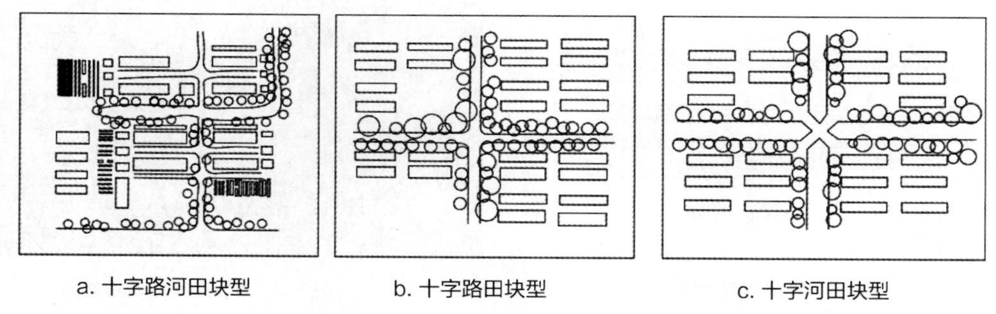

a. 十字路河田块型　　b. 十字路田块型　　c. 十字河田块型

图 6.4　田块式布局形式

资料来源：付军，蒋林树 . 乡村景观规划设计 [M]. 北京：中国农业出版社，2008.

④自然式灵活布局

随地形灵活变化，可环绕河道或河塘四周布局；或是在原有自然村的基础上进行改造，与周边建筑灵活协调布置。灵活式布局以充分利用自然地形、天然水源，方便生活为基本原则。

（2）山地、丘陵地区

山地、丘陵地区的住宅宅基，一般设于向阳坡面（图 6.5）。不同风向区对建筑位置有不同要求，通常应根据不同的气流结合地形进行布置，以利穿堂风的组织。一般当风向与等高线垂直或接近垂直时，则房屋与等高线平行布置（图 6.6a）；当风向与等高线斜交时，则房屋宜与等高线成斜交布置，使主导风向与房屋纵轴夹角大于 60°（图 6.6b）；当风向与等高线平行或接近平行时，住宅平面最好设计成锯齿或点状平面，或将住宅接近等高线布置（图 6.6c）。

山地、丘陵地区集体建村，应利用自然山坡起伏，布置宅基切忌为追求统一标高把山头削平。应适应地形变化，充分利用地势，作某些特殊处理，力求节省财力。建宅时可综合运用民间传统处理方式（图 6.7），使建筑与地形有机结合，减少室内外土石方工程量，并达到经济合理的要求。

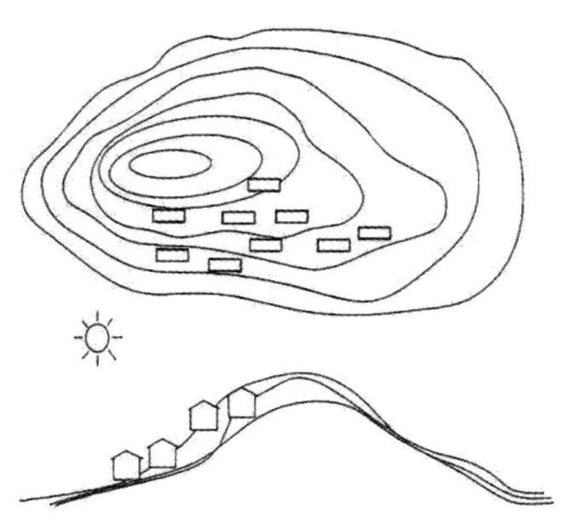

图 6.5　山地、丘陵地带的宅基设于向阳坡

资料来源：付军，蒋林树．乡村景观规划设计 [M]. 北京：中国农业出版社，2008.

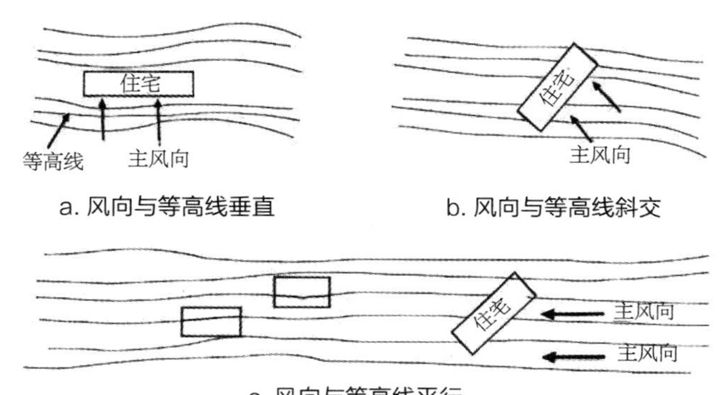

图 6.6　风向变化对建筑布局的影响

资料来源：付军，蒋林树．乡村景观规划设计 [M]. 北京：中国农业出版社，2008.

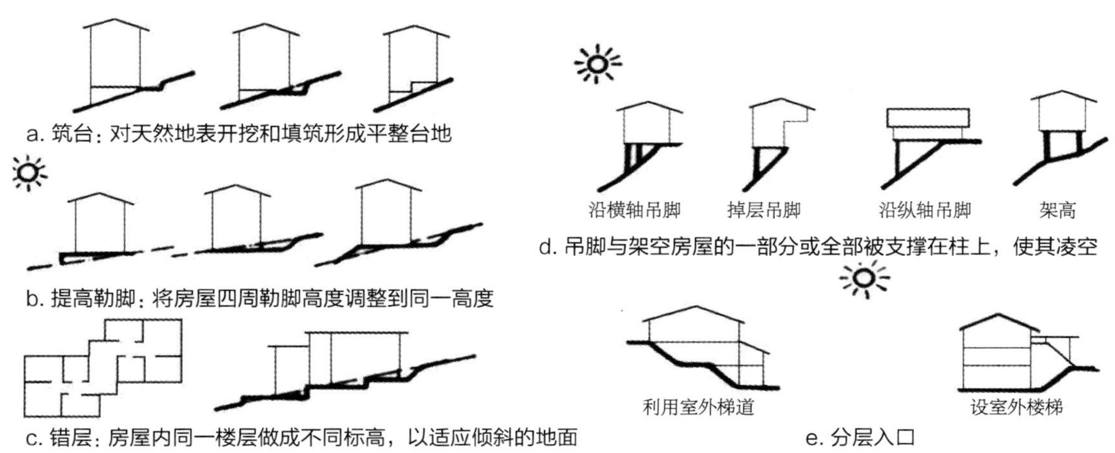

图 6.7　山地、丘陵建宅竖向处理办法

资料来源：付军，蒋林树．乡村景观规划设计 [M]. 北京：中国农业出版社，2008.

（3）低洼地区

低洼地区多半通风不良。因此，在这类地区建宅，必须把宅基筑高，让宅基高于道路路面，这样可以改善通风条件，也有利于排水。

二、居住建筑的组成与组合形式

1.农村住宅的组成

传统的农村住宅是院落式住宅，一般包括三大部分：居住部分、辅助设施、院落。改革开放以来，农村经济发展迅猛，农村的基础设施显著改善，村民对居住条件也有了新的要求。尤其在经济发展较快地区，受用地条件的限制，已不再建设单层的院落住宅，而逐渐向小城镇的低层庭院住宅发展。

（1）居住部分：包括堂屋、卧室、厨房。

①堂屋：堂屋是整个家庭起居的中心，是接待亲友、家庭团聚和从事必要的农副业加工等活动的主要场所。堂屋的面积不宜太小，以 $18m^2$ 左右为宜。要求光线明亮，通风良好，与院落有密切的联系。

②卧室：卧室是供睡眠和休息的场所。农村住宅的卧室是围绕着堂屋布置的，卧室要大小搭配，以利合理分居。平面布置要紧凑合理，尽量避免互相穿套。面积以每室 7 ~ $14m^2$ 为宜。

③厨房：厨房主要是烧饭做菜的场所。在一些边远地区，厨房也作为家畜饲料蒸煮加工以及储藏杂物和柴草的场所。考虑炉灶、生活用具（碗橱、桌子、水缸等）、起火燃料等的安置，厨房面积一般为 6 ~ $12m^2$。

（2）辅助设施：包括厕所、禽畜圈舍、围墙门楼、沼气池、杂屋等。这些设施都是居民生活和家庭副业生产所必需的，应当合理布置。

①厕所：传统的农民住宅受基础设施条件所限，厕所都安排在院落内，独立设置。随着农村经济的发展、基础设施的改善、居住条件和要求的提高，农村住宅开始向二三层的低层院落住宅发展，厕所也布置在室内。设计时应考虑通风卫生需求。

②禽畜圈舍：养猪、羊、鸡、鸭是农民主要的家庭副业，禽畜圈舍要求一年四季都有阳光。并且要与居室有适当隔离，一般应设在后院或靠近院墙和大门的一侧，在经济较为发达的地区，提倡尽可能集中饲养禽畜。

③沼气池：沼气池的推广使用，不仅解决我国广大农村燃料使用问题，还扩大了肥源，改善了农村住宅与环境卫生。院落设沼气池时，应尽量和厕所、猪圈三者结合在一起布置修建，要靠近厨房，选择土质好、地下水位低的位置。

（3）院落：农村住宅大多设有院落，在院落中可饲养畜禽，堆放柴草，存放农具和设置辅助设施。因此院落是进行家庭副业的场所，也是种树、种花、种菜的地方。院落一般结合住宅基址地形，按户主需求进行合理设计。

2. 农村住宅的组合形式

（1）独立式

独立式是指独门、独户、独院，不与其他建筑相连的住宅形式。独立式住宅居住环境安静，户外干扰少；建筑四周临空、平面组合灵活，朝向、通风采光好；房前屋后、东西两侧朝向院落，可根据家庭生活、家庭副业的不同需求进行合理布置。但是独立式住宅占地面积大，建筑墙体多，公用设施投资高。

（2）并联式

并联式是指两栋建筑并联在一起，两户共用一面山墙的住宅形式。并联式建筑三面临空，平面组合比较灵活，朝向、通风、采光也比较好，较独立式用地和造价都经济一些。

（3）联排式

联排式是指将三户以上的住宅建筑进行并联。并联不宜过多，否则建筑物过长，前后交通迂回，干扰较大，通风也受影响，且不利于防火。一般来说，建筑物的长度以不超过 50m 为宜。

三、居住建筑的造型

1. 屋顶

屋顶设计可以将传统坡屋顶进行解构，用现代设计手法处理细部，运用地方传统特色元素。屋顶形式可选择以双坡屋面为主，南北向房屋屋顶高度略高于东西向。屋架可采用传统抬梁式屋顶做法，檩条和椽子采用木头，梁采用混凝土。屋顶铺瓦处理上，可使用筒板瓦屋面。装饰构件上可用简单的清水混凝土条取代原来做法繁琐的脊瓦、脊兽，檐口也可摒弃烦琐的椽子、斗栱，用简单的混凝土线脚取而代之。

同时，可采用双坡屋顶与屋顶露台相结合的方式。屋顶露台通过运用轻钢构件或木构件以组合排列的形式象征性表达屋顶，一实一虚，以合理的比例关系尺度出现在建筑立面上，使整个建筑显得有层次、有变化、有韵律感，而且具有很强的时代感。

2. 门窗

新窗户样式可以用简单铝合金框分隔玻璃，简洁大方。设计时可根据商业、客厅、厨房、廊道等不同的使用功能要求设计不同的窗户样式，沿街店面多采用轻巧的隔扇门窗，廊道则设计长条形窗，厨卫可用上悬窗。

3. 装饰节点

可以选择状况较好的有保留价值的材料、构件或结构局部，如精细的砖雕、花饰长窗、柱础等，将其有机组织进新建筑中，并将其设置在视觉中心处，起到画龙点睛的作用。由于这些细节自身有某种程度的独立性和完整性，拼贴的片段可以按照现代的审美需求加以改造和变化，不需要墨守传统的设计规则、构图方式和连接逻辑，这样既可以体现传统的连续性，也兼具时代特点，是在新语境下对传统语汇的巧妙运用。

此外，在设计中体现传统文化，对传统进行合理的继承，不能只局限于对传统形式的模仿和简单地套用符号，而是要对传统建筑文化进行深层次的挖掘，用扬弃的理念来对待传统形式。传统建筑的精髓需要在对其深层次内涵理解的基础上，用现代的手法加以提炼概括、抽象演化，完成传统建筑形式的现代继承（图 6.8）。

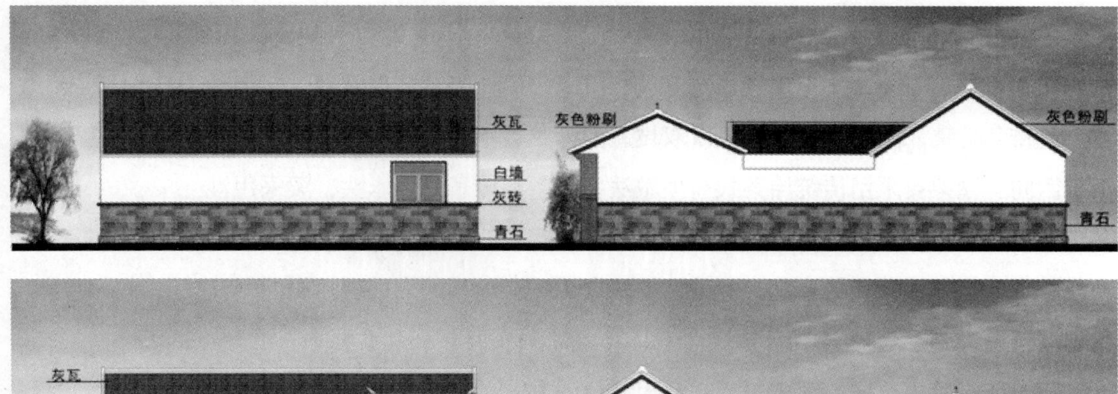

图 6.8　山东某村庄住宅设计

资料来源：青岛理工大学建筑设计研究院 .

四、农家庭院设计

1. 庭院住宅的基本形式

（1）前院式

庭院一般布置在住房南向，优点是避风向阳，适宜家禽、家畜饲养。缺点是生活院与杂物院混在一起，环境卫生条件较差。一般北方地区采用较多。

（2）后院式

庭院布置在住房的北向，优点是住房朝向好，院落比较隐蔽和阴凉，适宜炎热地区进行家庭副业生产，前后交通方便。缺点是住房易受室外干扰。一般南方地区采用较多。

（3）前后院式

庭院被住房分隔为前后两部分，形成生活和杂物活动的场所。南向院子多为生活庭院，北向院子为杂物和饲养场所。优点是功能分区明确，使用方便，清洁、卫生、安静。一般适合在宅基宽度较窄，进深较长的住宅平面布置中使用。

（4）侧院式

庭院被分为两部分，即生活院和杂物院，一般分别设在住房前面和一侧，构成既分割又连通的空间，优点是功能分区明确。

此外，在吸收传统民居建筑文化的基础上，天井内庭的运用已得到普遍的重视。

2. 农家庭院景观设计

农家庭院是农村景观中的一部分，反映了农村居民的居住环境和整体精神面貌。庭院设计要经济、朴实、大方，装饰素材选取要因地制宜，利用本地乡土元素，体现乡村特色。从人性化角度考虑，要兼顾农户使用需求和游客心理特征。农家主人要时常保持院落的整洁，注意室内外环境的整齐、清洁、美观，合理配置垃圾箱，垃圾要及时处理，养成良好的卫生习惯。

在农业旅游开发区，农家庭院设计可以在现有的基础上，利用农家生产生活用品、农作物、花木等装饰农家环境，提升农家庭院的审美价值。庭院景观的打造要坚持维护乡村特征，布置花卉、观赏树木、菜园、果树等。同时，通过家庭园艺、用花台花架丰富建筑立面，营造美丽街巷景观，打造一户一景、步移景异的庭院景观。可以用经济实惠、因地制宜的设计手法改变现状，让农家小院自然美丽，充满农家的生活气息。

鉴于一些乡村旅游及配套服务功能的发展与提升，民居中除了部分用于村民自住的传统型庭院，还会建设一定数量的旅游住宿和餐饮接待型庭院，对传统型庭院和服务接待型民居的室内布置和庭院景观营造予以区别对待和专属设计。如旅游住宿型院落在具体布局设计上，主要考虑游客的居住、停车需求，院落中主要布置住房、厨房、菜园、厕所、停车场。要让游客在住宿时，也能有适当的户外休闲空间；在内部布局上，主要通过绿植来划分空间，既有围合感，又能互相通透。餐饮接待型院落布局主要考虑游客的就餐、停车需求，以及庭院的景观性，要让游客在舒适的环境下就餐。院落中主要布置餐厅、厨房、菜园、厕所、停车等功能，外围被大量的绿色环境包围，打造园林式生态餐厅。

农家庭院的设计应表现农家生活的特色美和朴实的自然美。可用常见的生产农具、生活用具作为装饰元素，如小木三轮车、板车、木桶、大水缸、腌菜缸、柳条笆斗、簸箕、竹篓、竹篮、竹筐、扁担等，设置在院落墙角、屋檐下，可以点缀和增添农家的生活气氛；院内的门前檐下还可利用挂晒农家产品来装饰墙面，以增添乡土生活气息，如稻穗、麦穗、玉米棒串、大蒜串、辣椒串、柿饼串、山芋干、干菜、鱼干、腊肉、火腿、香肠等。在不同季节有不同的晾晒物品，还可作为食材烹制农家特色菜肴。

五、乡村庭院绿化

乡村庭院绿化要将观赏、功能、经济三者有机结合起来，选择既好看、又实用的树种栽植，取得良好的效果。要根据住宅布置形式、层数、庭院空间大小选择植物，既要考虑住户室内的安静、卫生、通风、采光等要求，又要考虑居民的视觉和嗅觉等感受。庭院内部和房前屋后以布置少量高大阔叶乔木和花灌木为主，也可以选择一些经济类干鲜果树栽植，达到绿化美化、遮阳降温、减少尘埃、吸收噪声、保护环境的效果。村民住宅前后如有可利用的零星边角空地，在经村委会同意的前提下，可以栽植干鲜果树、速生用材树等，以获得一定的经济收益。

在树种选择方面，防护遮阳类阔叶乔木有毛白杨、柳树、国槐、千头椿、泡桐、悬铃木、白蜡等；经济树种有樱桃、杏、海棠、枣、山里红、葡萄、核桃、柿子、花椒等；观赏花灌木有牡丹、西府海棠、玉兰、丁香、紫薇、月季、蔷薇、中国地锦、凌霄、紫藤。各地应根据本地域的地理环境和气候条件，选择适宜生长的乡土树种。

（1）林木型庭院

在庭院种植以用材树为主的经济林木，绿化宜选用乡土高效高产的经济林木，以获取经济效益。屋后绿化以速生用材树种为主，大树冠如泡桐、楸树等，小树冠如水杉、池杉等。在经济条件较好地区，在屋后可种植淡竹、刚竹等经济林木。用地缺乏，或气候、土壤等条件较恶劣，经济基础薄弱地区的农村庭院应优先栽培适宜的乔木树种，可以多树种搭配，常绿和落叶树种混交，需要注意种植密度适当。

屋前空间比较开敞的庭院，绿化要满足夏季遮阴和冬季采光的要求，植树规模不宜过大，以观赏价值较高的树种孤植或对植门前为主。选择枝叶开展的落叶经济树种为辅，如果、材两用的银杏，叶、材两用的香椿，药、材两用的杜仲等。对于屋前空间较小的庭院，在宅前小路旁及较小空间隙地，宜栽植树形优美、树冠相对较窄的乡土树种。

对于老宅基地，在保留原树的基础上补充栽植丰产、经济价值较高的水杉、油杉、竹类等速生用材树种。在清除原有老弱树和密度过大的杂树时，尽可能地保留原本就不多的乡土树种，如桂花、柳、银杏等。院内种植林木要考虑定干高度，防止定干过低，树枝伤害到人畜；在庭院与庭院交界处，要确定合理的定株行距，以保持农户间所植苗木相对整齐。

（2）花木型庭院

房屋密集、硬化程度高、经济条件较好、可绿化面积有限的家庭和村落，可结合庭院改造，以绿化和美化生活环境为目的，在房前屋后就势取景、点缀花木、灵活设计。选择乡村常见的观叶、观花、观果等乔灌木作为绿化材料，绿化形式以园林常用的花池、花坛、花镜、花台、盆景为主。

庭院面积较大且经济条件好的农户，可以在庭院中栽培桂花、玉兰、铁树、月季、芙蓉等观赏植物；庭院占地面积不大的农家，可种植灌木、草本为主的花木或地被，既可四季观叶、观花、观果，自得其乐，又可出售部分花木获取收益。

为了不影响房屋采光，一般不栽种高大乔木，而以观叶、观木或观果的花灌木为主。房前院落的左右侧方，一般设计为花镜、廊架、绿篱或布置盆景，以经济林果和花灌木为多数，有时为夏季遮阴也布置树形优美的高大乔木，如楸树、香樟等。屋后院落一般设计为竹园、花池、树阵或苗圃。

（3）果蔬型庭院

现有经济用材林木不多或具有果木管理经验的村庄或农户，可根据自己的喜好，在庭院内小规模种植各类果树和蔬菜等品种。有条件的村庄，可发展“一村一品”工程，选择如柑橘、金橘、枇杷、杨梅等适生树种，形成统一的村庄绿化格局，又可获得较好的经济效益。

如庭院面积相对较小，可选择果树品种栽植，如梨、苹果、枣或柑橘等，每个品种一至数株，每年可收获多种果实。果树品种不宜多，注意乔灌木结合。如庭院宽大，四周通风透光，土层深度适宜种植，可在大门外两旁种植经济林树或观花、观果树，比如柿子、香椿等，呈行列式种植；庭院内栽矮化丛形小冠果树，如李子、石榴等，可以密植。果树行距大、株距小，便于间作，可套种各类蔬菜，如番茄、地芸豆、草莓、韭菜等。也可在路边、墙下开辟菜畦，成块栽种辣椒、茄子、西红柿等可观果的蔬菜，贴近乡村生活，自然大方。

（4）开敞式庭院

独家散居没有围墙的农户，可以在院落周围栽上木桩，拉上几道铁丝或用植物嫩枝编织绿篱，栽种葡萄、金银花、佛手瓜、莱豆角等藤蔓植物组成围篱或种植玫瑰、芳香月季、海棠、花椒等直立植物，围栽成绿墙，既通风又隔离保护，只要精心管理就能花团锦簇，硕果累累，并有极好的收益。

墙边树下宜种植麦冬、玉簪、黄花菜、桔梗、杭菊等多年生药用、食材植物，既覆盖地面、美化庭院又有收益。

第二节　乡村公共建筑与公共活动空间设计

一、乡村公共建筑的布局与设计

1. 公共建筑的类型

乡村公共建筑是为村民提供社会服务的行业和机构所使用的建筑，与村民生活和生产有着多方面的密切联系。

乡村公共建筑主要包括以下几种类型：

（1）行政事业管理类：村委会、信用社、邮局等。

（2）教育机构类：各类学校、幼儿园等。

（3）医疗保健类：卫生院、防疫保健站。

（4）商业服务类：商店、饭店、民宿、理发部等。

（5）集贸设施类：牲畜水产市场、粮油土特产市场、蔬菜副食市场等。

2. 乡村公共建筑的布局与设计

公共建筑网点的内容和规模可在一定程度上反映乡村的物质和文化生活水平。其布局是否合理，直接影响村民的使用，而且也影响着农村经济的繁荣和今后的合理发展。因此，全面安排各类公共建筑体系的布局是乡村规划的重要任务。

乡村公共建筑的布局要考虑各类公共建筑合理的服务半径，要充分利用农村原有基础设施，并结合农村交通组织进行选址安排。在设计方面要根据公共建筑本身特点及其对环境的要求进行合理设计，并考虑农村景观组织的要求（图 6.9）。

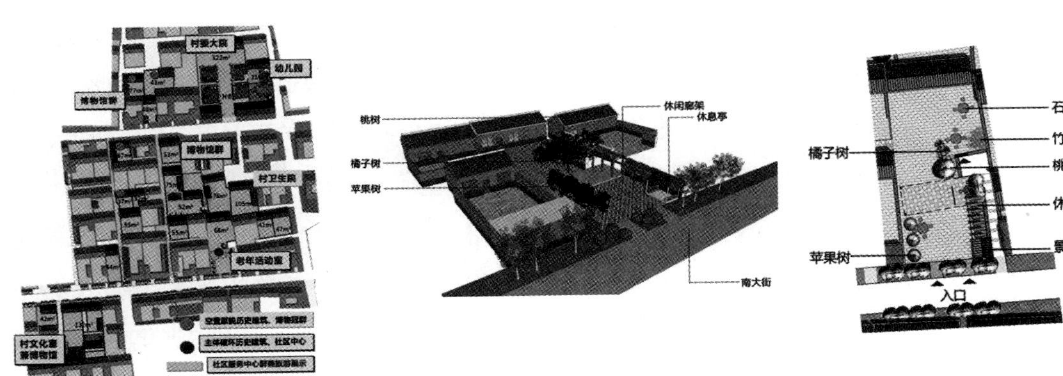

图 6.9　山东某村庄公共建筑布局及设计

资料来源：青岛理工大学建筑设计研究院 .

（1）商业、服务业和文化娱乐性的公共建筑一般设于村镇中心，体现村镇的风貌特色。

（2）行政办公机构一般不宜与商业、服务业混在一起，而宜布置在村镇中心区边缘，且比较独立、安静的地段。

（3）学校的规划布置应该有合理规模和服务半径。小学的规模一般以 6 ~ 12 班为宜，服务半径一般可为 0.5 ~ 1km；中学规模以 12 ~ 18 班为宜，服务半径一般可为 1 ~ 1.5km。学校本身也应注意避免对周围居民的干扰，应与住宅保持一定距离。

（4）卫生院的规划布置

卫生院是全乡镇医学预防与治疗的中心，其规模和大小取决于乡镇的发展和总人口。卫生院要求设施完善、科室齐全、环境安静卫生，所以在规划布置时应该注意以下几点：

①院址应尽量考虑规划在村镇的次干道上，注意环境幽静，阳光充足，空气洁净，通风良好等卫生要求。不应该远离村镇中心和靠近有污染性的工厂及噪声声源的地段。适宜的位置是在村镇中心区边缘，交通方便而又不是人车拥挤的地段。

②院址要有足够的清洁度，适用的水源，充足的电源，雨水和污水排除便利。

③医疗建筑与邻近住宅及公共建筑的距离应不少于 30m，与周围街道之间距离也不得少于 15 ~ 20m，中间以花木林带隔离。

（5）集贸市场的规划布置

集贸市场的规划布置应照顾人们的购买习惯和销售习惯，应选址于交通便利、集散方便、与公共活动中心联系方便且便于管理的位置。也可在路边布置或在村镇中单独开辟出街道来形成集贸市场，有条件的可辟出单独的场地、广场，作为农贸市场。

集贸市场设计要从人性化角度考虑，尽可能地方便居民的生产生活，尽可能用自然材料，切忌人造景观的过多掺入。考虑公共设施的合理布局，如垃圾桶、公共厕所等，以及广告牌、店面招牌等的整齐美观。对古老集市的街道、老房子、商铺，应以保护为主，维护古老风貌，以修旧如旧的方式传承地域文化。新建店面设计要尊重当地农民的习惯，对店面的形象设计要简洁大方，朴实美观，与乡村整体风格相统一。

二、乡村公共活动空间及其环境设计

乡村公共空间是指乡村发掘自身文化元素建成的具有地域特色的文化性空间，能够提供文化交流以及文化传播场地，服务于村民的同时也对外来游客开放。乡村公共空间在设计上要考虑不同年龄段的人群对公共空间的使用情况及要求，在前期调研、方案设计、施工建设、后期维护等阶段，都需要村民积极参与，及时反馈，确保公共空间符合村民需求，能够真正地提高生活质量，同时增强村民的集体归属感。

乡村公共空间规划设计也应遵循生态先行的主要原则，从场地的自然性、生态性出发，合理地利用自然资源对公共空间进行修复或建设，依托乡村良好的自然条件、水资源、植被等生态要素，实现乡村整体的生态修复优化。

乡村公共空间的设计需合理整合设计场地，实现空间使用的灵活性与多样性；应注重乡村文化的传承，在实现公共空间功能合理化的基础上，注重对乡村地域文化元素的挖掘与提取，对老旧、废弃建筑材料进行充分的再生利用，尽可能保留原有的历史痕迹；灵活运用新材料，将现代工艺与传统手艺相结合，体现时代性与创新性。在形象塑造上应使公共空间具有明显的辨识度，很好地展示乡村形象，打造具有特色的空间。

1. 乡村入口景观设计

乡村入口景观组成要素灵活多变，没有固定模式。设计时主要考虑地形、乡土建筑特色、色彩、地方材料四方面的要素。

（1）顺应地形，满足交通与导向、休闲与集会等功能

在山区或丘陵地带，大多顺应自然地形，或者按风水常识去设计建造入口景观。平原地区的乡村入口大多处于现状两条对外交通的交叉口处，整体地形条件较为平坦，可利用交叉口的人流集散优势设计村口广场，为村民提供日常集会、交流、健身功能（图 6.10）。

图 6.10　陕西某村庄入口处广场设计

资料来源：陕西省城乡规划设计研究院 .

（2）延续乡土建筑特色，形成村庄标志

乡土建筑包括农村的寺庙、祠堂、住宅、学堂、商铺、村门和亭、廊、桥梁、道路等，它们是乡村历史、文化、自然等的凝聚载体，是构成乡村景观的重要组成部分，也是入口景观设计的重要构思来源。村口的设计风格要保持与整个乡土建筑风格的一致性，需形成有特色的标志性景观，作为村庄的标志。村庄入口在设计上以自然形式为主，可配以景观置石和文化展示墙等硬质景观，打造富有乡村文化特色的村庄“新名片”。

（3）协调传统色彩，与周围环境相融合

入口设计应注意乡村传统色彩的传承以及色彩的协调。例如，木材的暖棕色有助于与乡村半林地或稻田景观环境相融合；明亮的木灰色也是可以放心使用的颜色；棕色或暗灰色可以和土地及树干的颜色取得很好的协调感。在需要强调的一些建筑小构件上，可以少量地使用明亮的浅黄色或岩石的颜色。

（4）使用地方材料，展示乡土特色

使用地方材料以及与这些材料相适应的传统结构和构造方法是保持村口景观乡土特色的重要手段。特别是那些未经加工的天然材料或稍经加工但却仍然保持本来特色的某些材料，更能充分表现出某个地区的独特风貌。地方材料主要包括生土、木材、瓦、竹等，还有当地品种的草、树、花等植物，均以就近取材为建设原则，既体现乡村恬静的生活环境和浓郁的田园风光，也可节约村庄的建设成本。

2. 乡村街道空间设计

（1）乡村街道的分类设计

乡村街道分为交通性街道、商业街道、步行街道和其他生活性街道。

①交通性街道

交通性街道是以车行为主的承担交通运输职能的道路，为乡村各个功能区之间的人流、物流提供基础物质条件。为保证安全性，交通性街道应严格划分各功能区。比如机动车道与自行车道、人行道的分离，可通过设置隔离墩、设置绿化隔离带等方式来实现。一般不宜在道路两旁设置吸引大量人流的商业、文化、娱乐设施，以避免人流对车行道的干扰，保证车流顺畅和人的安全。

交通性街道要求流线通畅，并展现乡村的景观特色。其设计要强调道路和

图 6.11　陕西某村庄交通性街道环境设计

两侧建筑物的关系，建筑外轮廓线的阴影效果及色彩的可识别性等。为减轻驾驶疲劳并增加空间层次，设计中可采用局部放大的手法，将广场、绿地引入，还可间隔性布置一些大型的标志物或雕塑，使街道空间丰富多彩（图 6.11）。

图 6.12　陕西某村庄商业街环境设计

②商业街道

商业街道是乡村中的生活性道路，一般地处中心区域，是主要的购物场所。乡村商业街道的设计应尽量丰富，避免呆板。直线型等宽的商业街不宜过长，可通过街道空间的变化使购物者的感受更为丰富，增加停留时间（图 6.12）。

③步行街

步行街是乡村街道的一种特殊形式，是为缓和步行者和机动车之间的矛盾，增加繁华街道的舒适感而设置的。步行街道的主要功能是汇集和疏散商业建筑内的人流，并为其提供适当的休息和娱乐空间，创造安全、舒适、方便的购物环境。

④其他生活性街道

生活性街道是为农村各个功能区服务，解决功能区内交通联系问题，为功能区内的人流、货流的移动提供空间的，融交通、生活于一体的线形公共空间。其设计要考虑乡村居民日常生活和交往需求，做到通行便捷，并与宅前屋后空间相结合提供各方面的微型活动空间和便民游乐设施。

（2）街道空间的比例尺度

乡村街道的空间尺度是由其功能决定的，街道的宽度取决于其交通性质。在功能满足的前提下，也可以对尺度做适当的调整及不同的处理，使人对空间有良好的感觉。

人行走在街巷中的心理感受与两侧建筑高度 H 和街道宽度 D 之间的比例有关，在 D 与 H 的比值不同的情况下可以得到不同的视觉效应。

在乡村公共空间的设计中，D/H 的值应该根据设计者想要创造的环境氛围而定。由于人们在日常生活中追求一种内聚的、安定而亲密的环境，所以大多街巷空间设计 D/H 值都在 1 ~ 3，在此基础上，设计要充分考虑结合当地特点和居民生活习惯及道路功能确定最后的比例关系。

（3）街道的节点

①转折：街道转折的位置给设计师提供了布置标志物或进行特殊处理的空间。转折点和空间节点相结合，通过交接清楚的连接可使人很自然地进入节点和广场，转折节点中的独特标志可以起到引导的作用。

②交叉：街道的交叉空间往往会局部放大形成节点空间，在经过狭窄平淡的空间后豁然开朗，往往会给人一种舒放开敞的感觉（图 6.13a）。

③扩张：利用街道局部向一侧或两侧扩张，会形成街道空间的局部放大，可在其中布置绿化，形成供周边居民休憩、交往、纳凉的场所，其作用相当于一个小的广场空间。扩张空间经常由建筑入口的退后形成，是建筑入口的延伸（图 6.13b）。

④尽端：街道尽端常以建筑入口、河流等作为节点，是乡村内外环境的过渡空间。它一般是整个街道空间的起始或高潮所在，因而在设计中可以通过特殊处理的建筑、开敞的空间或特色鲜明的标志等给予突出和强调（图 6.13c）。

3. 乡村广场空间设计

乡村广场可分为交通、休闲、商业等性质的广场。乡村广场设计要根据乡村的整体风貌和村民需求确定广场的风格、空间开放程度等。

（1）广场的空间形态设计

乡村广场的平面分为规则的几何形状和不规则几何形状两种。规则的形状多为经过设计师有意识的设计，不规则的形状往往是切合当地自然条件、气候条件逐渐发展出来的。与平面形广场相比，上升、下沉和地面层相互穿插组合的立体广场，更富有层次性和戏剧性的特点。

（2）广场的空间围合

乡村广场的空间围合是决定广场特点和空间质量的重要因素之一。适宜、

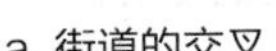
a. 街道的交叉

b. 街道的扩张

c. 街道的尽端

图 6.13　咸阳市礼泉县袁家村街道节点

有效的空间围合可以较好地塑造广场空间的形体，使人产生对该空间的归属感，从而创造出安定的环境。

（3）乡村广场的尺度和比例

乡村广场的空间尺度感取决于场地的大小、延伸进入衔接建筑物的深度、周围建筑立面的高度与体量等。尺度过大的广场有排斥性，尺度过小的广场令人感觉压抑，尺度适中的广场则有较强的吸引力。在乡村广场的设计中，提倡以“人”为尺度来进行设计，创造出一种内聚、安全、亲切的环境（图 6.14、图 6.15）。

图 6.14　宁夏红崖村文化广场

图 6.15　宁夏红崖村文化大院

（4）乡村广场设计的空间组织

①整体性

整体性包括两方面的内容。其一是广场的空间要与乡村大环境相协调、整体优化、有机共生。特别是在老建筑群中创造的新空间环境，与环境的关系应该是“镶嵌”，而不是破坏，整体统一是空间创造时必须考虑的因素之一。其二是广场的空间环境本身也应该格局清晰，整体有序，于严谨中追求变化。环境处理中必须注意取舍，重视空间秩序。

②层次性

乡村广场多属于为居民提供集会活动或休闲娱乐场所的综合型广场，由于不同性别、不同年龄、不同阶层和不同个性人群的心理和行为规律具有差异性，广场空间的组织结构必须满足多元化的需要，包括公共性、半公共性、半私密性、私密性的要求，这决定了乡村广场的空间构成方式的复合性。因此，应对广场空间进行层次划分，形成有主有从、有大有小、有开有合、有节奏的景观空间。层次的划分可以通过地面高程变化、植物、构筑物、座椅设施等的变化来实现。

③步行设计

由于广场的休闲性、娱乐性和文化性，在进行乡村广场内部交通组织设计时，应以步行环境为主，以保证场地的安全、卫生。在进行乡村广场内部人流组织与疏散设计时，要充分考虑广场基础设施的实用性，在广场内部人行道的设计上，要注意与广场总体设计和谐统一，把广场同步行街、步行桥、步行平台等有机连接起来，形成一个完整的步行系统。

三、乡村公共设施与景观小品设计

1. 公共设施设计

（1）协调公共设施与周围自然环境，公共设施布局、设置、体量、高度、色彩、造型等均要与周围景观协调。

（2）造型与空间组合设计应通过设施自身形体的高低组合变化与周围山水环境相协调；色彩要突出功能定位，符合当地传统习俗颜色，塑造出具有地域特征和可识别性的设施景观。

（3）合理规划畜舍设施，确保清洁化生产。通过合理化设计和绿化降低污染物的排放并消除气味、噪声等。

（4）垃圾收集和处理设施要人性化，并考虑美学设计，方便操作。

（5）污水处理设施要尽量做到地表不可见，采用沉淀过滤有机物转变为沼气、有机物降解以及人工湿地降低水体中氮、磷营养物质等生态化处理方法。

2. 景观小品设计

乡村景观小品设计应因地制宜，就地取材，尽量旧物再利用。可以选择有纪念意义的物体进行装饰加工，形成自然趣味和个性。在设计中追求形式感的同时要注意与环境的统一，注意对比适宜，层次分明，追求经济美观、简洁大方的整体美感。临时景观小品的设计更要注意便于组合拆卸等，以便于回收再利用和清理。

（1）以传统农具及生活用具为造型元素的小品设计

用传统农具及生活用具做景观小品可以引发当代人的怀旧情绪，引发人的好奇和关注。传统农具有木轮车、板车、木船、铁犁、水车、脱粒机等，生活用具有石磨、石井、木水桶、腌菜缸、油布伞、油纸伞、柳条簸箕、柳条筐、斗笠等，还有原始建筑——茅草房。传统农具和生活用具记载了一代又一代人的奋斗，用做小品景观，真实生动而具有特殊的纪念意义（图 6.16）。

（2）农作物及种子塑造的艺术

用农作物做生活用品和装饰庆典用品是农民表达丰收喜悦的常用手法，最常见的是捆扎稻穗、麦穗人，用果实做造型等，一般都是以喜庆吉祥为主要内容。一些超出一般生长尺度的巨大的农产品也会成为装饰的主题，如巨大的南瓜、西瓜、葫芦、山芋等都可作为素材。还有橘子、苹果、柠檬、柿子等色彩鲜艳的果实也是装饰农家乐的天然素材。

图 6.16　宁夏红崖村建筑墙面上悬挂的农具

还可以利用农作物的种子如玉米粒、黄豆、红豆、绿豆、黑豆、辣椒、高粱、谷子等自然色拼构出各种图案。这些具有浓郁乡土气息的艺术品，体现了农民文化生活与传统手工艺的有机结合，表现了乡土文化的特色，可带给观赏者以强烈的艺术震撼力（图 6.17）。

图 6.17　宁夏红崖村建筑墙面上悬挂的种子

（3）公共艺术的介入

①运用公共艺术作品如雕塑、壁画、装置、实用性艺术等的造型设计手法，进行乡村景观小品的设计和布置，可以使现代艺术形式与乡村传统公共空间景观形成强烈的对比，不仅可推进乡村文化传承而且有

利于提高村民文化素质与审判水平。

②设计在外观上应注重地域文化要素的挖掘与呈现，且在内涵和文化意义上应与乡村景观相契合。设计中可运用现代化的造型元素、高纯度的颜色以及有现代工业特色的材质，使景观小品与乡村自然环境形成视觉反差，使乡村景观呈现艺术性和时尚性的特点。

四、乡村公共空间绿化

1. 公共绿地

乡村公共绿地应结合规划，利用现有的河流、池塘、苗圃、果园和小片林地等自然条件加以改造，并根据当地居民的生活习惯和活动需要设置必要的活动场地和设施，提供休憩娱乐场所。植物种植应以强调自然生态为原则，避免规则式、图案化的绿化布置，植物选择以乡土树种为主，并充分考虑经济效益，体现乡村自然田园景观。

村庄公园的种植设计，应充分结合本地气候环境，适地种树，常绿与落叶，观花与观叶合理搭配，讲求点线面协调，采用乔灌草复合的绿化形式，宜采用形态、色彩俱佳的树种，如雪松、香樟、广玉兰等常绿乔木，梧桐、火炬树、海紫、白玉兰等落叶乔木，柑橘、山茶、枸骨、月季等常绿灌木，连翘、金钟花、珍珠梅、锦带花等落叶灌木，紫藤、凌霄等藤本，万寿菊、一串红、鸡冠花等草花地被。

2. 街道绿化

（1）进村道路绿化

进村道路处于村庄生活区外围，有的连接城市干道，其周边多是田地或者菜园、果园、林带，绿化选择树干分支点较高、冠幅适宜的经济树种，谨防绿化树木影响到农作物的生长；不与农田毗邻的道路，栽植分支点较低的树木，如桧柏等。一般道路两旁种植 1 ~ 2 排高大乔木，为加强绿化效果，也可以在乔木间种植大叶女贞等常绿小乔木，或紫薇、黄杨、海桐球等花灌木。

较高级别道路具有机动车道与非机动车道分隔带，通常在机动车道两侧设置分车绿带，在非机动车道外缘设行道树。两侧分车绿带的绿化植物不宜过高，一般采用绿篱间植乡土花灌木的形式。

（2）村内主要道路绿化

乡村人行道绿化可以根据规划横断面的用地宽度布置单行道或双行道

行道树。行道树布置在人行道外侧的圆形或方形穴内，方形的尺寸不小于1.5m×1.5m，圆形直径不小于1.5m，以满足树木生长的需要。

村内道路一般较窄，并且与村民的生活空间更加贴近，具有供车辆通行、村民步行以及开展商贸交易等功能。该类型道路的使用率和通行率均较高，其绿化应美观大方，保证视野开阔通畅。可以在不妨碍通行的位置种植落叶阔叶树种，起到遮阴、纳凉和交往空间的作用。

对于道路一侧的宽敞空地，可种植枝下高度较高的孤赏大树，形成一个适宜休息、闲谈的交往空间。在人行道较宽、行人不多的路段，行道树下可种植灌木和地被植物，以减少土壤裸露和道路污染，形成一定序列的绿化带景观。

（3）生活街道绿化

生活街道主要包括村内住宅间的街道、巷道、胡同等，具有交通集散功能，是村民步行、获取服务和进行人际交往的主要场所。这类道路是最接近农户生活的道路，对于家门口的绿化，可布置得温馨随意，作为庭院绿化的延续补充。由于宽度通常较窄、道路不规则，其绿化具有一定的局限性，在植物布置时须更具针对性，在村庄环境整治的基础上，改善绿化和卫生条件较差的现状，以保证绿化实施的效果。

在不影响通行的条件下，可在道路两侧各植一行花灌木，或在一侧栽植小乔木、一侧栽植花灌木；两侧为建筑时，紧靠墙壁栽植攀缘植物。经济林木可应用到农户庭院门口道路侧，设置横跨道路的简易棚架，种植丝瓜、葫芦等作物。拐角处可种植低矮的花灌木或较高定干高度的乔木进行绿化美化，增添生活趣味；对于较窄的小路，根据实际情况调整为单侧绿化，一侧种植大量绿篱，间隔开硬化路与裸露地面，形成道路、绿化植物与农舍融为一体的乡村画卷；对于村庄内的菜园地道路，选择生长力较强的蔬菜覆盖边坡，在营造良好绿化效果的同时节约土地，经济、美观、实用（图 6.18）。

乡村街道还可以因地制宜地布置街头绿化和街心公园。根据街道两旁的面积大小、周围建筑物情况、地形条件的不同进行灵活布置、规划。交通量大且面积很小的空间，可以适当种植灌木、花卉，设立雕塑或广告栏等其他小品，形成封闭的装饰绿地。如果空间较大，可以种植乔木，配以灌木或草坪，形成林荫道或小花园，供游人休息散步。

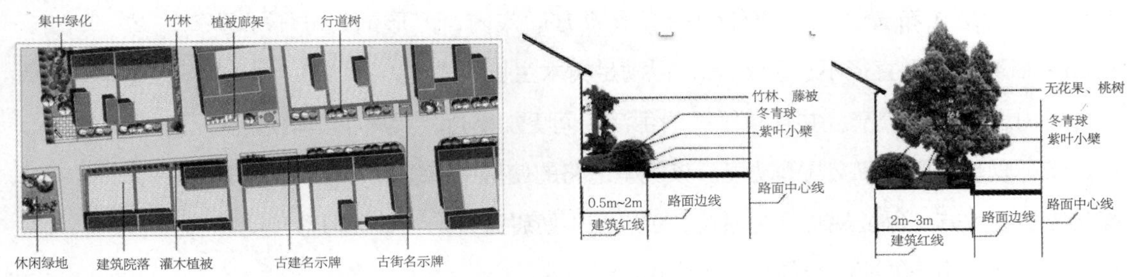

图 6.18 乡村街道绿化景观设计

资料来源：青岛理工大学建筑设计研究院.

五、乡村滨水景观设计

1. 滨水驳岸设计

（1）滨水驳岸的类型

滨水驳岸作为治水工程重要的构造物，主要起防洪、固堤、护坡的作用。同时，滨水驳岸也是人们接触水体的媒介，是村庄边界美学的体现。乡村滨水驳岸从材料工艺上划分可以分为自然式驳岸、人工式驳岸、混合式驳岸及其他。

①自然式驳岸

自然式驳岸以砂石堆积为基础，以上覆自然植被为主，其水系两侧的陆地部分坡度较为低缓，水岸线自然多变，没有人工雕琢的痕迹，是自然生长发育形成的驳岸类型。

②人工式驳岸

人工式驳岸包括台阶式驳岸、预制构件式驳岸、石笼驳岸等。这类驳岸与城市滨水相似度高，通常无法与周围的村庄环境相融合。

③混合式驳岸

早期的驳岸建造因为材料和工艺的约束，人们就地取材，运用自然山石、竹木桩材等对水岸进行单纯的加固。随着施工工艺的发展与生态科学思想的深入人心，现代驳岸主要以浆砌块石、水生植物与卵石筑砌相结合，有石笼固岸、石插柳法等多种形式。

（2）乡村滨水驳岸的设计

乡村滨水驳岸的整体设计以软质驳岸为主，通过软质景观与硬质景观的结合，与乡村景观融合，营造自然生态的滨河景观。可通过细部驳岸的处理，增强乡村滨河游线的丰富性、层次性和参与性。

①观光型主题驳岸：软质驳岸和硬质驳岸相结合，便于村民在滨水步道上散步、观景、游玩，体现乡村景观的恬静、自然。

②体验型主题驳岸：软质驳岸和出挑驳岸相结合，通过驳岸延伸，增强乡村旅游趣味性，吸引游客的同时丰富村民生活。村民可在滨水步道上健身、康体、运动。

③游乐型主题驳岸：软质驳岸、硬质驳岸和亲水驳岸相结合，增加环境层次，产生动态的变换，静态环境与动态水景相互呼应。村民可在观景平台游乐，可在滨水绿地休憩，还可在亲水平台上亲近自然（图 6.19）。

图 6.19　乡村滨水景观设计

资料来源：青岛理工大学建筑设计研究院 .

2. 滨水景观小品

村庄滨水景观小品主要是指位于水体边缘，以供村民生活休闲为主并传达村庄文化特色的风雨桥、风雨廊、风雨塔、滚水坝、碑刻、洗衣台等。这些滨水景观小品一方面在景观布局上起到重要节点的作用，并且贯穿整体景观轴线，让滨水景观主次分明、富有节奏感，另一方面可塑造和表现中国传统水文化的内涵与村庄的历史文化底蕴，营造独具特色的村庄滨水景观风貌。

廊、桥、亭台等视野较好，适合驻足休憩，又具有框景、透景、衬景、对景等功能，是滨水景观的重要组成部分。乡村水系规模较小、形态多变，这类景观小品的存在更为乡村环境平添了几分雅趣与景致。

滨水景观造景应尽量采用现代材料和技术，功能和造型则应考虑村民独有的生活习性与生活模式，可在保证安全的基础上利用石材、水泥浇筑附仿木纹效果等手法，使其与整体村庄滨水环境相融合。

滨水景观需配备风格一致的休闲座椅、垃圾桶、花池、花箱、景观路灯等；在村庄中保留的历史文物、重要景点、水岸边缘、道路岔口等处放置具有特色的说明牌、指示牌、安全告示牌、通知栏等，在细节处完善滨水景观的塑造。

3. 地面铺装

在现代村庄滨水区，道路主要以人行道为主，少量两轮非机动车行驶为辅，其道路宽度和地面铺装选材应满足步行与两轮非机动车通过的基本要求。同时还要坚持经济实用、安全生态、绿色环保的原则。另外，对于滨水区景观的地面铺装，要考虑避免特大汛情导致水位上涨所带来的影响。

村庄滨水景观中常用的道路铺装主要分为以下几类：

（1）石料铺装

石料铺装包括块石铺装、卵石铺装、板材铺装和砖块铺装。因为块石和卵石铺装对于材料造型的要求较为自然并且在大部分乡村地区容易就地取材，符合绿色生态的建设原则，所以被广泛地运用在村庄景观道路铺装中。

块石铺装通常将大小不一、形状各异的石块用于乡村滨水景观的室外阶梯和水上汀步，既稳固厚实又自然，与乡村自然景致的古朴感能极好地融合。

卵石铺装一般选用直径三至十几厘米不等的圆润卵石嵌入干砂水泥混合物的基层上，利用卵石深浅不一的颜色进行地面纹样的设计，除了美观之外更有吉祥的寓意，具有较强的实用性和美观性。

板材铺装是指将岩石加工成不同规格的几何形板状，目前使用较多且性价比较高的是花岗石，其硬度大、耐磨性好，不易受风雨侵蚀。由于铺设在室外地面，所以岩石表面都会进行不同方式的粗糙纹理处理。

砖块是传统的人造铺材，由于砖块个体体积较小，作为道路铺贴使用会造成一定程度的移位，所以砖铺道路需要运用侧石和缘石来固定铺装的边缘。

随着新材料不断出现，目前在道路铺装中较为常用的透水砖也较适宜运用在当代村庄滨水景观道路的铺设中。新型透水砖具有安全、环保、吸噪声、排水快、施工快、成本低等优点，并且表面颜色多样，可供选择定制，丰富了景观道路的色彩构成。

（2）木材铺装

木材铺装一般用于滨水景观平台以及滨水木栈道，其自然原始的风格更加符合乡村景观的特点。一般运用于室外景观的木材都是经过防腐处理的防腐木，其中包括通过防腐药剂注射浸泡处理的防腐木和通过深度碳化热处理的不含防腐剂的防腐木。目前市面上的防腐木，其原木以松木、杉木、樟木为主。

4. 滨水植物

（1）乔木

由于乡村建筑普遍较低，乡村建筑环境的天际线大多较低且平缓，所以在距离建筑较近的滨水景观带的植物选用上不宜使用过于高大的大型乔木。对于小乔木而言，乡村滨水景观常种植桃树、梨树、石榴树、柚子树、橘子树等既具有经济效益又适合滨水区栽植的树种。在我国南方地区，竹子，尤其是楠竹（毛竹）、慈竹、绿竹等竹类植物也较为适宜在滨水区种植。

（2）灌木

滨水景观中常用的灌木主要有八角金盘、四季桂、桃金娘、十大功劳、南天竹、苏铁、海桐、假连翘、黄素馨、女贞等。乡村地区原本风貌自然、随性，应尽量选择无需人工经常性刻意修剪造型的灌木品种，从植物造景上将乡村与城市相区别，还原乡村特有的景观气质。对于直接与农作物种植区结合的滨水区，具有季节性、农民自发的农作物种植也是景观塑造的手法之一。

（3）地被植物

乡村滨水景观中常用的地被植物有麦冬、石菖蒲、葱兰、马尼拉草、南天竹、杜鹃等。由于乡村中存在家禽家畜的放养，所以不提倡在乡村中，尤其是乡村滨水景观环境中大面积地使用草坪。

（4）水生、湿生植物

常见的乡村滨水景观水生、湿生植物有荷花、黄花鸢尾、菖蒲、美人蕉、紫芋、芦苇、狐尾藻等。水生与湿生植物能很好地将滨水区陆地景观与水域通过自然的方式结合起来，丰富水面景观效果。

5. 滨水景观设计指引

（1）生态池塘

村内生态池塘与村民的生活息息相关。设计过程中要注重塘与村民之间的互动关系，通过台阶、亲水平台等打造亲水景观，提高村民对水域景观的参与性。

种植手法可采用混植或间作种植亲水植物，改变单调的水域环境，丰富塘边绿化景观系统。结合当地种植习惯，在塘埂上种植果树，同时清除现状杂草，如狼尾草、苜蓿、黑麦草等鱼食植物，在保持原生态水岸景观的基础上，可改善动植物生长、栖息环境。利用池塘星罗棋布的优势条件，开展旅游、农、林、牧、渔等产业活动，形成原生态水环境的良性循环。

（2）景观河道

可对现状河道边的排灌沟渠进行拓宽改造，打造游船观景系统，包括游船、码头以及亲水平台等，多层次、多角度地观赏河道景观。同时河道两侧种植可采摘的果树，游客在游船的过程中也可进行采摘，丰富景观空间的同时，增强游船乐趣。

种植手法可利用彩色植物设置滨水景观小道，打造多彩景观界面，同时在河岸两侧种植果树。

第三节　乡村环境整治规划与设计

在当前村庄布点规划中，被保留下来的村庄占大多数。按照我国新型城镇化策略导向，乡村环境建设应根据不同地区村庄不同的自然历史文化，差异化对待不同区域村庄情况，保持村庄形态多样性，防止“千村一面”，发展有文化脉络、历史记忆、民族特点、地域风貌的美丽乡村，形成和村庄实际相符、具有自己特色的村镇化发展模式。因此，整治空心村，保护特色村，发展中心村，以提升自然村落的功能为基础，保持乡村风貌、民族文化和地域文化特色，保护传统村落、少数民族村寨和民居，是乡村环境整治的基本任务。

一、乡村环境整治规划思路

1. 特色塑造

保护乡村环境的自然特色，挖掘文化特色，将自然与文化融入空间设计，构筑特色空间体系，留住乡情与乡愁。立足村落所处地域特有的地貌形态、山水格局，最大限度保护乡村田园风光，打造错落有致、多姿多彩的生态文明乡村建设格局。

乡村环境整治规划应考虑到现状环境、现有基础设施布局、人口分布状况和未来的人口迁移趋势等因素，尽量保持村庄原有空间格局，在原有住房基础上，不破坏原有的生态环境，对质量较好现状建筑予以保留或加以改造，对质量较差的建筑予以翻修加固或艺术性改造，使村庄建筑与环境生态和谐相处，在风貌特色上要使“农村更像农村”，避免模仿城市住区。

2. 产业更新

推进“一村一品”“一乡一业”的发展模式，培育特色主导产业。因地制宜，合理连片开发农田，用规模化、产业化思想发展特色种植业、特色养殖业。将第一产业与第三产业融合发展，挖掘旅游发展基础和发展潜力，构建旅游节点与旅游线路，融入周边旅游体系，完善接待、游憩、绿道、商业等旅游服务设施，带动村民致富，吸引外出务工人口返乡就业，激发村庄活力。

3. 空间优化

对于旧村保护性建设区，采用渐进式的房屋改造的方式，就地取材，提取传统符号和要素，小规模推进改造。对于新建区域，建筑风格与旧村保持一致，可新建客栈、农家乐、小学（幼儿园）、养老院、污水处理设施、村民政府和卫生所等公共服务建筑，以及相关的商业文化项目，成为新的公共活动区，吸引游客游玩驻足，使得乡村功能建设齐全，使整个氛围协调统一。

从道路、公共空间、建筑和标识小品等方面提出优化措施。其一，优化道路交通体系，指导道路整治、停车设施及桥梁整治工作。其二，从满足居民使用、彰显历史文化、美化人居环境的角度，对公共空间和闲置房屋进行整治利用。其三，以体现地域建筑风貌和村庄特色为出发点，提出建筑空间整治措施和标识、景观小品设计方案。

4. 生态保护

对绿化、水系和环境进行整治。以保持乡土性为准则，对道路绿化、滨水绿化、水质、驳岸、杂物草垛等提出整改方法，保护和优化村庄生态本底，打造淳朴自然、生机勃勃的乡村田园风光。

二、村庄建筑形态梳理设计

对村庄中的建筑进行调查统计，根据建成年代、风貌特色、现状完善程度、建筑质量等进行分类，选取典型建筑进行示范性改造与翻新设计，改善乡村整体建筑风貌的协调性和美观性（图 6.20）。

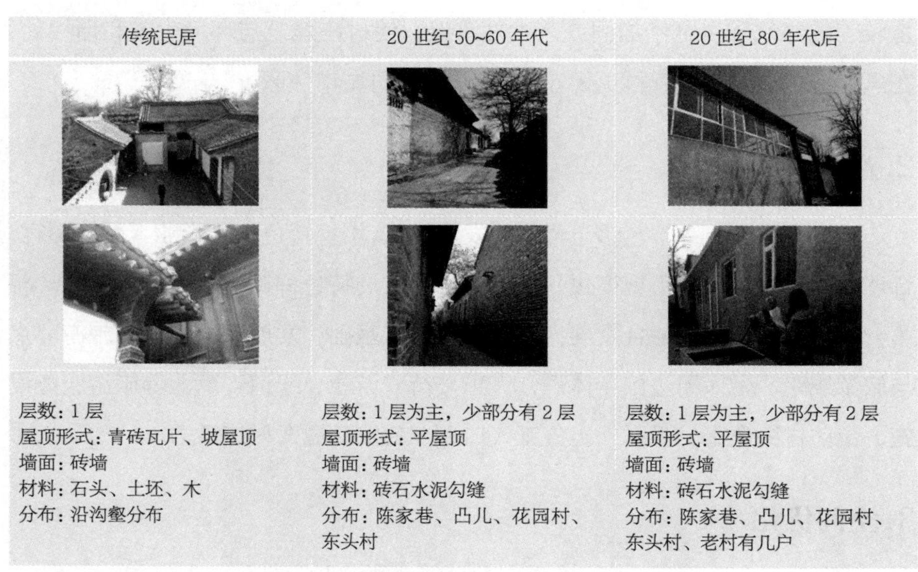

传统民居	20 世纪 50~60 年代	20 世纪 80 年代后
层数：1 层 屋顶形式：青砖瓦片、坡屋顶 墙面：砖墙 材料：石头、土坯、木 分布：沿沟壑分布	层数：1 层为主，少部分有 2 层 屋顶形式：平屋顶 墙面：砖墙 材料：砖石水泥勾缝 分布：陈家巷、凸儿、花园村、东头村	层数：1 层为主，少部分有 2 层 屋顶形式：平屋顶 墙面：砖墙 材料：砖石水泥勾缝 分布：陈家巷、凸儿、花园村、东头村、老村有几户

图 6.20　韩城相里堡村建筑分类梳理示例

1. 传统建筑的保护梳理

对于村中保留较好的古代及近现代居住建筑、生产建筑、古祠堂、古桥等历史遗存进行保护，划分不同的保护范围及对象，并对保护及整治范围的建筑体量、色彩等提出整治要求，对保护范围内的环境提出整治的具体要求，使其符合历史风貌保护及延续的原则。在村庄环境整治过程中，应着重加强历史风貌要素与村民生活及旅游功能等相结合，使其活力再现。

2. 改造建筑的更新设计

对于建筑质量较差、需要更新改造的建筑，除了满足新的功能需求，在材料选择、造型处理上同样需要注意与村落整体风貌的协调。建筑材料可选择传统民居的青砖、石块、木材、青瓦等，墙体砌筑尽量采用传统方式。

在造型处理上应符合传统民居风格，从入口门楼造型、屋顶形态、檐口、墙面、门窗等各个部位进行造型设计（图 6.21）。

3. 新建筑的对比协调

新建筑作为村落景观中新加入的构成要素，在设计时需满足新的功能，可选用现代的结构形式和材料，在造型、色彩设计方面与传统建筑相对比协调。

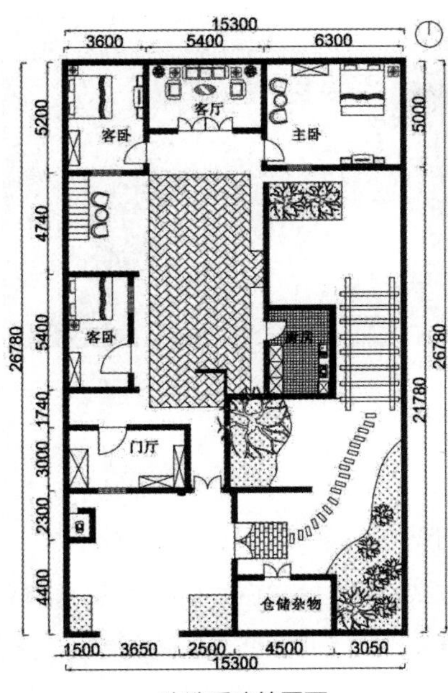

a. 改造后建筑平面

b. 改造前院落景观

c. 改造后院落景观

图 6.21　韩城相里堡村民居改造设计示意图

三、公共空间体系梳理设计

村庄公共空间是满足村民物质及文化生活需求的主要场所，也是乡村环境整治的重点。村庄的公共空间往往规模较小，功能也相对简单，但是在具体设计时需要精心塑造，应考虑地形条件、土地权属、服务半径、景观环境等要素，并具有文化认同性，做到设施完善、功能丰富、风貌协调、环境宜人。

在村庄原有的空间秩序基础上，充分利用村庄内现状景观资源，对菜地边界、河道驳岸、水渠池塘、道路边界、公共场所、空置场地等开放性空间进行秩序梳理，设计小游园、休闲公园、健身广场、河道水系景观等，结合村庄自身特点，在环境舒适美观的基础上力求做到静谧雅致。在材料选择、造型设计、空间感受效果上追求乡村田园风格和生活气息（图 6.22）。

村庄入口空间是整治的重点，也是构建村庄公共空间环境的重要节点，具有形象展示、文化宣传等对外功能，村口环境整治应加强其主体形象的设计及文化特性的塑造。

村庄的道路体系整治包括路面整修、道路绿化完善、道路设施配备等。设计时应以道路系统功能完善为主要出发点，构建基于路径感知的村庄景观意象。

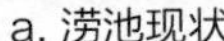

a. 涝池现状　　b. 涝池改造效果示意

图 6.22　韩城相里堡村涝池改造设计示意图

公共空间景观设计需挖掘村庄中传统的景观元素，对具备潜在景观意义的元素进行修理和装饰，让元素以小品的方式表现并装饰村庄的角落，形成拥有特色风格与意象的乡村景观。如村中随处可见的树木、流水、野花、草甸等，以及坍塌的土坯墙、丢弃的陶罐、堆放整齐的木柴堆，路边的石磨盘等，都可以通过“废物再利用”的方法进行装饰性设计，形成能够引起人们情感的共鸣、激发人们对乡村生活的向往与归属、吸引城市人来乡村旅游参观的特色景观（图 6.23、图 6.24）。

图 6.23　宁夏红崖村街道小品

图 6.24　宁夏红崖村景观凉亭

四、居住环境整治设计

1. 村庄整体风貌整治

对村庄的建筑风貌整治应采取整体方案、统一实施的方法，并与建筑及其周围环境相互协调。重视建筑与街巷风貌细节，如墙体色彩、装饰、围墙形式、宅旁绿化形式等内容，构建完整且具有统一调性的村庄环境艺

a. 建筑原貌

b. 整治改造后

图 6.25 韩城柳村整治改造类建筑微更新前后

术特色（图 6.25）。

（1）整理乱搭乱建

清理拆除街巷两侧乱搭乱建的违章建（构）筑物及其他设施。

（2）整治乱堆乱放

将柴草堆移到房屋背街面、庭院内、树林后等区域，码放整齐。建筑材料堆放不得占用村庄道路、活动场地和景观河道，并进行适当遮掩。剩余建筑材料及时清理，合理利用。农具、农用车在生产地点周边集中停放或在农户庭院内停放。店面招牌、广告、宣传语等应大小适宜、色彩协调。

（3）梳理杆线架设

更换废线杆，梳理电力、电信线路，敷设路径尽量短捷顺直，减少同道路、河流的交叉，避免跨越建筑物。合理安置变电设施，做好安全防护措施。

2. 居住环境卫生整治

将乱堆乱放的杂物进行就地清理。通过垃圾分类、垃圾处理等改善村庄卫生环境。建设垃圾转运站，生活垃圾需按时清扫、收集，日产日清，无暴露垃圾和积存垃圾（图 6.26）。

对村庄进行“四改”（改水、改厕、改厨房、改圈）活动，建立家庭水冲式卫生厕所和家庭户用沼气池。在公共区域设计公共建筑污水处理系统，可结合村中水体建造人工湿地，湿地上种植水生植物，将污水层层吸附过滤后排放至河道。家庭污水系统可利用砂石过滤和水生植物吸附的原理净化家庭厨房、生活污水。对于不具备建造人工湿地条件的村落，远期可规划小型污水处理站，村内生活污水经规划管道处理站处理后排放。

a. 整治改造前卫生状况　　b. 整治改造效果示意

图 6.26　韩城市柳村卫生整治改造前后对比

五、绿化及水体环境整治设计

1. 村庄绿化整治

村庄绿化整治应遵从生态优先、因地制宜、见缝插绿等原则，选择当地常见树种及适生经济树种。加强村边、路边、宅边、塘边及庭院绿化。植物宜选植易生长、抗病害、生态效应好的地方品种。提倡农户庭院、屋顶和围墙实现立体绿化和美化。通过设置护栏、护绿（林）标志牌、砌石等方法保护古树名木。

绿化类型上，可分为线性绿化和块状绿化。沿道路两侧布置线性绿化，包括行道树和花卉等，突出道路景观形象。块状绿化主要是结合村口、村中空地，设置休憩游园并布置观赏及遮阴的树木和花卉等（图 6.27）。

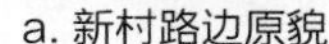

a. 新村路边原貌　　b. 微更新后

图 6.27　韩城市柳村路边绿化微更新前后

2. 坑塘河道整治

清洁水面，及时清除有害水生物、垃圾杂物和漂浮物，及时清理水塘岸边杂物，防止杂物腐烂，影响水体。可利用水生动植物净化水体，改善水质。设计时应巧用地形地势，疏通河道，整治出叠泉水景。

对水岸进行生态岸线景观设计，恢复岸上植被，提升景观和生态价值。整理驳岸，尽量选用天然材料建造自然护坡和缓坡。结合水体进行景观与活动场所的建设，营造亲水空间，并实施安全防护整治，设置护栏和警示标识。

〔思考题〕

1. 在乡村聚落生活空间环境设计中，民居院落和公共空间等的设计如何做到满足不同时间段和使用者的共同需求？请从“弹性营建”的角度进行分析和思考。

2. 乡村聚落生活空间的环境设计如何结合乡村传统空间风貌特征和使用者的当代需求，平衡“乡土”和“时尚”之间的关系？

7 乡村生态景观规划与设计

◆ 第一节　乡村生态景观规划基础理论

一、乡村生态系统服务功能

二、乡村生态景观的尺度层次

三、乡村景观生态安全格局的构建

四、乡村景观生物多样性的保护

五、流域生态安全与水环境保护

◆ 第二节　乡村生态景观规划设计方法与工程技术

一、生态景观规划策略

二、乡村生态景观设计方法

三、乡村生态景观工程技术

◆ 第三节　乡村聚落环境中的生态技术应用

一、乡村聚落环境生态设计导则

二、污水及雨水处理技术

三、废弃物循环再生技术

四、清洁能源开发利用技术

五、乡土材料和构造技术的更新

第七章　乡村生态景观规划与设计

第一节　乡村生态景观规划基础理论

一、乡村生态系统服务功能

生态系统服务功能是指人类从生态系统中获得的所有惠益，包括降低碳排放、生物多样性保护、气候调节和水循环、环境净化、植物花粉传播、有害生物的控制、文化服务、支持服务等。大部分农村基础设施建设项目是景观层次上的建设，如新农村拆旧建新、农村土地整治等，因此需要研究沟、路、林、渠和农田项目之间的相互作用和相互影响，提高景观生态系统服务功能。

乡村地区的土地利用方式包括三种类型：自然状态下的原生态土地可以支持多种生态系统服务功能处于高水平，但食品生产很少；集约化管理的农田生产力高，但是以减弱其他生态系统服务功能为代价，是不可持续的；介于上述两者之间的农田，即通过环境友好生产恢复多样性生态景观要素（树篱、农田边界、林地等）的农田，会支持范围更广的生态系统服务功能，并保持可以接受的生产力，实现农业的可持续性。

当代乡村农业集约化发展导致了水土污染严重、田园景观匀质化、生态多样性降低等问题，使得乡村生态系统服务功能退化。因此，恢复乡村生态系统服务功能，建立高生态景观价值的农田格局和景观要素，是未来乡村环境中农用地整治和农业基础设施建设的重要发展方向。

二、乡村生态景观的尺度层次

景观生态学意义上空间尺度是指在观察或研究一项物体或过程时所采用的空间单位。

在研究一项复杂系统时，一般至少要考虑宏观、中观、微观三个相邻尺度层次，宏观尺度层次的设计一般以区域（省、市）尺度为范围，将绿色基础设施引入各类综合规划，涉及景观特征和遗产保护、生态网络和生物多样性保护、水土安全、防灾避灾、游憩廊道等综合规划，总体上构成绿色基础设施网络。中观尺度层次的设计对象为小范围的项目规划图，如 300hm^2 的农田整治、居民点整治、500hm^2 的草地整治、20km 的绿色廊道建设、河流修复、农田基础设施建设等，需要采用综合的景观方法，重视不同景观要素的相互作用，加强绿色基础设施建设。微观尺度的设计对象为项目工程设计图，要求使用更为具体的设计方法进行防护林、道路、河流等的生态景观工程设计，加强生物生境修复。

从景观生态学角度分析，乡村生态景观是指以农田或果园为基质的，由农田、果园、设施农业、林地、聚落等斑块，沟、路、林、渠等廊道，以及水塘、小片林地甚至一棵树等点状景观要素构成的景观综合体。因此乡村生态景观在景观生态系统中处于中观和微观尺度，属于低尺度层次。

三、乡村景观生态安全格局的构建

1. 景观生态学基本原理

（1）景观格局：是指景观的空间格局，包括景观组成单元的类型、数目以及空间分布与配置。景观格局的形成决定于土壤、地貌、植物以及其他干扰要素的分布格局。

（2）景观过程：生态学的过程包括种群动态、种子或生物体的传播、水土流失、声音传播、气流运动、可视性、捕食者—猎物相互作用、群落演替、传播干扰、污染物扩散等。乡村景观中的各种水土流失、动物迁徙等生态过程是由景观格局决定的。

（3）生态安全：即生态系统的健康和完整情况，是对人类在生产、生活和健康等方面不受生态破坏与环境污染等影响的保障程度。景观生态安全格局是指针对区域生态环境问题，通过优化生态过程与土地利用 / 景观格局，能够保护和恢复生物多样性，维持生态系统结构和过程的完整性、连续性，实现对区域环境生态问题的有效调控和持续改善的区域性空间格局（图 7.1）。

对于乡村景观而言，土地利用和农业集约化导致景观多样性、景观异质性下降，从而导致生物多样性下降。在乡村生态景观规划中要考虑农业景观、林地和植物篱与农田之间发生的物种和养分迁移过程。

图 7.1　景观格局的形成与特征

图片来源：宇振荣著 . 乡村生态景观建设理论和技术 [M]. 北京：中国环境科学出版社，2017.

2. 乡村景观空间格局的构建

乡村景观中的斑块—廊道—基质等要素形成乡村景观格局。

从乡村地域角度分析，农田构成了乡村景观的基质，乡村聚落是最具特色的斑块，林地、湖泊（池塘）、自然植被等也属于斑块类型，河流、道路、林带、树篱等则构成了乡村景观的廊道。乡村景观空间格局的构建应充分尊重生态规律，维护和恢复乡村景观生态过程及格局的连续性和完整性。

（1）乡村景观斑块配置

景观中单位面积上的斑块数量和斑块形状的多样性对于乡村景观空间的合理配置和空间结构的优化具有重要意义。在乡村景观空间格局中，首先，对于单一的农田景观，适当增加林地、湖泊（池塘）斑块或自然植被斑块，都可增加物种多样性和景观多样性；其次，严格控制城市和乡村聚落建设用地斑块的扩张，以免导致景观的破碎化和景观斑块空间格局的不合理性；最后，考虑乡村景观中农田、森林、草地、建筑和水体等不同景观类型的数目和它们所占面积比例，合理有效地增加乡村景观类型的多样性。

（2）乡村景观廊道的保护与改造

对于农业生产来讲，廊道中的防护林带可以减少自然灾害造成的损失。廊道也是重要的生物栖息地和物种源，还是斑块之间的连接通道。在乡村景观空间格局中，首先，对原有的廊道，尤其是在景观格局中发挥重要作用的、生态系统相对稳定的廊道，应加以保护；其次，对不能满足生态要求的廊道应加以改造，如加大廊道的绿化力度、增加廊道的宽度等。最后，廊道应与其周边的斑块、基质有机地连接，如道路两侧的绿化在可能的情况下尽量避免等宽布局，且应与农田、水塘等结合起来考虑。

3. 面污染源的控制

目前，由于农村生产生活垃圾、畜牧业废弃物、农业化肥和农药大量投入等导致土壤和水环境污染严重，需要通过“源头控制 – 过程阻控 – 受体保护”等措施来控制面污染源。具体对策如下：

（1）在源头控制的基础上，优化“田、水、路、林、树”的景观格局；

（2）按照水系的自然形态加强水系和河道整治；

（3）加强坑塘湿地的生态修复能力；

（4）重视田埂、沟渠路、林带边界、田地边角等的管护和植被缓冲地带的建设；

（5）控制汇水区、洪水区、湿地和滨水地带的土地利用；

（6）大力开展土地生态修复，促进地表水下渗。构建湖泊、湿地、郊野公园和生态隔离带一体的防灾避险绿色基础设施网络。

四、乡村景观生物多样性的保护

1. 农业景观生物多样性

（1）农业景观

主要包括农田（耕地、园地和草地）及其周边的沟路林渠、荒草地、小片森林、灌丛等半自然生境构成的农业景观镶嵌体，维系了全球约 50% 的濒危物种，是陆地生物多样性的重要组成部分。

（2）农业景观生物群落

主要包括生产性生物（如农作物、林木和饲养动物等）、资源型生物（如农作物的野生种、传粉昆虫、害虫天敌和有益土壤微生物等）、有害性生物（如杂草、害虫、鼠类等）。

（3）农业景观生物多样性变化

农业景观生物多样性的保护成效直接关系全球生物多样性保护行动计划的成败。当前农业集约化生产导致农业景观均质化，随着农田半自然生境面积的减少，植物多样性大大降低，由传粉蝴蝶、蜜蜂、食谷鸟、啮齿动物、植物、动物寄生虫等相互作用构成的生态网络大大简化，导致病虫害频发，生态环境污染，这是农田生物多样性降低和生态服务功能受损的主要原因，也是全球生物多样性丧失的重要驱动因素。因此，恢复和增强由农田以及周围沟路林渠河溪构成的农业景观生物多样性等生态服务功能是实现农业可持续发展的重要途径。

2. 生物多样性保护的生态网络和层次

（1）生态网络

生态网络是由一系列自然或半自然景观元素组成的连续保护区域的集合体或网络，对其保护、强化或恢复都是为了保证一定的物种、生境、生态系统及景观要素的健康状态。生态网络基本结构由核心区、廊道、缓冲区和踏脚石组成。农业景观生物多样性保护需要融入更大区域的生态网络建设，将不同类型的栖息地链接起来形成保护体系。

（2）生物多样性保护的层次

乡村生态景观的生物多样性保护应尽可能实现生境网络化，在不同层次需要考虑的景观和生物不同，建设的内容也不同。

在大尺度上（省、地区），应重点构建完整的生态网络；在中尺度上（县城、乡镇和村庄），应该重点建设绿色基础设施，提升自然和半自然生境比例和质量及景观生态功能的连接度；在小尺度上（村级或农田），应重点提高自然、半自然生境的质量和多样性，开展生物生境修复，提高景观美学价值和生态服务功能。

3. 农业景观生物多样性保护的方法

乡村建设一方面应重视生物生境的修复，建立富含生物的工程系统，维持“二次自然、驯化的自然”；另一方面，应从加强农业景观生物多样性保护方面，通过提高土壤质量、保护天敌以及控制害虫、增加作物授粉机会等恢复和提升农田生态系统服务功能。还应通过缓冲带建设，蜜源植物种植、冬季留茬、鸟类越冬场所建设等，提高农业景观生物多样性。具体包括：

（1）通过保留和重建农田自然、半自然生境要素保护生物多样性。

（2）通过景观 / 土地利用多样性维持、提高农业景观生物多样性。

（3）通过促进农业景观植被多样性或植被结构多样性保护生物多样性。

（4）通过生境恢复改善农业景观生物多样性。

（5）多尺度、多层次地制定生物多样性保护策略。

五、流域生态安全与水环境保护

1. 流域与水土安全管理

水在景观中是活动的物质，水流携带大量农田中的肥料、农药、生活污水和工厂废水中的各种有机化合物和无机化合物以及有毒物质等，是导致水土污染的重要驱动力。水流是促进种子和动物扩散的重要驱动力，也是山洪灾害、滑坡、泥石流、崩塌等地质灾害、水土流失等过程的重要驱动力。

水流和水分循环基本上以流域为主。流域即水系的干流和支流所流过的地区，也是分水线所包围的河流集水区。流域是具有相对完整的自然生态过程的区域单元，通过研究流域生态过程和土地利用 / 景观格局的关系，能够达到构建区域生态安全格局、防治水土流失和面源污染、应对全球气候变化的目的。小流域水质提升可通过蓄水、缓冲带、湿地修复、林地、等高种植、梯田、溪流生态化建设等措施实现。

2. 水环境保护的景观途径

水环境的污染主要来自面源污染，污染物来自非特定地点，在降水或融雪的冲刷作用下，汇入受纳河流、水库、湖泊等水体并引起有机污染、水体富营养化或有毒有害等污染，主要表现为水土浑浊、产生大量蓝藻、水体呈蓝色且有恶臭等。

在农业生产生活中，农田中的泥沙、化肥、农药及其他污染物，农村垃圾废弃物在降水或灌溉过程中，通过农田地表径流、土壤中流、农田排水和地下渗漏形成面源污染。

治理水环境需从源头控制，减缓土壤侵蚀和流失的速度，并保护受体（图 7.2）。景观技术措施包括梯田植物篱、河流缓冲带、过滤草带、小片林地、自然化驳岸、饮水拦网、坑塘湿地修复和保护等；在景观管护方面的措施包括畜禽粪便处理、田间道路管护、等高耕作等，还包括病虫害综合防治、养分综合管理等保护措施。

图 7.2 面污染源治理模式示意

图片来源：宇振荣著 . 乡村生态景观建设理论和技术 [M]. 北京：中国环境科学出版社，2017.

第二节 乡村生态景观规划设计方法与工程技术

生态景观规划是强调从空间上对景观结构和功能进行规划，具有宏观和战略规划的特征。生态景观设计是对规划项目的具体设计和实施。生态景观规划和生态景观设计是从整体结构功能优化到具体单元设计的逐步具体化过程。

一、生态景观规划策略

1. 生态景观规划的概念

生态景观规划是根据景观生态学及其他相关学科的理论和方法，以提高生态系统服务功能为目标，通过研究景观格局与生态过程及人类活动与景观的相互作用开展景观生态分类，分析评价景观生态格局与生态过程的关系、生态服务功能的供给和需求，优化区域景观生态系统的空间和模式，使廊道、斑块、基质等景观要素的数量及其空间分布合理，使各类生态经济过程满足目标要求，并提出景观生态优化格局建设战略、景观生态建设内容、建设项目要求以及规划实施保障等。其规划对象主要为国土区域、市县等大尺度景观范围。

2. 生态景观规划的策略

基于国内外宏观战略规划的实践发展，生态景观规划可采用“尺度 - 景观格局 - 生态过程 - 生态服务功能 - 规划”的基本范式，相关规划可以概括为三种类型：

（1）绿色基础设施规划：基于绿色基础设施分类，集景观特征提升、历史遗产保护、生物多样性保护、防灾避险、水土安全和游憩于一体的城乡一体化战略性规划和管理网络，是一个区域的生命支撑系统，是自然环境与位于城镇和乡村内外的绿色及蓝色空间所构成的网络，能提供多种社会、经济和环境功能。

（2）生态功能规划：划定重要生态功能区、重点生态功能区、生态敏感区、生态脆弱区、禁止开发区等的范围，对各范围区域的生态保护现状进行评价，并确定红线边界。

（3）土地利用系统规划：应用系统思想和生态学原理，以土地－食物－人的耦合运行发展过程为研究对象，建立合理的农区土地利用规划，包括目标设计、土地评价、农业生态系统分析、土地利用系统定量化及其模拟、土地利用系统结构优化、土地利用系统生态设计、多层次人工控制系统设计。

二、乡村生态景观设计方法

1. 乡村生态景观设计的原则

在战略规划指导下，应将生态景观规划设计有机融入各类项目规划设计中。根据每个土地整治项目的任务和目标，在提高土地生产力的基础上，围绕以下目标展开设计：

（1）符合可持续发展战略，提高土地质量，避免对土地形态进行大规模改造，尽量顺应地形起伏，维护河流、道路和农田边界的蜿蜒曲折形态，形成让人有安定感的舒适场所。

（2）环境优先：开展退化土地修复、水土污染治理，确保水土安全；推进农田河流、道路、沟渠、田坎等廊道生态景观化建设，提升其防风、扬尘控制、病虫害防治、面源污染控制、防灾避险、景观美学等生态景观服务功能；保护和提高生物多样性，保护野生动物，提供清洁的空气与水源，维持城市及乡村地区健康的自然生态系统。

（3）社会优先：考虑改善区域人居环境，增加社区健康活动和促进人类健康；提高当地的生态环境质量和文化品质，增强规划区对当地居民、现有及潜在的商人和旅游者的吸引力，增加就业机会并促进经济发展。

2. 乡村生态景观设计的目标

（1）绿色基础设施建设

保证食物和能源生产，通过绿色基础设施建设，提升农田授粉、控制面源污染等生态系统功能；重视传统果园和农耕文化保护，保护农业文化遗产，提升绿色基础设施的教育功能；通过绿色基础设施建设调控建筑内外环境小气候，降低能源消耗。

（2）生物多样性保护

分析评价项目区建设对生境和物种的潜在影响，设计必要的应急预案和减缓措施；通过构建具有多孔和透水性的乡村空间基质，提高景观异质性和生态过程的连续性，加大对退化生态系统的修复力度，为生物提供多样化的食物和生境；加强对防护林、绿篱、树丛、水塘、河流和运河等的保护，提升其生态景观服务功能；通过线状廊道规划设计实现景观生态网络化，提高景观连通性，减轻景观破碎化对生物多样性的影响，协调好保护和增加可达性之间的矛盾。

（3）水土安全

通过“斑块—廊道—基质”景观格局优化，加速、延缓、阻断、过滤水—土—气过程，提高水—土—气过程的安全性；建立可持续的排水系统网络，对项目区的水资源进行评估，依据结果采取相应措施提高水质和水量；重视水平衡保持，保持临界地下水位，通过湿地和渗透性景观基质建设提高地下水补给；通过利用湿地、绿色开放空间开展泄洪区规划和管理，提高水灾风险管理水平；建立雨水收集处理利用系统，为土地利用提供灌溉用水。

（4）地域性景观特征塑造

了解项目区所在的区域景观特征总体构想，设计方案应符合所在区域景观特征提升要求，保护相邻景观，强化地域乡村特色和景观特征保护；规划设计应实现项目区边界与相邻区域景观格局和过程的整合，提升景观的一致性与和谐性；规划设计方案应为当地居民创造持久的价值、特征和地方归属感。

（5）休闲游憩

规划设计方案要体现各类战略规划对项目区游憩规划设计的要求，做好项目区内外游憩网络的衔接与整合；了解或分析评价项目区内外现有绿色基础设施的游憩价值，提出保护和提升绿色基础设施游憩价值的设计要素和措施；规划设计应考虑当地居民如何方便快捷地到达游憩区域，促进乡村旅游发展，增加农民收入。

3. 乡村生态景观设计的程序

从乡村生态景观建设的角度考虑，其设计程序包括以下几方面：

（1）资料信息的收集及数字化处理

尽可能收集项目地区地形地貌、土壤、气候、植被、自然灾害、土地利用、地质条件、耕地质量等数据，建立空间数据库；重点收集和调研土地退化、水土污染情况和生态景观特征的有关数据，了解历史变化；在GIS支持下，构建大比例尺空间数据和属性数据库。

（2）现状、问题和机遇分析

分析生态景观服务功能供给现状、存在问题和机遇，确定乡村生态景观建设方向、建设原理和工程技术措施。

（3）规划设计目标定位

充分考虑不同利益相关者对项目建设的要求，确定地域景观生态问题，设定设计主题和定位。根据项目大小可进行生态景观分区，提出各个区的生态景观服务功能提升要求。

（4）项目总体规划布局

利用景观格局与生态过程的关系整合和合理安排土地利用、整治与修复等工程的空间布局，确定各类农业基础设施和绿色基础设施的空间布局、类型、规模，并提出生态景观化建设要求和工程技术措施。

（5）工程设计

通过现场勘查开展每项工程的场地分析，包括场地与周围区域关系、场地内部土壤、水文、生物等各要素的分析，确定不同级别、不同位置、不同区段的道路渠道建设标准和技术；加强农业基础设施修复、提升工程设计，定性或定量分析每项工程的生态景观化建设原理和对生态环境的正负面影响。

（6）生态景观分析和评价

将生态景观建设内容有机融入项目程序阶段，从规划过程上控制生态化效果。在项目设计和施工中，应建立工程技术标准、要求和程序，通过技术控制和过程控制保证工程质量；在工程评价和验收中，应增加对土地利用/空间格局、生物多样性、生态环境质量、美学、游憩的评价。

三、乡村生态景观工程技术

在实施各类项目中，要开展沟路林渠、湿地、林地、河流等景观要素的工程设计。生态景观化工程设计是指在工程技术设计过程中,充分考虑工程对“生命共同体”的影响，尽量采用乡土材料和乡土技法，加强对生物生境的修复，增强透水性、生态循环性、生物共存性，大力提高生态景观服务功能，建立富含生物的工程系统。

1. 土地及耕地生态修复技术

（1）损毁土地修复的技术要点

损毁土地修复的重点是地形、土壤、植被、景观、生态系统、生态服务功能，主要技术要点有：

①地形重构：按照设定的土地利用方式和开发计划重构地形。开垦规划必须消除诸如土地侵蚀与水污染、较高的墙体、具有陡坡的水池、潜在的滑坡、地下矿山开口等各种安全风险。

②土壤重构：保留和重构土壤层的稳定性，使其满足植被恢复的需要。对于可能影响水体质量或植被生长的土料进行合理的转移或填埋。控制因搬移或拆除而生成的颗粒物和扬尘。

③植被建设：定期开展场地整理、种植和播种，进而确保所选物种的存活与生长。

④景观重构：按照土地复垦计划和未来利用方式，重构景观格局和生态过程，改善景观视觉效果与功能质量。保护场地中高价值的树木、灌木、草坪、河流廊道、自然泉眼、历史古建及其他具有重要生态文化功能的实体。

⑤生态系统恢复：通过先行植物定植，逐步丰富植物群落，构建地域生态系统。

（2）保护和提高耕地质量

耕地质量保护和提升的景观途径重点是“改、培、保、控”四字技术路径。

①“改”：改良土壤

针对耕地土壤障碍因素，治理水土侵蚀，改良酸化、盐渍化土壤，改善土壤理化性状，改进耕作方式。

② “培”：培肥地力

通过增施有机肥，实施秸秆还田；开展测土配方施肥，提高土壤有机质含量，平衡土壤养分；通过粮豆轮作套作、固氮肥田、种植绿肥，实现用地与养地结合，持续提升土壤肥力。

③ “保”：保水保肥

通过耕作层深松耕，打破犁底层，加深耕作层，推广保护性耕作，改善耕地理化性状，增强耕地保水保肥能力。

④ “控”：控污修复

控施化肥农药，减少不合理投入数量，阻控重金属和有机物污染，控制农膜残留。

2. 生物多样性保护技术

（1）保护自然和半自然生境

维护农业景观自然生境，促进本土物种的生存与繁殖，恢复河岸、湿地、森林、草地、林地的自然状态；保持或建立半自然防护林、树篱、栅栏、牧场、缓冲带或道路边缘半自然生境。尽可能扩大自然和半自然生境的比例。

（2）保护栖息地生境

保护和恢复栖息地的格局，保护季节性栖息地。在栖息地斑块中建设自然植被、防护林、树篱，增加斑块连通性（图 7.3）。

（3）增加生态系统的健康性

建立和维持禾本、草本、灌木和树的混合种植，并建立和维持植物年龄和高度的混合种植，提高植被的层次性；通过适当的耕作和放牧，适当的道路、小径和开采活动，减少对土壤的干扰；尽量使用生物和物理方法控制病虫害；通过授粉、改土培肥、水过滤和储存、营养储存和循环、水土流失控制、有机质分解等增强生态服务功能。

（4）提高生产生物多样性并小心外来物种

保持健康的多年生植被和本土植被，最大限度减少对自然生境的干扰；饲养不同品种的牲畜；驯养动物放牧，控制杂草；禁止外来鱼类进入水体；培育合适的物种，阻止不受欢迎的物种。

生态化排水渠

生态化农田道路

稻田生物通道

生物通过桥涵

图 7.3 生物多样性保护工程技术

图片来源：宇振荣著．乡村生态景观建设理论和技术 [M]. 北京：中国环境科学出版社，2017.

图 7.4 爱荷华州东北地区高侵蚀性土地中的等高条带状种植以及人工林

图片来源：拍摄 by Tim McCabe, USDA NRCS

宇振荣著．乡村生态景观建设理论和技术 [M]. 北京：中国环境科学出版社，2017.

3. 生态植被建设技术

（1）乡村生态植被类型

乡村生态植被主要包括山林、农田防护林、田埂、河岸防护林、道路绿化、沟渠防护林、小片林地、围栏绿化、村镇绿化等，从大尺度讲，可以分为生态涵养林、农田林网工程、生态廊道、村镇绿化、景观生态林带工程。实际上，单株树木、树筒、林荫大道和小树丛都具有重要的生态学意义和美学效果。本节讨论的生态植被建设主要是指镶嵌在乡村景观中的小林地、线状植被、植物群落、防护林等（图 7.4）。

（2）生态植被景观营造要求

植被景观建设需要从多方面综合考量，从安全性来看，应具有体验性和亲和感；从景观美学来看，能够呈现独特的田园风光；从生态角度看，多种生物与自然和谐共存；从社会文化角度看，与周边社会环境相协调；从精神性角度看，使人们记得住乡愁。

（3）林地保护和建设

乡村景观的小片林地，或是农田基质中的小片林地斑块，大到几十亩，小到如坟地，仅仅几棵树。作为重要的生境和庇护所，林地为农业生态系统中多种生物提供活动场所和栖息地，具有生物多样性保护、生物迁移“跳岛”、涵养水源等功能。农业景观中，林地在生产、调节、支持和提供文化服务的不同功能之间存在关联，常常同时具有多种生态系统服务价值，具有多功能性。

林地的生态景观建设要点：

①保护原有林地，特别是具有年代美和乔冠草结合的群落式林地。林地建设需要模拟当地自然群落，利用乡土植物，按照地域植物群落结构，形成复层混交、相对稳定的人工植被群落，避免生态植被结构和树种单一化。

②林地种植应尽量和农田边界相协调，强化农田格局的几何形态，并通过林带、植物篱连通林地，形成网络。

③林地边缘可种植树篱，为野生动物提供一个较为亲切的边界。按照风向，在迎风面要从草本向灌木和乔木逐渐过渡提高，防止湍流：合理搭配树形、林形、林相（图 7.5）。

（4）农田防护林建设

农田防护林为单行或多行种植的乔灌木，互相衔接为网状成为防护林网，常结合沟渠道路及村庄围合带进行营建，可有效防治风侵和水土流失，控制面

图 7.5　林地迎风面种植搭配示意

图片来源：宇振荣. 乡村生态景观建设理论和技术 [M]. 北京：中国环境科学出版社，2017.

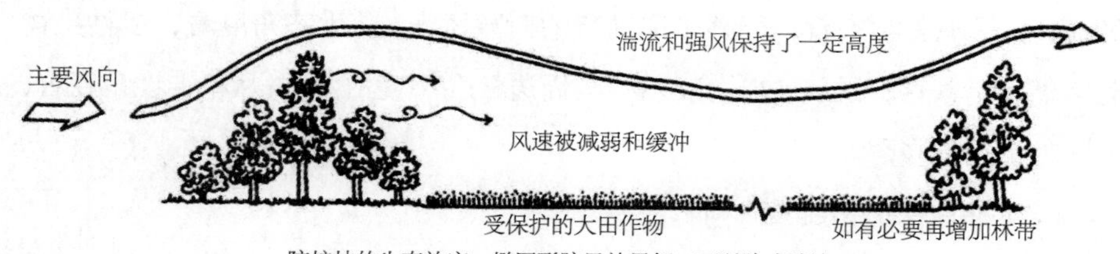

图 7.6　椭圆形防护林

图片来源：宇振荣著 . 乡村生态景观建设理论和技术 [M]. 北京：中国环境科学出版社，2017.

源污染，保护生物多样性，改善小气候，减少农药和化肥扩散，同时又是生物的栖息地和迁移廊道。

防护林的生态景观建设要点：

①维系和加强农田的空间格局和视觉特征，林地应该与树、未耕地、物种丰富的草地和水体等栖息地连接起来，形成生态基础网络；

②椭圆形防护林较好，中间可以种植 1 ～ 2 行高大的乔木（图 7.6），两侧是灌木构成的植物篱，通过不同冠层的树种选择和乔木行距，使林地具有渗透性或半透性，防止湍流出现。

③尽量选择乡土树种，以耐污染、耐水湿、耐干旱的乡土高大落叶乔木为主，落叶树、常绿树相结合，乔灌木合理配置，推进生态植物群落、景观多样化建设，合理确定主栽基调树种、骨干树种、配置树种。综合考虑风速、方向、土壤条件和小气候要求，开展生态经济型、生态景观型、生态园林型等多种模式防护林建设（图 7.7）。

（5）多功能植物篱建设

农业景观中植物篱的主要应用模式有生态篱（生物多样性保护、控制氮磷流失）、农作篱、护坡篱（防止水土流失）、景观篱、屏障篱（庭院及农场周边）、防风篱、降噪篱、经济篱（肥料篱、薪炭篱、药材篱、桑篱）等。

植物篱建设原则和技术要点：

①明确建设植物篱的主要功能定位，如提升景观质量、减少水土流失、植物篱间作、提供绿肥、提供饲料、生物多样性保护；

②因地制宜选择种植物种，如适应性好、生长快、耐刈割和具有多种功用的植物，而且要用地方乡土植物；

③植物篱管护应根据不同的物种组成和功用、管理者对于修剪方式和形状的偏好采取不同方式，不要使用化学除草剂。

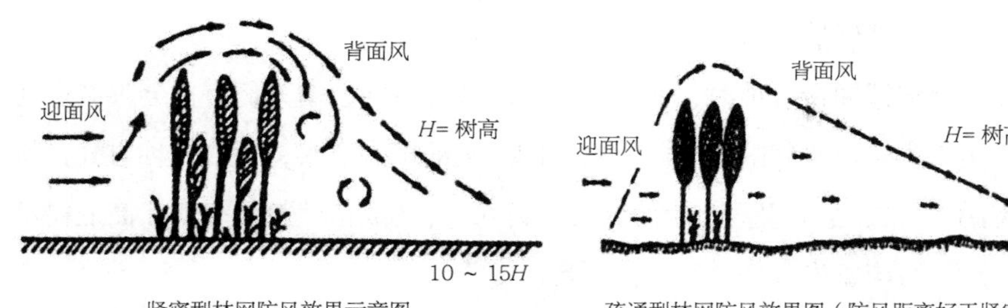

图 7.7　防护林建设模式示意

图片来源：宇振荣著．乡村生态景观建设理论和技术 [M]. 北京：中国环境科学出版社，2017.

4. 水体保护与净化技术

（1）生态化河溪设计

生态化河溪景观的主要生态功能有：护岸，防止坍塌和土壤侵蚀：创建遮阴环境并降低水温，以改善水生生物的生活环境，保护生物多样性；创造或改善河岸的生存环境，同时提供腐质资源和大量的残体资源；减少和吸收地表径流的多余泥沙、有机物质、营养物和农药，减少浅层地下水流中过剩的营养物和其他化学物质，降低水体污染风险；保护河岸的植物群落多样性和资源；增加植物和土壤中的碳储量。

河溪生态景观建设要点如下：

①用“软性的”或“自然型”等河流改造模式来取代传统的水泥硬化；尽量保持河溪的弯曲蜿蜒的形态，尽量采用生物固坡的方式防护和加固河岸。通过合理的定位和设计来达到足够的宽度、长度、结构 / 密度和连通性，尽量扩大缓冲带建设，用于减少地表径流中多余的沉积物、有机材料、养分和农药，一般宽度为 5 ~ 10m。将河流景观融合到乡村田园文化氛围中，采用一些无污染、渗透性较好的生态材料进行铺装，用乡土耐水物种进行河岸植被绿化等。

②植被应适应当地土壤、水文和气候条件，并应利用本地和非侵入性的乔灌木树种，乔灌木最好兼具一定的经济和景观价值，选用的植物应具有多枝、侵略性强、快速生长、深根（地下茎植物）、适应洪水的特性：要充分考虑沿河动物迁移和河岸栖息地的需求来设计滨水区宽度，建立适宜水生和陆生生物的植物群落。

③增加景观的连续性和通达性，以方便水生、陆生动植物的迁移、交流。通过工程和生物措施相结合的办法，控制过度的片流、集流和急流侵蚀区域。

采用生物多样性保护技术措施。

④在河溪缓冲带设计时，要建立适度的开放空间，使人们有机会去亲近河溪，满足人类亲近自然的需求。根据不同区段的规划要求，采取多种方式，构建生态廊道、文化休闲区和滨水生态观赏区，并形成自然起伏多变、高低错落有致、连续且丰富多变的开敞空间形态。

（2）渠道建设

渠道主要是农用排水渠和灌溉渠道或是人工开挖的渠道，基本类型有农田排水渠、灌溉渠道、灌溉引水渠道、农村居民点的排水渠等。非硬化的沟渠对于一些无脊椎动物、两栖动物、鸟类、植物在数量、物种多样性等方面具有有利的影响。在农业环境管护计划中，鼓励开展生态景观化的沟渠建设，加大缓冲带建设，以控制面源污染，保护生物多样性，提高授粉、害虫控制等生态服务功能。

沟渠生态景观设计的原则和要求：

①严格按照排水和灌溉标准开展排水和灌溉网络空间布局和设计。对于水资源短缺的地区，如果采用明渠灌溉，灌溉渠可以考虑各种类型的硬化方式，防止水分渗漏。对于排水沟，应尽量减少硬化，采用生态化护坡，提高渠道的渗透性。

②加强沟渠两侧缓冲带建设，积极开展生态护坡，护坡植被宜采取灌木、地被植物相结合的方式，保持环保自然，保障沟渠的“蓄、排、缓、净”功能。

③维系多级生态廊道的连通性，并注意在特殊地段保留小池塘，保护生物栖息地和景观多样性。

5. 道路生态景观建设技术

（1）道路生态景观设计的基本原则

①调查分析现有公路、干道、支道、田间道、生产道路等的密度、间距、空间结构和未来需求，合理确定新建道路位置、建设等级和硬化方式。

②根据道路等级、车流量合理确定道路硬化方法。生态路面设计可选择透水性沥青、透水性混凝土等硬化材料。田间道路和生产道路可以选择石灰岩碎屑、碎石、砂石、泥结石、砂土等硬化方式，起到降低噪声、增强渗水性、涵养土壤和保持养分的作用。

③道路绿化应先保护地标树和乡土林、道路沿线重要风景点、文化古迹、

古树名木等。新增绿化应体现地域特色和文化内涵。

（2）道路生态廊道修复

在生态环境良好和动植物种群丰富的乡村地区，道路景观规划必须对道路穿越地区的动植物种群分布作深入调查，全面掌握种群的生长、迁徙规律。在此基础上，在路线的合适位置和高度修建专供昆虫、爬行动物穿越道路的生态廊道。丘陵或山区的乡村道路在修建隧道时，完成后隧道上方可覆土重新种植树木，修补和营造完整的生态廊道。

（3）道路斜坡景观生态修复

对砾石土壤的斜坡，可对砾石进行清理后覆盖地表土壤，种植草坪或地被进行绿化；对于坡度较大的斜坡，在覆土后，在坡顶密植当地品种的树木；对岩石斜坡采取特殊的工艺方法，如边坡修整、挂网并安装锚杆、喷射基材混合物、铺无纺布养护等，解决岩石边坡防护和绿化问题。

（4）道路边的雨水滞留区

道路边的雨水滞留区应作景观生态化处理，可处理成小型湿地景观，利用芦苇等水生植物对道路排水进行生物式与机械式的净化处理。并通过设置小岛、水岸处理、植物配置等，进行自然美化。

第三节　乡村聚落环境中的生态技术应用

一、乡村聚落环境生态设计导则

乡村聚落生态设计首先要了解并掌握聚落区位与组成，包括场地内自然和人工区域的联系、场地外部环境的影响，以及人类和自然过程的景观格局等。

设计前应了解生态景观特征、自然资源、基础设施、聚落建筑结构；考察建筑和文化环境，加强对社区文化、历史的理解；保护当地的自然生态系统，保留自然植被、地形、传统建筑等特色景观；最大限度利用当地的气候条件，通过植物景观和建筑物的形式在不同尺度上调节微气候；开展生态环境修复，防止潜在的污染；在房屋周围绿化，形成多样的生境，降低空气污染物，调节空气温度；增强景观的艺术性，如贯穿整个社区的周边连续性标志和特色景观，形成地方特色和地方认同感。

加强自然水道修复、湿地生境保护和修复、地下水保护、土壤保持、防灾避险；促进地方公园、休闲场所、开放空间的可达性，建设休闲游步道、游憩廊道；合理设计街区花园、庭院、温室、聚落农业等。

二、污水及雨水处理技术

1. 污水处理技术

乡村环境规划应根据村庄区位与布局密度，合理选择污水处理设施。

在中心村等人口密集地区可采用生物－生态组合处理技术。

（1）埋地式无动力污水处理技术（图 7.8）

适用范围：土地资源较为紧张的农村地区。

优点：节省土地，工艺流程简单，维护简便，比较适合地形高差大的农村。

缺点：氮磷去除率较低，无法除磷。

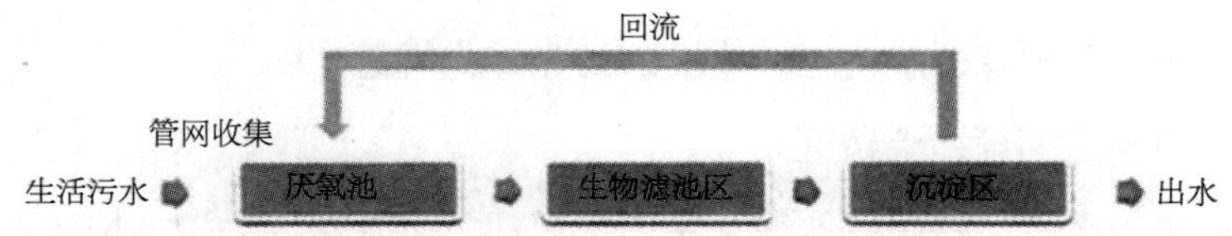

图 7.8　埋地式无动力污水处理工艺流程

图片来源：李明主编，宋直刚主审 . 美好乡村规划建设 [M]. 北京：中国建筑工业出版社，2014.

（2）太阳能微动力生物厌氧技术（图 7.9）

优点：节能、节地、维护简便、处理效果好。与常规微动力处理技术相比，省电省钱，无需专业人员进行操作管理；与湿地处理技术相比，解决了占地面积大、季节性强、植被维护投入大的缺点；与无动力处理技术相比，解决了出水水质差、氮磷去除率低、有臭味的缺陷。

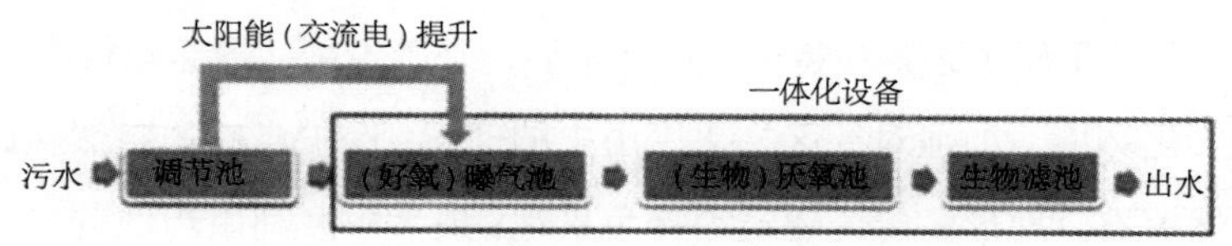

图 7.9　太阳能微动力生物厌氧工艺流程

图片来源：李明主编，宋直刚主审 . 美好乡村规划建设 [M]. 北京：中国建筑工业出版社，2014.

（3）厌氧池＋梯式生态滤池（图 7.10、图 7.11）

适用范围：丘陵山区或存在一定地势落差的农村。

优点：低成本、节能。

缺点：适用范围有限。

图 7.10　厌氧池 + 梯式生态滤池污水处理工艺流程

图片来源：李明主编，宋直刚主审 . 美好乡村规划建设 [M]. 北京：中国建筑工业出版社，2014.

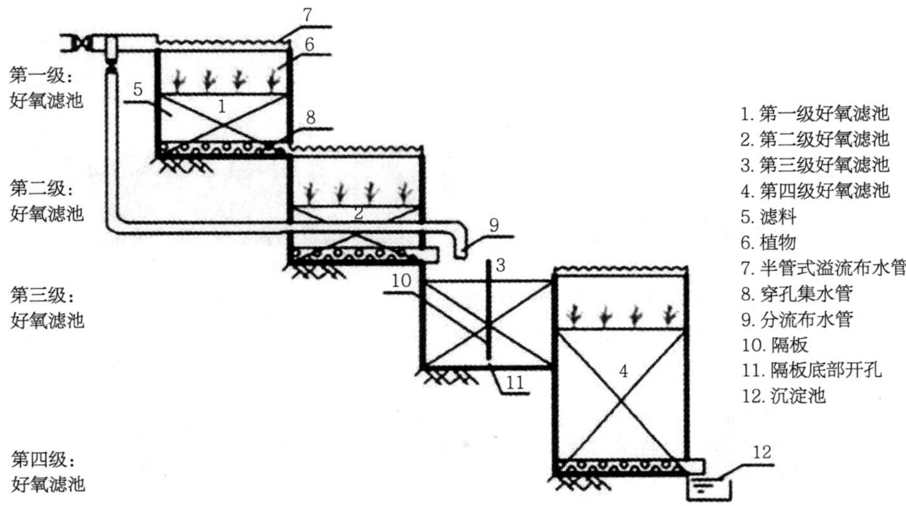

图 7.11　厌氧池 + 梯式生态滤池污水处理剖面示意

图片来源：李明主编，宋直刚主审 . 美好乡村规划建设 [M]. 北京：中国建筑工业出版社，2014.

（4）复合生物滤池 + 人工湿地（图 7.12）

适用范围：水量较小、水质水量变化较大的农村。

优点：工艺简单，维护管理简便，处理效果好，运行费用较低。

缺点：投资较大，生物滤池和人工湿地存在长期维护问题，比较适合水质要求高、负担能力强的地区。

（5）厌氧—自流充氧接触氧化渠—人工湿地（图 7.13）

适用范围：适用于对氮磷去除有一定要求的村庄，宜应用于有一定地势高差且集聚度较高的村庄。

优点：成本较低、工艺易行、处理效果好，耐冲击负荷强、利用可再生能源。

缺点：维护管理费用高。

（6）脱氮池 + 生物循环 + 蔬菜池（图 7.14）

适用范围：污水量大、生活污水浓度低的农村，尤其是河网地区农村。

优点：处理效果较好。

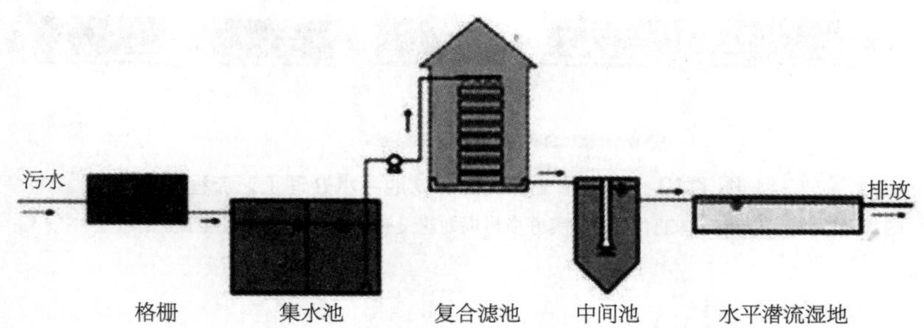

图 7.12 复合生物滤池 + 人工湿地污水处理工艺流程

图片来源：李明主编，宋直刚主审 . 美好乡村规划建设 [M]. 北京：中国建筑工业出版社，2014.

图 7.13 厌氧一自流充氧接触氧化渠一人工湿地污水处理工艺流程

图片来源：李明主编，宋直刚主审 . 美好乡村规划建设 [M]. 北京：中国建筑工业出版社，2014.

图 7.14 脱氮池 + 生物循环 + 蔬菜池污水处理工艺流程

图片来源：李明主编，宋直刚主审 . 美好乡村规划建设 [M]. 北京：中国建筑工业出版社，2014.

缺点：系统效率略低，维护管理费用高。

2. 雨水处理技术

可结合乡村地区依山体台地而建的地势，设计雨水处理系统，以保护居住地的生态环境。雨水处理系统主要包括雨水收集和渗水路面两部分。

（1）雨水收集：充分利用天然降水作为绿化用水，或使其成为当地水景创作的主要资源，有利于在当地形成良好的水循环系统和水生态环境，不仅美化环境，也迎合人们赏水、亲水的需要。

（2）渗水路面：在砂石路基上面，铺上一层可渗水的沥青，使路面上积聚的雨水慢慢渗透，最终流到地下水系当中。路基中的沙砾层不仅可以像海绵那样吸水，避免路面上的水洼，而且还有助于过滤来自道路上的碳氧化合物。

三、废弃物循环再生技术

乡村环境营建中的循环再生设计概念，指的就是通过对资源的循环再利用，解决现阶段乡村出现的各种环境问题。可以在乡村实施乡村清洁工程，推进人畜粪便、农作物秸秆、生活污水和垃圾向肥料、燃料、饲料的资源转化（“三废—三料”转化），实现经济、生态和社会效益。通过集成配套推广节水、节肥、节能等实用技术和工程措施，净化水源、田园和家园，实现生产发展、生活富裕和生态良性循环、和谐发展。

1. 秸秆利用

为解决能源危机、减轻环境污染、保护生态环境，开发利用农作物秸秆尤为重要，推动秸秆综合利用工作，提高综合利用率，可促进农村节能减排、农业增收、农民增效。

（1）秸秆还田

秸秆还田的方法有两种：一是用机械将秸秆打碎，耕作时深翻严埋，利用土壤中的微生物将秸秆腐化分解；二是将秸秆粉碎后，掺进适量石灰和人畜粪便，让其发酵，在半氧化半还原的环境里变质腐烂，再取出肥田使用。还可以将秸秆通过青贮、微贮、氨化、热喷等技术处理，有效改变秸秆的组织结构，使秸秆成为易为家畜消化、口感好的优质饲料，通过过腹还田的方式增加土地肥力。

（2）培育食用菌

将秸秆粉碎后，与其他配料科学配比作为食用菌栽培基料，可培育木耳、蘑菇、银耳等食用菌，有效解决近几年食用菌生产迅猛发展与棉籽壳供应不足的矛盾。育菌后的基料经处理后，仍可作为家畜饲料或作为肥料还田。

（3）用作工业原料

农作物秸秆中均包含纤维素、半纤维素和木质素，其中纤维素可做造纸的原料，还可以用作压制纤维木材，弥补木材资源的不足，减少木材的砍伐量，提高森林覆盖率，使生态环境向良性发展。

（4）用于生物质发电

秸秆中含有大量的木质素，其低位发热值较高，每两吨秸秆的热值就相当于一吨标准煤，而且其平均含硫量只有 3.8‰。可以将秸秆直接焚烧或者将秸秆同垃圾等混合焚烧发电。

2. 生活垃圾综合利用

在农村建立生活垃圾收集系统，实行以村为单位的垃圾分类收集方式，把生活垃圾作为一种可循环和再生的资源加以回收利用，加强对农村生活垃圾的分类收集和管理，实行“减量—收集—搬运—处理—再利用”的一条龙产业化制度，使得生活垃圾进入良性生态循环系统。

3. 废弃建筑材料的再利用

（1）废旧木材再利用

木材作为最为古老的建筑材料之一，对其进行收集和再利用可以起到节约资源、保护环境的作用。

对废旧木材原料进行筛选，将较好质量的废料用于室内建筑装修及中高档家具填充；其他木材废料可以制成木浆，再用于造纸，或进行化学处理产生气态燃料；废旧木制材料与塑料材质结合可形成塑木复合材料等。

（2）废弃水泥混凝土砖石再利用

废弃混凝土和砖石等经过简单的处理便可作为铺装材料或砌筑材料使用，也可作为调制新混凝土的原材料，可用混凝土配筋，也可用来加工地面铺装和较为轻薄的砖块；另外可直接用于建筑的建设及道路施工中垫层或经筛分后作为道路基层的基础料，在部分资源匮乏的区域能够替代天然的基础材料使用。

（3）废弃农业生产设施及用具的再利用

废旧轮胎、盆子等零碎垃圾品、废旧和淘汰的旧农具等，经过创意设计改造利用，可以“变废为宝”，作为乡村景观中的设施小品。麦田、稻田、玉米田收割后的秸秆可以编织成工艺品，做成各种艺术造型等。

四、清洁能源开发利用技术

农村新型能源的开发利用可以缓解农村能源短缺问题，优化农村用能结构，调整农业产业结构，改善农村人居环境。当前农村新型能源的开发和利用主要集中于生物能源、太阳能、风能、水能等清洁能源。对于乡村环境保护，推广范围最大的包括太阳能、沼气技术，可以改变农民传统燃料结构，大大改善农村的生态环境。

1. 太阳能利用技术

太阳能是农村最常见的一种可供利用的清洁能源，具有资源丰富、分布广泛、可永续利用、不会造成污染和公害等特点。在西北、青藏地区等秸秆产量少、柴薪生长慢的地区，太阳能的利用能在很大程度上缓解当地村民的用电、取暖等问题。

（1）民居建筑保温

在北方寒冷地区，结合南向房间附加阳光间，不仅可提高室内温度，而且可丰富建筑外部空间效果（图 7.15）。这种被动式太阳能利用，可以有效地改善居民室内的热环境，减少对自然林木的砍伐，为居民综合使用太阳能创造较好的条件。

a. 民居阳光间外部

b. 阳光间用作花圃

c. 阳光间用作起居室

图 7.15　青海乡村民居阳光间的设置

（2）太阳能热水器

太阳能热水器是将太阳光能转化为热能的装置，将水从低温加热到高温，以满足人们在生活、生产中的热水使用需求。在南北向的坡屋顶上安装太阳能热水器，既不影响建筑的美观，又很实用。如果是平屋顶或东西向坡屋顶，就要根据具体的情况采取焊接支架的方式。

（3）太阳能灶具

太阳灶是利用太阳辐射能和旋转抛物面的聚光原理，通过聚光、传热、储热等方式获取热量进行炊事的一种装置。太阳灶常用的集热方法，一是采用热箱装置，一是采用聚光装置，所以太阳灶也有箱式灶和聚光灶两种。目前中国太阳能灶的推广使用主要集中在西部太阳能丰富的农村地区，既方便又经济，被当地村民广为接受（图 7.16）。

图7.16　青海乡村民居院落中的太阳灶

（4）各类景观设施中太阳能的利用

着眼于生态视野的“低碳、可持续发展”理念，乡村各类景观设施可结合太阳能设备进行设计，如太阳能路灯、光伏雕塑、太阳能景观亭等。

太阳能路灯是乡村地区常见的道路照明设施，以太阳光为能源，白天太阳能电池板给蓄电池充电，夜间蓄电池的电供灯具照明使用，无需复杂昂贵的管线铺设，具有安全、节能、无污染，稳定可靠，节省电费等优点，是解决乡村道路照明问题的经济、有效的方法。

2. 沼气的开发及利用

（1）沼气产生的原理及特性、优点

沼气是有机物质在厌氧条件下，经过微生物的发酵作用而生成的一种可燃气体。人畜粪便、秸秆、污水等各种有机物在密闭的沼气池内，在厌氧条件下发酵，即被种类繁多的沼气发酵微生物分解转化，从而产生沼气。

沼气是一种高效、环保的燃料，替代传统能源的前景广阔。乡村地区通过推进传统燃料向清洁燃料（沼气）的转化，提供部分炊事能源，可有效节约能源、降低环境污染。

在年平均气温高、利用沼气季节长的地区，可以采用厌氧发酵的方法制取沼气。此方法是将种植业、养殖业和沼气池有机结合起来，利用秸秆产生的沼气进行做饭和照明，沼渣喂猪，猪粪和沼液作为肥料还田，是生态农业良性循环的良好模式。

（2）乡村环境中沼气池的技术原理与建造方法

乡村环境中沼气池的建设以解决农村生活用能为目的。在平面设计中，可将卫生间与畜廊集中设置，利于人、畜排泄物的收集，同时改变人畜粪便随意排放的状况，减少传染性疾病的发生。将收集的沼气通过小型装置快速而便捷地运送至厨房，可节约木材作为炊事能源的消耗，大大促进农村经济和社会的可持续发展。

五、乡土材料和构造技术的更新

乡村中的传统材料包括土坯、毛石、木材、青瓦等，由这些传统材料创造

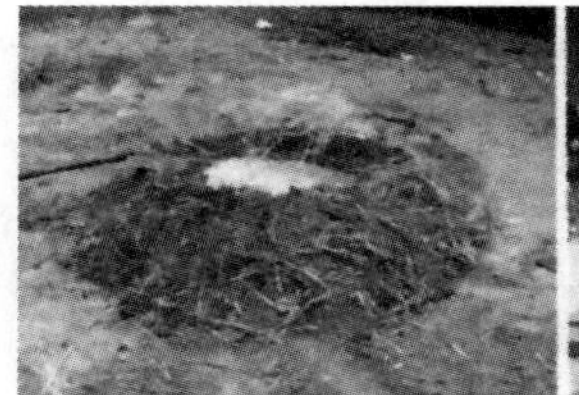

a. 混凝土密肋与草泥土坯结合型墙体的制作过程

b. 混凝土密肋与草泥土坯结合墙体应用于灾后建筑中

图 7.17 混凝土密肋与草泥土坯结合型墙体的制作和搭建

图片来源：王军著 . 西北民居 [M]. 北京：中国建筑工业出版社，2009.

出的建筑及空间具有很强的地方特色。在传统材料基础上开发新型建筑材料，利用适宜技术营造本土化的宜居空间，对于降低运输费用、节约能源、节省维护费用等具有重要意义。

以生土墙体为例，传统的土坯墙是一种古老而耐用的建筑材料，具有结构性能良好、热稳定性和舒适性高以及环境友好性、施工技术灵活性、可再生性等特点。传统乡村民居大多以土坯墙体作为建造房屋的主要结构材料，但由于房屋建造不规范，没有采取防震措施，因而抗震性能差，倒塌率高。

目前为提高生土墙体的抗压、抗拉、抗震、耐久、时代适应性等，国内外很多研究机构和科研单位研制了多种新型生土墙体改进技术。现代的生土墙体改进技术，可加强土坯墙房屋的整体性，改善土坯砌体砌筑方式并降低造价。

如用于西北黄土高原地区的混凝土密肋与草泥土坯结合的新型墙体技术，可以显著提高墙体的抗震性能，并且在保温、隔热等性能方面优于砖墙。将采用这种技术生产的墙体用于新建建筑，可以提高建筑整体的力学性能，保留原生态性能，是在当地村民自建房方面的有益探索（图 7.17）。

我国南疆地区用石膏、土坯、棉秆制作的石膏土坯墙，以石膏制成的浆体作黏合剂，墙体的土坯间放置棉秆，石膏浆灌注于土坯墙内、外侧以及土坯缝隙中，墙体材料结合异常紧密，墙体柔韧度和抗震性能均优于传统土坯墙。由于在墙体两侧现浇石膏层，利用了石膏材料的储热性能，可大大改善建筑的隔热保温性能。另外，石膏和土坯还具有呼吸功能，可以调节室内舒适度，无污染，属绿色生态材料，被形象地称为“会呼吸的环保房屋”。

〔思考题〕

1. 景观生态学的基本原理在乡村尺度如何应用和展开设计？设计中如何考虑与其他尺度层次的衔接？

2. 乡村生态景观设计过程中，如何将生态工程技术与景观美学相结合，处理好技术应用与美学表达之间的关系？请结合相关案例分析说明。

3. 乡村生态景观设计如何充分挖掘和利用既有的传统生态经验和民间营建智慧，并对其进行现代化的优化和改进？

8 乡村农田景观规划与设计

◆ 第一节　农田景观的概念和类型

一、农田景观的概念及系统构成

二、影响农田景观的因素

三、农田景观的类型

◆ 第二节　农田景观规划与设计方法

一、农田景观规划与设计原则

二、农田景观规划与设计步骤

三、农田景观设计方法与案例

◆ 第三节　农田景观塑造要求与标准

一、大田景观的塑造

二、林果景观的塑造

三、设施景观的塑造

四、坡地景观的塑造

五、园区景观的塑造

第八章　乡村农田景观规划与设计

第一节　农田景观的概念和类型

一、农田景观的概念及系统构成

农田景观是世界范围内比较早出现并且分布最广的一种景观类型，其生境的多样性使得农田景观能够保持生物多样性、具有较高的景观稳定性和景观异质性。

农田景观可以理解为是由农田自然斑块和人类经营斑块组成的镶嵌体或者是农田地域范围内不同土地利用单元的复合体，兼具社会价值、经济价值、生态价值和美学价值。受自然环境条件和人类活动的双重影响，在斑块的形状、大小和布局上差异较大，是一个自然—社会—经济复合的大生态系统，不仅包括自然环境生态系统、大农业生态系统，还包括人类建筑生活系统，三大系统相互影响、相互支持，它们的功能分别突出表现为环境功能、生物生产功能和文化支持功能（图 8.1）。

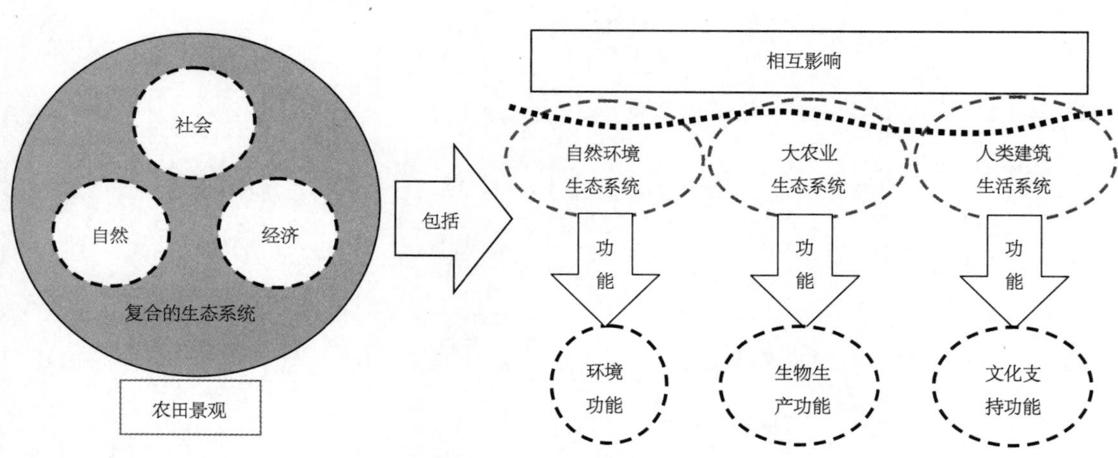

图 8.1　农田景观的系统构成

二、影响农田景观的因素

影响农田景观的因素有以下三个方面。

1. 轮作制

轮作是中国农业的传统，合理的轮作对于保持地力、防治农业病虫害和杂草危害以及维持作物系统的稳定性极为重要。为了实行合理的轮作，在一个农田区域中必须将集中参与轮作的农作物按一定比例配置，这种按比例配置的轮作制成为制约农田景观的重要因素。

2. 农业生产组织形式

不同的农业生产组织形式，其生产规模和生产方式有很大的差异，而这些差异又直接影响到农田景观特征。如大型的国有农场，由于采用机械化和高劳动生产率的生产方式，由此形成了由单一农作物构成的可达几百亩的农田景观。而对于绝大部分实行联产承包责任制的乡村，土地分割给每户，农户又按自己的意愿种植不同的作物，其结果是农田景观的各地块面积大大缩小，而地块的种类和数目却大为增多。

3. 耕作栽培技术

中国广大乡村地区实行作物间套作，这些耕作栽培技术对于改善农田生态系统的生产力，增强其生态和经济功能是很有意义的。例如，北方农田中可以看到不同作物呈行式或带式间作的农田景观，从小尺度景观的角度，可以认为是由不同作物形成的廊道，而该农田景观就是由这些相互平行的不同类型的廊道构成的。东北平原广泛采用每隔两行玉米种一行草木樨的间作系统，辽宁西部和南部则形成春小麦与玉米或其他作物带状套种的农田景观。

三、农田景观的类型

依据农田景观结构和功能的不同，可将农田景观类型划分为以粮食生产为主的大田景观、以果园生产为主的林果景观、以设施生产为主的设施景观、以浅山坡耕地造景为主的坡地景观和以观光休闲为主的园区景观。

图 8.2　大田景观

1. 大田景观

（1）大田景观的概念

大田景观是以农业生产为主的农田景观类型，基本保留原有的地形、地势、地貌，对自然的改造很小；农作物的种植也不需要强调整齐和色彩搭配，按生长规律的变化而变化。

（2）大田景观的特征

大田景观以人为主体，在不破坏生态平衡的前提下，以方便生产、提高农作物产量为主要目标。田成方、林成网、路相通、渠相连，景观肌理脉络清晰，便于田间操作，并形成视觉的美感（图 8.2）。

（3）大田景观的类型（从物种多样性上划分）

①单一农作景观：单一种类的农作物成片成方地种植，形成一定规模。

②多农作景观：由几种作物搭配种植形成一定的景观效果。

③多元复合农作系统：由多种作物、多种景观模式以多种形式分布在一定区域内形成的复合系统。

2. 林果景观

（1）林果景观的概念

林果景观是以生态学为指导，将园林植物与果树及整个乡村环境景观相结合，形成一个集观光、采摘、休闲度假于一体的，完善的、多功能的、自然质朴的游赏空间，是兼具经济效益、生态效益和社会效益的综合性景观。

（2）林果景观的特征

林果景观以高标准的园内基础设施、高规范的科普展示项目、高水平的生态环境营造、极具风味的果品采摘游乐活动吸引大量游客，将生态、休闲、科普有机结合起来，构建出“城市—郊区—乡间—田野”的空间休闲系统。

由于园林植物形态各异，且开花、展叶、结果等过程和形态不同，可以形成春华秋实的多彩景观。果园内及四周道路平整、干净，果树成行成形，园内立体种植，树下四季覆盖、三季有色，有花可赏，有果可采，有景可观（图 8.3）。

3. 设施景观

（1）设施景观的概念

设施景观是以现代温室为载体，按照景观规划设计和旅游规划原理，运用现代高新农业科学技术将自然景观要素、人文景观要素和景观工程要素进行合理融合和布局，使之成为具有完整景观体系和旅游功能的新型农业景观形态（图 8.4）。

图 8.3　果园景观

a. 大面积蔬菜大棚所形成的景观

b. 无土栽培蔬菜种植

图 8.4　设施景观

（2）设施景观的特征

主要体现为高新科技集成支撑、温室环境自动可调、作物景观新奇特优、文化内涵丰富相容等。

（3）设施景观的功能

①园艺作物的创造展示：利用园艺作物的植株、叶、花、果的形态、色彩、大小等营造植物景观，着重体现园艺作物与传统园林植物的差异性。

②农林科技集成展示：以现代农林科学技术为支撑，展示各种园艺作物无土栽培技术、先进育苗技术、节水灌溉设施和技术、温室智能化设施和技术、新优作物品种等。

③科普教育与推广：通过对新品种、新技术、新设施进行文字说明和图片

图 8.5 坡地景观

展示、模型展示、影像资料播放等让游客了解和认识园艺作物、农业科技、农业实施、栽培过程等，起到科普教育和技术推广等作用。

④休闲观光娱乐功能：遵循科学性、美观性、文化性、新奇性、经济性等原则，形成特色鲜明、模式多样、技术先进的景观，可为游客提供游憩场所和休闲空间，达到舒畅身心、增长见闻的目的。

4. 坡地景观

（1）坡地景观的概念

坡地景观又称“沟域景观”，是以山区沟域为单元，以其范围内的自然景观、文化历史遗址和产业资源为基础，通过对沟域内部的环境、村庄、产业的统一规划形成的景观。

（2）沟域景观的特征

沟域景观依托本地资源和特点，以特色养殖为基础，以休闲旅游为根本，以生态环境为条件，强调文化和谐，注重山乡人文景观与山林生态环境气象贯通、文脉融合。其景观特点是山水林田路成型配套，沟路有林带，山涧有彩林，三季有花，四季常青，景点成链，生态健全，环境友好，展现景色秀美的主题（图 8.5）。

5. 园区景观

（1）园区景观的概念

园区景观即园区农业景观，在具备农业生产功能的同时，具有游览观光和餐饮住宿等功能。一般选址于自然环境优美、物产丰富的乡村地区，将自然景观和物产、文化资源等加以开发利用，建设成为园区景观。园区内可种植蔬菜、果树、花卉，养殖鱼类、家禽、家畜，并可满足游人观赏、体验、游玩、获取知识等需求。总之，园区农业应兼具经济、社会、教育、环保、游憩、农业文化保护与传承和医疗等功能。

（2）园区景观的特征

园区景观不仅有清新的空气、美丽的田园、幽静的山谷、纯净的水源、迷人的花香、动听的鸟鸣，还有丰富的风情习俗和多样的乡村野趣等景观，除此之外可开辟游玩项目、科普教育场所等，满足人们赏景、休闲和陶冶情操的需求。

园区景观利用有利的自然条件，规划建成各种活动场所，如垂钓、采摘、狩猎、收割等吸引游客参与。

第二节　农田景观规划与设计方法

一、农田景观规划与设计原则

农田景观不能脱离农田这一基本的属性。因此，农田景观的规划设计应与园林景观和城市景观设计有所区别，作物的选用以农作物为主，同时要兼顾农田的生产、生活和生态服务功能。

1. 整体性原则

农田景观是由相互作用的生态系统组成的，它是一个整体。规划与设计应把景观作为一个整体单位来管理，充分考虑规划区域内山、水、林、田、路、村等的有机结合，达到整体最优、系统稳定，而不必苛求且限定于局部的优化。

2. 保护原则

农田最基本的功能是为人类提供生存所必需的农产品。人多地少是当前主要矛盾，规划设计首先要保护基本农田，优化整合，满足人类生活的需要。

3. 因地制宜原则

农田景观的设计不应脱离当地的实际情况，在进行农田景观设计时，应充分考虑当地的自然条件、资源条件、社会经济等资源禀赋，提高设计的可操作性和落地可能性。

4. 功能性原则

在农田景观的设计中，要综合考虑农田的生产、生活和生态服务功能，景观农田应是优质的生产田，内容丰富的观光田和环境优美的生态田，经济、社会、生态效益融合统一的高效田。

5. 生态原则

改变农业生产模式，发展有机农业、生态农业和精细农业，建立稳定的农田生态系统。同时，结合农田林网的建设，增加绿色廊道和分散的自然斑块，补偿和恢复景观的生态功能。

6. 美学原则

农田景观具有独特的审美体验价值，不仅作为生产的对象，而且还作为审美的对象，作为景观呈现在人们眼前。规划设计应注重农田景观的美学价值，合理开发利用，提高农业生产的经济效益。

二、农田景观规划与设计步骤

1. 规划前期

与主体单位对接规划的目的、方向、范围、需求和目标等，为开展规划设计奠定基础。

2. 实地调研

对规划区域内的地形、地貌、气候、土壤、水文、植被等自然地理条件，社会、经济、人文等资源现状进行调研。

（1）对当地特色资源的调研

包括对当地自然资源与人文资源的特色和优势的调研，以便充分发挥资源优势，设计出具有区域独特性的农田景观。

首先，充分了解当地的特色建设资源和历史文化资源，突出乡土特色；调查区域的可开发程度、环境容纳量和自然承载能力，防止人工外来物种栽植带来不良的生态影响；调查既有的山水资源，了解既有农田、农田周边景观与丘陵、山地、河流、林网等景观的整体性和联系性。

其次，调查是否存在与农田景观建设相结合的特色项目，在注重农田景观规划的同时，兼顾当地农业旅游资源的开发，集农业生产与农业生态观光于一体；调研当地居民与前来旅游观光者的不同利益诉求和喜爱偏好，尤其是在行为心理与环境心理方面的需要，保持当地传统文化继承性原则，展示当地特色景观和文化内涵，统筹协调，突出特色。

（2）对当地气候资源的调研

首先要考察植物培植与当地的环境和气候条件是否匹配，生态适应性如何。调研当地温度、降水、土壤质地与肥力、土壤酸碱度和光照等指标是否与所选择的栽植作物的生长习性相匹配，保证植株的正常生长条件。

（3）对当地农业功能区划的调研

要调查农田景观所在区域在当地的未来规划方向，结合政府部门的整体发展规划与定位来开展农田景观建设，保证景观的可持续性。

3. 适宜性分析

根据调研和调查的结果，对实施地的农田景观适宜性进行分析，分清优势与劣势，明确机遇和挑战，进而明确规划设计的方向。

4. 规划实施

因地制宜地制定农田景观利用规则，并指导主体单位开展农田景观规划的实施。

三、农田景观设计方法与案例

1. 色彩农田景观设计

色彩农田景观设计是指通过色彩这种最直观、最具表现力和感染力的景观基本要素的搭配运用，对人的感觉器官、生理机能和心理方面产生作用，从而营造出能带给人视觉美感和舒适感，以及心灵愉悦感的农田景观。

例如西安市鄠邑区石井街道自 2019 年以来连续几届举办“关中忙罢艺术节”，利用蔡家坡麦田剧场前方的土地，种植了向日葵、糜子、高粱等农作物，秋收时节各种作物色彩纷呈，吸引众多游客欣赏游玩，为乡村旅游增添了新的亮点（图 8.6）。

图 8.6 向日葵花海

2. 区域农田景观设计

区域农田景观设计是根据农田所处地域、所属类型的资源禀赋，因地制宜地营造具有一定尺度和层次感的农田景观。

图 8.7 安康“天宝梯彩农园”

图 8.8 蓝田玉山慢城景区花田

图 8.9 沣东农博园园区景观

（1）沟域农田景观设计

陕西安康“天宝梯彩农园”位于安康市白河县仓上镇天宝村三组，是集农业综合开发、观光旅游、生态建设于一体的高山农业观光园，总占地面积 6008 亩。景区以白河县壮丽石坎梯田为景、以休闲生态农业为基。农田景观充分利用山地村落特有的错落有致的层层梯田，种植各种农作物以及紫薇、向日葵等，形成舒卷延绵、磅礴壮观的画卷（图 8.7）。

（2）大田景观设计

陕西蓝田县玉山镇紧紧围绕“旅游 +”战略，紧扣美丽乡村建设，着力发展乡村旅游，依托峒峪河治理，打造大地景观。距蓝田县城东 20km 的“玉山丝路慢城景区”，不仅有三季盛开的玉山花海，还设计了壮观绚烂的大地艺术，与峒峪河等自然景观融为一体。每年春夏秋三季均有百亩花海绽放，部分农田种植向日葵、百日菊、油葵等，连片的鲜花和附近的民居相互映衬，景色迷人（图 8.8）。

（3）园区景观设计

西安沣东农博园内种植了 40 余亩的法国薰衣草，每年 3 月份的郁金香花节展示 15 万株 39 个品种的郁金香，6 月、9 月大片薰衣草花田宛如蓝紫色波浪随风起伏，浓浓的薰衣草花香弥漫空中。同时还种植了格桑花、万寿菊等，营造了万紫千红、五彩缤纷的多彩田园景观（图 8.9）。

（4）林下景观设计

陕西韩城市柳村北部的一片人工林位于龙门工业区与新城区之间。近年来，村里以打造“宜居柳村”“美丽柳村”为目标，在村庄周围广植树木，形成绿色生态防护带，建成了林下经济扶贫示范基地，并利用闲置的林下空间，按照“赏农景·亲农耕·享农趣”的规划布局，在林下种植 500 亩大球盖菇和羊肚菌，散养家禽，设置观赏游憩景点。通过带动三产融合，建成集种植、养殖、观光休闲为一体的生态农业园。几年时间，林子成了改善环境的屏障，也成为村民致富的“黄金之地”（图 8.10）。

（5）其他区域景观设计

①坡地等高植物篱景观设计

利用坡地的高度差异，进行等高条带种植营造景观。种植品种可选用茶菊等茶用作物，谷子、芝麻、大豆等杂粮作物以及波斯菊、百日草、金鸡菊、硫华菊、矢车菊、孔雀草、金光菊等观赏花卉作物。相关种植技术按各作物品种的种植技术执行。

图 8.10　韩城"林下种植"景观

②湿地保育景观设计

通过对湿地原有野生植物的保护、乡土植物的引进、景观植物的点缀来营造具有野趣的湿地景观。清除蒿子、葎草等恶性杂草，扶助芦苇、水柳、荆条等野生植物；乡土植物主要应用水蓼和千屈菜；护岸景观植物主要选用蓖麻、波斯菊、硫华菊等适生性较强的景观作物。

③乡土民居景观设计

利用景观作物，在民居房前屋后进行环境美化，同时积极利用盆栽蔬菜、盆栽花卉等对农户的院落进行立体美化。景观作物品种可以选用向日葵、宿根、花魁、瓜果蔬菜等，盆栽花卉可以选用垂吊天竺葵等观赏期相对较长的品种，盆栽蔬菜可选用观赏茄、观赏椒等品种。

④景观遮挡设计

利用高秆景观作物进行遮挡，隔离景观种植。遮挡作物可以选用蓖麻、狼尾草等高秆作物，种植 2 ~ 3 行。

⑤行道景观设计

在观光园区的观光道两侧进行景观种植。可选用金银花、油莎豆、观赏谷子、观赏向日葵等株高适中、观赏价值较高的作物品种。

3. 农田景观创意设计

农田景观创意设计是指利用农作物或农业资源本身具有的文化底蕴，或一些当下流行的文化现象，通过主题营造、造型设计、功能创意等方式，把其所代表的含义具象地表现出来的一种农田景观构建方法。

（1）乡土文化教育创意景观设计

以道德培育与乡土文化教育为设计理念，将乡土历史文化、传统农具和特色农产品展示与参与性的农事操作体验、团队探险等活动相结合，培养热爱家乡、热爱劳动、热爱自然的品质和团结互助的团队精神。

例如长安唐村·中国农业公园位于西安市长安区王曲街道南堡寨村，是在古村落保护修复的基础上，整合出集乡村旅游综合体、农业双创园、田园综合体等多种功能于一体的旅游园区。整个村落中老旧的土坯房在保留原有风貌的基础上进行了现代化改造，打造出唐时“诗酒花茶”的惬意生活画卷。项目将农田区和生活区整体规划，将当地农作物种植与农耕文化相结合，为市民呈现花田、农耕以及一百多户古建筑民居，让市民感受生态休闲和乡土文化旅游的田园之美（图 8.11）。

（2）造型创意景观设计

利用多彩多姿的农作物，通过设计与搭配，可以在大尺度农田空间中形成美丽的景观，使得农业的生产性与审美性有机结合。例如农田艺术画是通过插播、套种等方式使农作物在大地上呈现出预先设计好的图案，在作物成长的不同阶段，颜色不断改变，呈现出“四时风景各不同”的景观。还可在稻田或麦田中放置各种造型的装置小品，形成有吸引力的景观。农田景观造型的创作题材十分丰富，有风景、历史人物、动漫人物、动物等（图 8.12）。

（3）娱乐创意景观设计

娱乐创意景观注重开发农田作为娱乐活动场所功能，在农田和周边规划出亲子游戏区、葵花迷宫区、特色餐饮区、DIY 涂鸦区、外景婚纱体验区、房车体验区、露营体验区、创意市集区等功能区域。还可配置观景台、指示牌、风车、创意 LOGO 等景观小品。通过花田新娘、花海骑行、花田风筝会、麦田音乐节、麦田农机展、麦田稻草人等活动，让普通农田成为市民休闲娱乐以及农民增收的多功能场所。

图 8.11　长安唐村·中国农业公园

图 8.12　农田“五彩地毯秀”

图片来源：慈溪日报数字报刊平台 .

第三节　农田景观塑造要求与标准

一、大田景观的塑造

1. 大田景观的塑造要求

（1）规模化和集约化生产

鼓励培育种植大户，实现规模化、集约化生产。注意片区半自然生境的连通和维护，形成高产高效、生态良好的田园景观，构成都市绿色水平生态屏障。

（2）合理的种植模式和种植制度

因地制宜，灵活采用轮作、套种、果园生草覆盖、立体种植等多种种植模式，形成全部覆盖无裸露、无撂荒、无闲置，视觉优美且多层次、多模式、自然开阔的田园式景观。

（3）现代农业装备

注意景观建设应确保现代农业装备顺利开展田间作业。结合种植形式和栽培管理模式，配套完善先进的播种、灌溉、植保以及收获等现代农业装备。

（4）科学种田

大田作物景观建设，应结合现有的栽培管理技术，生产与景观生态、环境保护相结合，推广应用具有抗旱、优质、高产等特性的优良品种和高效、节水、节药、节肥、保护性耕作等先进实用农业栽培管理技术。

2. 大田景观的塑造标准

（1）农田景观斑块规划设计标准

①斑块大小

斑块长度主要考虑机械作业效率、灌溉效率、地形坡度等，一般平原区为500 ~ 800m；斑块宽度取决于机械作业宽度的倍数、末级沟渠间距、农田防护林间距等，一般平原区为 200 ~ 400m，山区根据坡度确定梯田的宽度。平原区田块的规模为 10 ~ 32hm^2。

②斑块数量、形状和朝向

斑块数量取决于田块的规模，平原区一般为每公顷 3 ~ 10 块，山区、丘陵地区数量可增加；斑块形状以长方形、方形为佳，其次是直角梯形、平行四边形，最劣为不规则三角形和任意多边形（图 8.13）。斑块朝向即田块长的方向一般以南北向为宜。

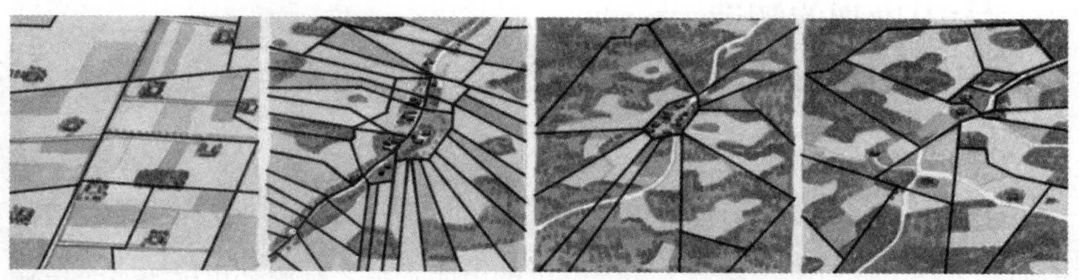

图 8.13 农田景观斑块

③斑块基质

需对质地差的土壤进行改良设计、施肥设计；土地平整程度直接影响耕作集约化、灌溉、排水、作物通风和光合作用，一般以平坦为宜；耕作方式以提高地力为目的，安排作物轮作方式和间作方式。

（2）农田廊道设计标准

①廊道形式

农田廊道构成因景观规划设计尺度与廊道的功能而异。大尺度景观规划的廊道由河流、高级别公路、铁路等构成，其中自然廊道基本不变，遵循自然选择规律；小尺度景观规划的廊道构成，除大尺度景观规划涉及的廊道以外，还有沟渠、低级别公路、生产路、防护林等。廊道形状多为直线型，对地形坡度起伏大、景观基质差异大、斑块形状不规则、斑块分布凌乱且难以整理的区域，为了充分利用各斑块的资源，廊道的形状需要采用多种形式，满足物质与能量流通需要。

②廊道数量及宽度

农田廊道数量由景观尺度、生产的便利性、规模、利用方向决定，一般斑块的边缘通道为 3 ~ 4 条。随着景观尺度缩小、斑块的分割，廊道数目增加。一般道路宽度 26 ~ 45m，主要田间道路宽 4 ~ 6m，辅助田间道路宽 2m 左右；沟渠宽度 0.5 ~ 2.0m；乔木防护林带行距为 2 ~ 4m，株距 1 ~ 2m，林带宽度取决于树木行数，一般为 2 ~ 20m。

③廊道基质

在满足道路基本功能要求下，道路基质尽量以砂石、土石为主，以便于野生动物穿行；输水渠道采用节水基质，排水渠道采用土石基质，地质边坡需加固处理的采用水泥等；在降低地下水位与满足泄洪要求的基础上，沟底可按凹凸方式建设，适当保存少量水分，利于水生动植物生存；防护林基质尽量选用与农作物共栖或互惠的树种、草种。

二、林果景观的塑造

1. 林果景观的塑造要求

（1）改造提升现有林果区

完善林果区基础设施，开展区内作业道路、排灌沟渠、采摘设施的建设；科学合理地开展果树护形剪枝工作，林果区周边护篱不宜过密，适当增加通透性。

（2）发展规模化名特优品种

新发展果树具有一定规模并相对集中；发展名特优新品种和现代栽培技术；嫁接改良优质品种，有计划地开展产品的更新换代；提高产品品质和外观质量。

（3）推广果园覆盖技术

果树生产基地提倡应用果园生草技术，实现全园覆盖，不仅可防治杂草生长，而且豆科植物绿肥的应用可增强土壤氮素的含量，相对于灭草剂的使用更能维护耕层的微生物群落，有益于地力的提升和环境保护。

（4）绿化建设

绿化建设应遵循国家和地区林业建设标准与要求，节约使用土地，确保绿化整体效果。在此基础上，着重进行观光林果区、环村庄林带、绿化道路交会处、重要节点区以及高速公路出入口等重点部位的景观建设。

2. 林果景观的塑造标准

（1）因地制宜，适地适树，突出特色

林果区以果树分布的区域性为依据，充分利用特产品种，选择适生的优良品种。选择与当地条件及气候条件相适应的树种，充分展现、保护和利用当地特产优质果树的地域特色，形成最佳栽培区。

（2）生产功能、生态功能和旅游采摘相结合

在保证果品生产的同时，采用生草覆盖、滴灌及生物防治技术等，增加生态效益；为吸引游客采摘，生产与观光旅游相结合，林果区景观建设应注重果

树景观的营造;完善果园的基础设施和服务设施，在果园的渠系、道路、护坡、篱笆等设施营建方面，尽量使用当地乡土材料，并且要做相应的景观艺术处理，适度增添园林景点，实现经济效益、生态效益和社会效益的统一。

（3）体现特色，展示文化

林果区景观建设要充分挖掘当地果树深厚的文化内涵以及当地的乡土风貌，提炼当地的人文资源。结合果园附近具有历史风貌的石墙、石阶、庙宇、驳岸、亭台、古桥等历史文化元素，高度体现林果文化和地域特色，达到科技与文化的融合。

（4）加强林果区自然和半自然生境的维护

林果区周边的山水、片林、草地以及自然重建的植被或由多年野生地被构成的固定边界都是果园周边优质的生态资源。林果园区的景观规划设计，要尽可能地保持林果区内部及周边原有的优美自然环境，充分利用这些土地、水体、植物等自然风景要素来创造优美的林果区植被景观。

三、设施景观的塑造

1.设施景观的塑造要求

（1）因景制宜

可以根据地形和周围环境，因景制宜发展不同类型和规模的设施农业景观建设，建设规模应相对集中，并分散布局。

（2）符合农业设施建设标准

设施类型为钢架结构的永久性日光温室，配备完善的节水设施以及卷帘机、防虫网、遮阳网等先进的生产装备。设施建设应与周边环境相匹配，如设施类型、墙体颜色等与整体景观相协调，并展示现代农业风貌。

（3）避免盲目引种，控制污染

选择具有良好市场前景的优良品种，鼓励发展精品设施蔬菜、花卉等产品，但要避免盲目引进外来物种；推广应用高效综合节水技术、集雨技术，病虫害生物防治等生态农业技术；开展养分综合管理；从源头到生产过程严格控制面源污染，并营造良好的设施农业景观环境。

（4）生产管理和产品营销

设施农业景观建设应注重景观建设与生产定位的一致，采用先进的生产管理方式和规范的产品营销模式，采用独特的造景技术宣传管理水平和产品品质，吸引游客注意，取得客户认同。

（5）与观光休闲农业结合

根据市场定位，鼓励设施农业景观建设与观光休闲农业结合，灵活开展采摘农业，大力发展无公害产品，采取多种生态农业措施，加快绿色和有机产品发展，景观建设也应根据产品周年生产计划设计丰富多彩的季节植被景观。

2. 设施景观的塑造标准

（1）总体布局与设计

设施农业园区，温室大棚统一设计，布局合理。色彩设计尽量使用低纯度、高明度的色彩，与农业观光、采摘的主题相匹配。

（2）道路设计

道路硬化遵循人性化的空间尺度，尽量使用当地的材料，不提倡路面的完全覆盖，应使路面形成缝隙和多孔隙结构。缝隙和孔隙中可以种植植物，既可节约成本，也可提高路面的生态特性。

为避免道路对周边自然、半自然景观生态的消极影响，道路的建设需考虑与周围环境的协调发展，避免穿越生态敏感区，防止生境破碎化，必要时建立生态涵洞（图 8.14）。

图 8.14　园区道路示意图

（3）植物配置

植物配置尽量选用当地的植物，体现乡土特色，同时节约成本。采用乔木、灌木、藤本、草本的合理梯度搭配，既符合生态学原理也具有景观效果。

（4）基础设施设计

基础设施的设计要突出园区的特色和主题，和园区的其他建筑相一致，同时考虑建设的经济、生态和景观效果的统一。色调选择上以绿色为大背景，并综合考虑各颜色代表的象征意义。尽量使用低纯度、高明度的色彩，与农业观光、采摘的主题相匹配，符合游人在观光中的心理等方面的因素，使游人在游览的过程中有一种亲切感。

（5）标识系统设计

标识系统的设计不同于一般的广告设计，要体现出园区的特色，且具有吸引力与较高的视觉可辨识性，不但能吸引游人的目光，还能指明园区的方位。标识设计要紧密结合园区的主题，也要体现现代农业科技，利用农村容易获得的材料建设，与园区周围风景协调，体现田园美（图 8.15）。

图 8.15　标识系统示意图

四、坡地景观的塑造

1. 坡地景观的塑造要求

（1）整体性设计理念

坡地景观建设是区域整体景观规划的有机组成部分，是一项系统工程。应注意不同尺度下景观的组合效果，综合考虑坡地地段绿化与整体景观效果的融合，形成以大尺度田园风光和众多地质景观为基调，坡地景观建设与沟域景观以及区域发展相统一的大地景观。

坡地绿地生态植被营建应与周边自然山色相映成趣，形成自然、和谐、乡野、纯朴的田园风貌，符合现代都市人群的景观需求，满足当地居民的利益诉求，吸引游客体验大尺度田园风光，达到农业产业与旅游的相互促进，协调发展。

（2）充分利用当地资源

坡地生态景观建设应与当地自然资源和文化资源相融合，有效发挥空间环境构成的再创造价值及人文价值。注意植物材料的生态生理特性、外观、色彩、生长周期、花期、果实及寓意，应用文化创意理念，充分利用中药材、豆科绿肥、多种地被等植物材料，进行主题式田园风光的打造。

（3）景观效益与生态效益相结合

农田坡地景观提升与当地农田治理相结合，为优质高产田、优良生态田、优美景观田的建设提供绿色基础支撑。坡地景观建设与林下种植相结合，提高土地利用效率，减少土地裸露。科学利用当地的乡土植物、中药材等多种地被植物资源，开展坡地景观建设和坡地生态治理，以防风、固土、减少扬尘、有效防止水土流失。

要充分利用地处坡地的光照条件和小气候的变化，合理选择组合适宜的喜光向阳植物和喜阴耐湿植物，在不同坡面和坡位开展生态修复和植被景观营建。特别注意有效利用地势和梯田等高种植、鱼鳞坑等形式开展坡地植被景观建设，随形就势，营造自然起伏、连绵延伸、层次明显、赏心悦目的特色坡地景观带。

（4）良好的技术支撑

坡地景观建设应综合运用多种植物品种和成熟的坡地栽培技术和管理经验，掌握技术要点和栽培管理规范，注意季节变化和景观效果的表达。注意品种开发和技术创新，确保农民增收，在考虑景观效益的同时，充分体现以人为本的指导思想。在实现景观效益的同时，通过品种应用和科学实施，为农户增收提供保障。

（5）基础配套设施的完善

超越传统的护坡治理和景观建设，挖掘休闲观光功能，完善停车场、观景台、观赏亭、紧急报警电话、公厕等旅游配套设施，提升地块的旅游价值，把普通的护坡景观打造成独具特色的旅游景点，发展具有特色的休闲农业，实现生态价值、景观价值和社会经济价值的综合。

2. 坡地景观的塑造标准

（1）选择合理防护模式

根据地理条件，合理选择防护模式。充分调查边坡的土壤质地、肥力及其水源供应保障情况；在坡面防护工程中选择适合于当地气候条件的乡土植物。

边坡防护和边坡绿化植物合理配置，恢复边坡植被。坡度较缓的边坡防护和边坡绿化以草本地被为主，同时乔、灌、花、草搭配种植；坡度较陡的边坡防护和边坡绿化以草灌木为主，同时利用扦插木杆网格等模式或护篱形式开展坡地防护工程。

（2）边坡植被选择

边坡植被带应重视雨水对坡地的冲刷和对植被的潜在影响。适宜选择根系较深、分生能力强的树种和灌木。植物根系的好坏直接关系到固土能力，应以多年生豆科牧草与多年生禾本科牧草混播为主，草种选择一般以3～4个草种混播组合；同时，边坡的地形决定其雨水渗透率多少，特别是中上坡的区位，因此，应该选择抗旱强、抗病性强、耐瘠薄的植物。

（3）植物栽植搭配

适当增加搭配的多样性，多种植物混合栽植以增加群体的生物多样性和生态系统的稳定性。将不同的草种按一定的比例进行混合培植，一方面在空间上做到合理搭配，另一方面使其在不同的阶段发挥相应的生态防护作用和景观效果。

谨慎应用外来植物，防止毗邻农田造成外来植物肆意传播；注意筛选本地优良种；适当采用暖地型草和冷地型草混播，以避免冬季裸露造成边坡风蚀；有条件的地方，可采用灌木、草本、藤本相结合，营造丰富多彩的边坡景观；根据不同地段的实际情况，因地制宜，采用丛植、列植等绿化模式，营造近自然植物群落（图8.16）。

图8.16　坡地景观示意图

五、园区景观的塑造

1.园区景观的塑造要求

（1）遵循景观生态学原理和视觉美学原理

园区建设应与周边环境相匹配，与整体景观相协调。充分利用当地山水、沟渠等景观基础，注重园区内外景观形象，并且注重植物季相和色彩的合理搭配。在园区内部各个功能区的造景上，注意突出主题。建立富有乡土气息、景观特色明显、园区环境优美的农业观光园。

（2）突出地域性

突出具有地域特征的地标景观，如高大树木、假山、喷泉或亭台等，与园内人工建筑、水系、亭台道路等共同构成农业观光园的环境景观；园区建设应力求采用当地原材料和乡土物种；突出地域民俗风情、传统习俗、生活方式。

（3）注意局部与整体的关系

农业观光园区景观建设应注意局部与整体的关系，园区不同功能区绿化要体现相应的造景、游憩、美化或分界的景观功能，根据不同功能区的环境状况相应调整植被配置模式；各分区的绿化风格、材质及营建特色应与整体环境特点相统一。

（4）增强参与性

农业观光园区景观建设应注意充分调动游客的参与性，增强其活动的趣味性，避免游客视觉审美疲劳，充分运用多种造景技术，适当增加创意，吸引游客兴趣。要以“自然、艺术、文化、科技”相结合的理念灵活设计，丰富景观节点，拓展创意空间，特别要突出创意的科技含量，增强市场竞争力。

2. 园区景观的塑造标准

（1）农业观光园生态景观建设标准

①总体布局

基于现场勘测调查，依据功能分区确定总体布局；景观建设与周边建筑、道路布局和风格相协调；注意保留原有的草地、水塘、林地等自然斑块，尽力减少人工建设对水质、水量、地表特征、土壤等造成影响，注意不同功能分区植被廊道的连通，以有效发挥其生态功能。

园内生产区、示范区、体验区、游客服务区及后勤管理区等人工分区应该合理布局，在保证生态功能的基础上，增加创新性和新颖性，注意灵活运用花坛、群丛、花边的园艺手法。方案的设计立意应与观光园主题相统一。

②斑块和廊道设计

园内大斑块景观不仅有利于生产、观光等功能的实现，也能较好地保护生物的多样性，特别是生境敏感物种的生存；小斑块可以增加园区的服务功能和景观吸引力，并且可以作为新物种定居的生境和踏脚石，结合条带景观廊道，增加景观的连接度和整体视觉上的美感。因此园内既要有较大型的农业生产斑块，又要有休闲区、展示区、商品交易区等小斑块的存在。要合理确定农田景观斑块的大小、形状和数量，平衡农业观光园生产、生态和景观功能。性质相同或相近的斑块需要临近布置，小斑块一般分散布置，形成“大集中、小分散”的景观格局，有利于提高景观的稳定性和异质性。

园区内沟渠、攀缘植物廊架、缓冲带等廊道的类型、数目、宽度对农业观光园生物多样性保护、物质能流传输及野生动物迁移具有重要影响，应注重保证廊道的宽度和必要的连通度，以及廊道植物配置的生态学和美学效果，使其在农业观光园景观中起到传输、保护以及美学等多方面的作用。

③植被设计

植被景观建设应注意植物物种的多样性和景观的异质性，并且以当地乡土植物种类为主，对外来新奇植物的引用应适度控制；植被景观设计和建设中注意尺度效应和边缘效应，注意所选用植物的生态适应性；对于必须隔离的硬化道路、墙体等，灵活采用“生态桥”的手法，用植被平台跨越道路、硬质铺地或其他屏障，把屏障两侧的斑块联结起来，保持园区生物与景观的有机联系。

（2）园区人工景观建设标准

①建筑物

农业观光园建筑应注意游憩、观赏、文化等功能的综合发挥。建筑物可以采取多种建筑形式，建筑风格应与园区定位和特色相协调；建筑设计及施工时应尽可能减少对园内自然生态系统的干扰；建筑物不宜过于高大突兀，应与周边的自然环境和地域特色相统一；建筑材料尽可能使用当地的石材、木材、竹子、泥砖等原材料；避免以农业观光园的名义建设休闲住房和非生产游览功能的温室，注意应用生态环保的建筑材料和技术；充分利用太阳能、沼气、集水设施，推广垃圾的再利用；有效运用当地多种文化元素，创造性地体现在建筑景观上（图 8.17）。

②道路

道路规划要考虑交通安全、观光便利和景观效果。农业观光园道路设计主要包括主路、次要道路和游憩道路等。

主路是联结功能区、建筑及管理区的园路，一般路面宽度为 4 ～ 6m；次要道路分布在各功能区内，一般路面宽度为 2 ～ 4m；游憩小路可供游客散步游憩，路宽小于 2m。

道路设计要因形就势，不宜过于通直，并要避免单向路。道路总体密度应该控制在全园总面积的 10% ~ 12%。园区道路的交叉口不宜过多，根据游客数量可在交叉路口处设计小广场或休憩厅，并配置园区平面图和指示牌。

图 8.17　农业观光园建筑

道路及路边植被建设应该注意生态效益及视觉美感，为避免道路对生态的消极影响，要综合考虑道路建设与周围环境的协调发展；道路生态景观设计应充分利用乡土植物，充分体现乡村的独特风情；绿化应乔、灌、草结合，注意植物的合理搭配。

③休憩景观

农业观光园应具备完善的休憩设施，如园凳、园桌、园椅、廊架、亭台等，还包括儿童活动设施、健身设施、景观小品等。选址应符合游客观光游览偏好和习惯，造型结合主题进行创意设计；制作材质应考虑能承受日晒雨淋和自然力的侵蚀；注意考虑老人、小孩等人群的特殊需求，地面铺装应具有防滑功能；植被配置避免带刺及有毒有害植物。

应注意休憩处的景观视觉效果，使人们放松之余享受到优美园景，绿化选择乡土植物；池塘堤岸营造亲水景观的同时，注意避免安全隐患；加强景观标识设计和指示牌、解说栏建设，旅游观光与科普教育相结合；营造自然、舒适、亲切的田园景观风貌（图 8.18）。

图 8.18　农田观光园

〔思考题〕

农田生产性景观的设计如何综合其生态特征、美学特征和文化特征，提升当代农田景观的生态价值、美学价值和经济及社会价值？

9 乡村产业规划与景观设计

◆ 第一节　乡村产业发展分析与规划策略

一、乡村产业发展环境分析

二、乡村产业规划策略与原则

◆ 第二节　乡村产业发展模式与空间布局

一、乡村产业发展模式

二、乡村产业空间布局

◆ 第三节　乡村旅游开发与景观规划设计

一、乡村景观的旅游价值

二、乡村旅游开发策略

三、乡村聚落旅游开发与景观规划设计案例

四、现代农业旅游与景观规划设计案例

第九章　乡村产业规划与景观设计

第一节　乡村产业发展分析与规划策略

美丽乡村，产业先行。乡村要美丽，不仅是指山青水绿、路洁房美，更关键的是要提高农民素质、增加农民收入以及在此基础上实现公民道德之美、社会建设之美和民主法治之美。因此，美丽乡村背后，必须要产业先行。要把产业发展作为建设美丽乡村的着力点，结合地区资源特色，宜工则工，宜农则农，宜游则游，大力发展生态农业、设施农业、休闲农业等各具特色的乡村生态产业，着力打造精品产业，全面提升产业层次。

美丽乡村产业发展规划关键在于选择符合乡村实际需求的主导产业，构建能够支撑乡村可持续性内生发展的产业体系，重点要实现产业科学合理布局。而主导产业选择和产业空间布局均是基于对区域资源特色、产业现状、社会经济等综合条件的分析。

一、乡村产业发展环境分析

1. 市场分析

主要对乡村现有产业或拟发展产业的市场需求容量、特征、辐射范围、主要消费群体等进行分析。其主要目的是研究产品的潜在需求量，为开拓潜在市场、安排产业布局、制定经营战略奠定基础。

乡村产业发展的市场分析主要包括农产品市场、乡村旅游市场的分析。农产品市场分析主要包括农产品的种类、品种、产量、主要销售区域、主要消费群体、人均消费水平、重点销售渠道、相邻地区同类产品竞争状况等方面的分析；乡村旅游市场分析主要包括旅游产业业态、旅游产品、游线设置、客流量、客源地、人均消费水平、接待能力、相邻地区同类产品竞争状况等方面的分析。

2. 资源条件分析

主要对乡村的区位、交通、气候、地形、土地以及文化资源等条件进行分析。

（1）区位条件：分析乡村所处的地理位置，与周边大中城市的空间距离等。

（2）交通条件：分析乡村本身拥有的或周边地区的机场、铁路场站、高速公路出入口、国省干线及农村公路、水运码头等。

（3）气候条件：分析乡村所在区域所处的自然气候类型、常年降水量、气温、日照等，这些条件是发展农业种植、养殖业的必要条件。

（4）地形条件：分析乡村的地形地势、高程、坡度、坡向等。

（5）土地条件：分析乡村的用地性质分类、用地规模、土壤条件等。

（6）文化资源：分析乡村特有的传统习俗、民间技艺等非物质文化及其传承情况。

3. 社会经济分析

主要对乡村经济规模、收入水平和收入结构、劳动力资源和人口结构等因素进行分析，总结乡村及所在地区社会经济发展特征，从而明晰乡村所处的宏观经济发展环境，为确定乡村经济增长和产业发展目标提供依据。

（1）乡村经济规模分析：主要分析乡村所在的县（市、区）和省一级的地区生产总值和人均产值，乡村总收入，乡村所在乡（镇）的经济排名，与乡（镇）、县（市、区）和省级平均经济情况的比较等。

（2）收入水平和结构分析：分析乡村以及乡村所在的乡（镇）、县（市、区）和省内农民人均纯收入、农民收入中第一产业收入和务工收入的比例、国家及地区小康社会农民人均纯收入等指标的差距。

（3）劳动力资源和人口结构分析：分析乡村各年龄段人口比例分布、劳动力资源数量、外出务工劳动力规模等。

4. 产业现状分析

主要对乡村一、二、三产业现状进行分析，总结乡村产业现状特征和存在问题，为下一步选择产业门类、有针对性地制定产业发展目标和路径提供依据。各地根据地区差异，需要分析的产业门类略有不同。

（1）种植业：包括传统粮油、经济林果、中药材等种植，主要分析现状种植种类品种、种植技术、规模化和机械化程度、经营方式、品牌塑造、产值情况等。

（2）养殖业：包括畜禽养殖、水产养殖、特色养殖等，主要分析现状养殖种类品种、养殖技术、规模化程度、经营方式、品牌打造、产值情况等。

（3）加工业：包括农产品加工、林产品加工、手工艺品制作加工等，主要分析现状加工产品品种、加工企业数量与规模、产值情况等。

（4）商贸服务业：主要分析餐饮、娱乐、购物、住宿资源的分布以及互联网、金融等服务设施网点情况等。

（5）乡村旅游业：包括民俗文化体验旅游、红色旅游、休闲观光旅游等，主要分析旅游资源的类别、旅游项目分布及运营、旅游节庆活动、旅游线路情况等。

二、乡村产业规划策略与原则

1. 产业规划策略

（1）上位规划的协同引导

统筹上位规划中涉及村域产业发展的相关内容，如国民经济和社会发展规划、城乡规划、土地利用规划及各个专项规划等，并落实到以土地为载体的空间规划中去。结合所在县（市）、乡（镇）国民经济和社会发展规划制定的经济发展目标，城市（乡、镇）总体规划中县（市）域城镇体系规划及乡（镇）域村镇体系规划确定的村镇性质，村镇体系等级以及土地利用规划确定的土地利用性质，协同区域旅游发展规划、环境保护规划等专项上位规划，以产业土地利用的空间布局为落脚点来统筹规划、综合引导（图 9.1）。

（2）自身发展潜力的深入发掘

鉴于目前乡村存在生产要素和资源条件有限、土地供给固定等发展限制条件，村级产业发展更要注重各方面潜力的深入挖掘。外部潜力方面，应注重区域潜力的挖掘，村级产业必须融入所在的区域产业环境中，且要将自身产业发展服务于区域整体的最优发展，进而促进形成地域产业发展综合体，并在区域整体发展中最大限度争取自身发展所需生产要素的最佳配给。自身潜力挖掘方面，则要将自然地理条件、交通条件、文化资源等作为潜力挖掘的重点。

（3）优化、提升原有产业结构，发展主导产业和特色产业

在村级产业构建中，应加强行政的理性引导，结合上位规划，通过区域

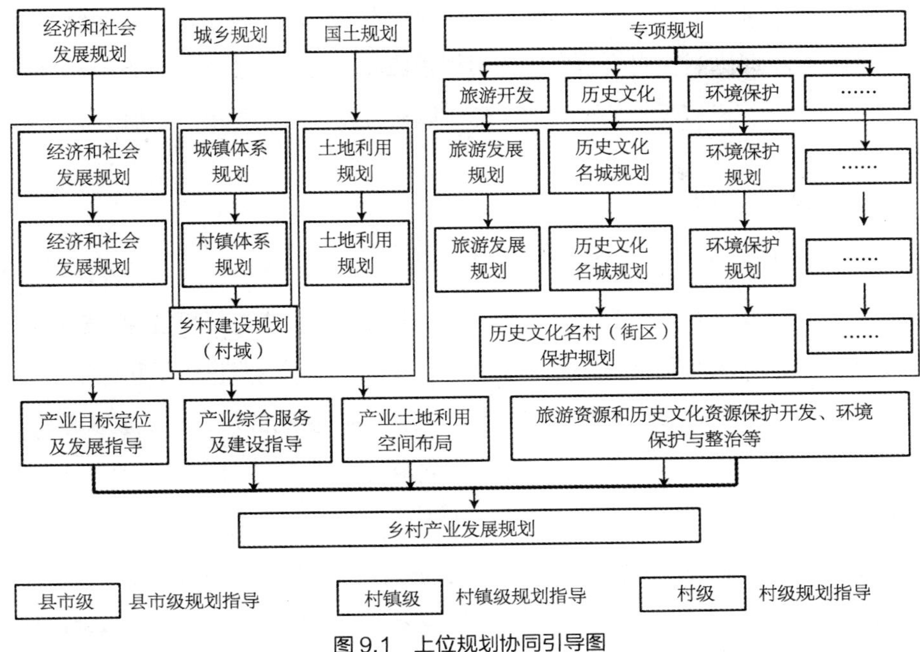

图 9.1　上位规划协同引导图

图片来源：张天柱，李国新．美丽乡村规划设计概论与案例分析 [M]. 北京：中国建材工业出版社，2017.

产业综合分析定位，确定乡村主导产业，围绕主导产业完善产业结构体系。同时应注重把握新政策、新技术和市场动态，结合产业结构精益化、动态化调整，不断完善和调整产业链条，实现村级产业结构的实时优化、升级，适应不断变化的市场需求。乡村产业发展应理性分析自身资源优势，进行准确的市场定位，以市场需求作为导向，发展在区域中具有鲜明的地域性、不可替代性、可持续发展性和竞争力的特色产业。

（4）落实产业用地空间布局

村级产业结构中，第一产业所占比重相对较大且产业门类多样，不同产业门类的生产依附于不同性质、不同条件的土地。在这种情况下，应该结合国土规划，综合协调乡村土地利用规划中确定的土地利用性质展开产业空间布局，将各个产业门类落实到与之相适应的土地中，适当引导加工业和服务业的发展，既可以有效地实现土地资源的合理、充分利用，又能使产业规划的实施得到切实的保障，增强产业规划实施的可操作性。

（5）强化中心村综合服务职能

在村级产业发展中，中心村发挥着不可替代的聚集和辐射作用，是村域各自然村、各产业产品对外对接的直接贸易市场，同时其市场定位也最直接影响所辖自然村产业发展方向。因此，在乡村产业发展规划过程中，必须重视中心村的服务职能，通过乡村物理空间的规划和建设，进一步加强以服务产业为主的公共、公益等设施及相关配套的营建，以充分发挥中心村的综合服务职能。

2. 产业规划原则

（1）以人为本，尊重民意

发展产业要充分尊重农民意愿，编制产业规划过程中要尽可能深入农户实地走访，充分征求农民意见。要通过对相关政策、规划的宣讲引导和鼓励广大农民积极参与乡村建设，发展生态经济。要始终把农民群众的利益放在首位，在产业发展上优先考虑民生，发展成果优先惠及农民。

（2）生态优先，彰显特色

谋划产业发展必须遵循自然规律，处理好保护与发展的关系，要在谋求发展的同时切实保护好农村生态环境，保持乡土田园风貌，同时要结合本地区资源特色，因地制宜发展符合本地区的优势特色产业，通过产业的发展彰显地方特色，突出地域文化风格，留住乡愁。

（3）产村相融，突出重点

要把产业发展和新村建设统筹起来考虑，坚持以集中居住为主要居住方式、规模经营为主要生产方式，新村带产业，产业促新村，形成相互促进的布局，引导农村生产方式和生活方式同步变革。产业选择上要根据地区实际各有侧重，重点打造最具地区优势和特色的产业，形成具有地域特色的品牌产业。

第二节 乡村产业发展模式与空间布局

一、乡村产业发展模式

1. 高效种植型

主要集中在我国农产品种植规模大、品种优、土壤条件较好、农业机械化水平高的农业主产区。其发展特点是农业基础设施相对完善，以发展农作物生产为主，人均耕地资源丰富，农产品商品化率较高。在“生产发展，生活富裕”的目标促进下，农业产业建设通过建立农业专业合作社，促进基层民主建设，可增进了人与社会的和谐，实现一定程度的农民自主管理。

如四川省三台县永新省级新农村示范片中的永征村，曾经是一个偏僻落后、干旱少雨的村子。永征村以米枣为主导产业，其他种植养殖和农家旅游为配套产业，联合四川农大、省农科院建立了米枣科技示范园和加工物流园，依托米枣专业合作社建立农产品营销体系。如今，永征村及其周边 22 个村已经被确定为米枣产业核心区，连片种植面积达到 4 万亩。随着米枣产业的快速发展，农民收入水平快速提升，永征村启动了新村居民聚居点建设，按照“川西民居”的风格定位统一规划建设，建成了环境优美、文明宜居的农村新型社区，永征村也成为产业兴村的丘区样板（图 9.2）。

a. 永征村米枣种植

b. 永征村农村居民点

图 9.2　四川省三台县永征村

图片来源：张天柱，李国新 . 美丽乡村规划设计概论与案例分析 [M]. 北京：中国建材工业出版社，2017.

2. 规模养殖型

根据养殖种类和地域差异，可细分为草原牧场型、生态养殖型和渔业开发型三种模式：

（1）草原牧场型

主要集中在我国北部和西北部的牧区、半牧区县（旗、市）。草原畜牧业是当地经济发展的基础性支柱产业，是村民收入的主要经济来源，乡村产业在此基础上大力发展境内游牧部落旅游景点和农家乐，带动乡村经济的发展。

内蒙古锡林郭勒盟西乌珠穆沁旗浩勒图高勒镇的脑干哈达嘎查是一个传统草原村庄，总面积 44600 亩，可利用草场面积 33800 亩，人均草场面积 180 亩，以育肥肉牛和良种公牛为主要产业。按照规划要求，嘎查以建设社会主义新牧区、建设草原上最美乡村典范为目标，大力发展肉牛养殖及后续产业，配套发展牧区旅游观光，引入运营公司，成立了 2 个合作社，建成 10 处标准化育肥牛棚圈、16 处标准化牛棚。同时，嘎查联合旅游公司成立牧民新居旅游点 2 处。随着收入水平的提高，嘎查集中建设了牧民生活区，完成 36 套牧民住宅建设，

图 9.3 脑干哈达噶查美丽乡村

图片来源：张天柱，李国新 . 美丽乡村规划设计概论与案例分析 [M]. 北京：中国建材工业出版社，2017.

水、电、路、商店、卫生室、户外活动场地等配套设施也实现了全覆盖，已经成为草原上一座幸福的美丽新村（图 9.3）。

（2）水产养殖型

多集中建设在沿海和水网密布地区的传统渔区、水乡地区，水产养殖在农业产业结构中占主导地位。其发展特点是产业纵向发展主要以渔业发展为主，通过发展渔业拓宽横向产业结构调整，加强周边附属加工产业和水产养殖产业的建设，一定程度上促进村民就业，增加渔民收入，农村经济得到提升。

湖北省宜都市是我国鲟鱼养殖的核心区域，渔洋溪村是该市红花套镇九个鲟鱼养殖专业村之一。近年来，宜都市结合新型城镇化建设，将鲟鱼养殖龙头企业自主发明的“生态循环水工业化养鲟”模式推广至渔洋溪村，与当地农户合作，把江河库湖传统养殖模式“搬”进农民家庭立体厂房，农户利用统一规划建设的住宅地下空间发展鲟鱼养殖（图 9.4），收获季节由龙头企业回购，推动“一产”的发展；龙头企业将鲟鱼进行分割销售及深加工促进“二产”发展；农户因地制宜开发鲟鱼养殖观光与农家乐、渔家乐，繁荣了“三产”，实现了足不出户创业致富，收入显著提高，为破解“三农”难题创出了一条新路。这种模式因此被称为“天峡模式”，渔洋溪村也因此成为湖北省新农村建设示范村。

（3）渔业开发型

渔业开发型主要集中在沿海和水网地区的传统渔区，以渔业作为当地经济的支柱产业，通过发展渔业促进就业、增加渔民收入、繁荣农村经济，渔业在

图 9.4 渔洋溪农户住宅养殖鲟鱼模式图

图片来源：张天柱，李国新 . 美丽乡村规划设计概论与案例分析 [M]. 北京：中国建材工业出版社，2017.

农业产业中占据主导地位。

广东省广州市南沙区横沥镇冯马三村是一个具有 300 多年历史的古村（图 9.5）。南沙区地处珠江入海口虎门水道西岸，海域咸淡水交汇，渔业资源种类繁多，是我国主要经济渔场之一——珠江口渔场的重要组成部分。冯马三村作为南沙区渔业产业模式的典型代表，有 985 亩的集体鱼塘可发展高附加值水产养殖。该村在完善村容环境、提升渔业产业的基础上，注重文化融合，挖掘文化特色，彰显文化元素，实施文化惠民工程（图 9.5）。冯马三村的文化摄影基地、冯马大戏台、沙田水乡特色连心桥、文化小公园等一批文化项目均已投入正常使用，吸引了众多游客。在冯马三村产业提升的带动下，南沙区水产养殖面积和水产品总产量、渔业产业总产值、海洋总产值占本地区 GDP 的比例等得到很大提升。渔业发展模式成为以冯马三村为代表的南沙区的主要农业生产模式。

3. 科技工业型

主要集中在交通便利的大城市郊区，这些地区交通便利，水、电、通信、信息、金融等各类基础设施比较完备，劳动资源相对丰富，土地成本低，适合发展高科技产业。

图 9.5　冯马三村建设

图片来源：张天柱，李国新．美丽乡村规划设计概论与案例分析 [M]. 北京：中国建材工业出版社，2017.

湖北省嘉鱼县官桥镇官桥八组是一个紧依长江的小村庄（图 9.6），毗邻京汉铁路和京珠高速，距离武汉仅一小时车程，能充分享受到大都市的科技辐射影响。从 20 世纪 80 年代起，官桥八组为了摘掉贫困的帽子开始探索创办集体企业，1993 年组建成立田野集团，拥有长江合金厂、嘉裕钎具公司、中石特管公司、武汉东湖学院等一批高科技企业和经济实体，同时还联合中国博士后基金会共同组建了“中国博士后田野高科技工业园”，并与清华大学等著名学府及科研单位建立了全面合作关

图 9.6　官桥八组乡村风貌

图片来源：张天柱，李国新．美丽乡村规划设计概论与案例分析 [M]. 北京：中国建材工业出版社，2017.

系，高新技术产业利润占到总利润的80%以上。

4. 文化旅游型

（1）文化传承型

主要集中在人文景观资源丰富的地区，这些地区拥有丰富的古村落、古建筑、古民居等物质文化遗产，以及传承较好的民俗文化和非物质文化遗产，乡村文化气息浓厚，文化展示和传承的潜力大。

平乐村位于河南省洛阳市孟津县平乐镇，该村自古就有种牡丹、爱牡丹、画牡丹的风尚，并形成了以农民画家为主体的牡丹画创作队伍，是全国唯一的牡丹画生产基地，被誉为“农民牡丹画创作第一村”（图9.7）。随着洛阳牡丹文化影响力的不断提升，平乐村结合自身优势，把牡丹画创作作为主导产业，规划建设占地600亩的牡丹画创意园区，打造集培训、绘画、装裱、销售、接待、外联于一体的牡丹画产业链，牡丹画远销美国、日本和东南亚国家。与此同时，平乐村还将牡丹绘画、平乐水席、民间艺人篆刻等传统文化糅合于乡村旅游中，游客可赏花，可观画，可品平乐水席，可购篆刻印章，既传承了传统文化，又促进了乡村经济发展，探索出一条以文化产业振兴乡村经济的新路。

（2）休闲旅游型

主要集中在适宜发展乡村休闲旅游的地区，这些地区的特点是旅游资源丰富，生态环境优越，住宿、餐饮、休闲娱乐设施完备，交通便捷，距离城市较近，适合休闲度假，发展乡村旅游潜力大。

高洞村是四川省武胜县白坪乡的一个小村落，位于武胜现代农业园区核心区。高洞村地理位置优越，交通便利，全村以种植甜橙为主要产业。高洞村按

a. 平乐牡丹画创意园区

b. 平乐牡丹画

图9.7　平乐村及平乐牡丹

图片来源：http://www.zgmlxc.com.cn/info/225.jspx.

照农旅结合的思路，在大力发展甜橙种植的基础上，重点打造甜橙文化景区，建成占地1000亩的甜橙果园、柑橘博览园、甜橙体验园、甜橙文化广场、橙意特色商业街、下坝记忆建筑时代秀等旅游新景点，配套发展了"橘子红了"乡村酒店、甜橙山庄、农夫集市、自行车驿站、观光车道等旅游配套设施。

（3）红色旅游型

主要集中在革命老区，与著名革命人物生平、著名战役有关的地区，这些地区的特点是红色旅游资源丰富，并且保存较为完好，适合开发红色旅游和爱国主义教育。

乘马岗镇位于湖北省麻城市西北部、鄂豫皖三省交界处，是全国著名的革命老区、黄麻起义策源地以及红四军、红二十五军、红二十八军的诞生地。新中国成立后，乘马岗镇被授衔的将军达33人，是"全国将军第一乡"。乘马岗镇现有乘马会馆、邱家畈八七会议纪念碑、各处战斗遗址、将军故居、烈士墓、将军墓等红色遗迹近100处，是全国推荐的二十条红色旅游精品线路之一，红色旅游资源非常丰富。乘马岗镇借势发力，顺势而上，在保护、修缮遗址遗迹的同时，积极打通将军故居道路、打造精品景点、设立标牌标志，大力开发红色旅游资源。

二、乡村产业空间布局

1.影响产业空间布局的因素

产业空间布局要充分考虑场地条件、生态条件、产业基础、市场需求以及乡村的发展意愿。如平地适合发展大规模粮油、蔬菜、花卉种植产业，以及工业生产、高科技产业和商贸服务产业，有利于集中集约利用土地，有利于规模化、机械化生产，也有利于营造大规模景观；坡地、山地更适合发展经济林果种植、生态林种植、林下经济（包括立体种养等）产业以及山地旅游、养生休闲产业等。对于养殖产业来说，出于对生态承载能力和环境影响的考量，大多数地区也把畜禽养殖产业项目布局在山间、坡地、沟谷地带。此外，乡村产业基础、周边市场需求以及地方发展意愿也在一定程度上影响着乡村产业的布局和项目选址。

2.产业空间布局模式解析

以湖北省某美丽乡村产业规划为例，进一步详细阐述如何进行产业空间布局。

（1）项目区基本情况

项目区位于湖北省黄冈市，处于“黄州东坡赤壁至团风杜皮”这条人文、红色旅游线的中端，京九铁路和大广高速公路于村旁交汇，是中共“一大”代表陈潭秋烈士的故乡，建有占地百亩的陈潭秋故居公园，每年前来接受革命传统和爱国主义教育者达 20 万人次以上。项目区交通便捷，红色旅游开发潜力大。

（2）项目区产业现状及问题

项目区现状产业主要有种植业、养殖业、红色旅游类。其中种植业以优质水稻和油菜种植为主，另有少量水生蔬菜、经济林果种植，存在产品质量不高，品种老化，缺乏特色，以散户种植为主，缺乏专业化服务，组织程度不高等问题。养殖业以普通淡水鱼（鲢鱼、青鱼等）养殖和家禽（鸡、鸭、鹅）养殖为主，存在缺少特色品种、无生态养殖模式、与其他产业融合程度较低、经济效益不高等问题。

红色旅游主要依靠陈潭秋故居公园，开展爱国主义教育，基础虽好，但缺乏对资源的深度挖掘，旅游项目单一。

（3）产业模式选择

项目区美丽乡村主导产业选择从现状基础出发，紧抓发展机遇，构建新型的产业分级和产业模式。

项目区生态环境良好，拥有山水景观、文化遗产等自然人文资源，以及林果、粮油、水产、蔬菜等现状产业基础。交通区位优越，京九客运专线阜阳至九江段、武汉至杭州快速铁路、大别山至井冈山红色快速通道、货运机场建设等项目给项目区交通设施提升带来极大利好条件。同时，随着国家休闲农业与乡村旅游有关鼓励政策的出台，结合“黄州东坡赤壁至团风杜皮”红色旅游线的市场需求，项目区从现状基础出发，紧抓发展机遇，构建起新型的产业分级和产业模式。其中主导产业为红色特质的休闲农业与乡村旅游；特色产业为林果采摘；基础产业为绿色粮食、特色水产、有机蔬菜。

（4）产业发展模式

突出产业基础、红色文化、生态环境、乡土村落四项资源禀赋，通过旅游经济带动及特色品牌打造，构造红色爱国教育、农业休闲体验、观光度假提升、多彩主题村落“四位一体”的乡村空间，形成“农旅双链”产业模式。

（5）产业空间布局设计

依据现状村域地形地貌及现状产业布局特点，规划形成“三梯三态”的产业布局模式。

第一阶梯为水塘，处在最低点，主要产业类型为水产和水生蔬菜，发展水产养殖和水生蔬菜种植的立体种养模式，产业种类选择重点发展水生植物莲、水葱，水产为鱼、虾、蟹等。

第二阶梯为丘谷，处在中间阶梯，主要产业类型为水稻、蔬菜、水产，模式选择为稻菜轮作、稻虾共养，产业种类选择重点发展休闲观光项目及功能稻、叶菜、果菜、小龙虾等。

第三阶梯为坡顶，处在地域最高层，主要产业类型为林果，模式选择为果园采摘为主，产业种类选择重点发展葡萄、蓝莓、桃子等适宜采摘的林果种植。

该村依托红色资源，策划了红军生活体验园、革命根据地商店、爱国主义教育基地、红色婚礼定制基地、开垦体验园、红色园林六大红色文化旅游项目，沿水岸打造一条红色文化教育及休闲体验带，有效促进了乡村红色旅游发展。

（6）产业空间结构

整体产业空间结构为“一带串三区”。

融合当地红色文化，以沿水岸红色飘带为统领，产业上环湖集中打造红色文化教育及休闲体验带；形成一条飘带串联各滨水项目，以体验带统领优质林果、绿色粮食、水生种养三个产业主题片区的发展。

第三节　乡村旅游开发与景观规划设计

合理开发乡村景观资源对促进乡村产业结构的调整，带动乡村经济的发展，增加乡村居民的收入，促进乡村剩余劳动力的转移，维护乡村社会的稳定具有重要的意义。尽管乡村景观旅游开发为解决“三农”问题提供了一种有效的途径，但并不是所有的乡村都能发展乡村旅游，只有那些具有旅游开发价值的乡村景观才具备发展乡村旅游的潜力。

一、乡村景观的旅游价值

乡村景观是一个完整的景观空间体系，包含了生活、生产和生态三个层面，即乡村聚落景观空间、生产性景观空间和自然生态环境空间，它们既相互区别，表现出不同的旅游价值，又相互联系、相互渗透，在现实中通过联合体现综合的旅游价值。

1. 乡村聚落景观的旅游价值

乡村聚落景观的旅游价值主要是针对那些具有浓郁乡土气息的传统村镇聚落而言，表现在以下三个方面：

（1）聚落形态。传统村镇聚落大多根据风水进行选址布局，如徽州黟县宏村的“牛形”聚落形态，永嘉苍坡村“七星八斗”“文房四宝”的立意构思，无不反映出人们杰出的规划思想，以及他们创造出的富有想象力的乡土环境的独特意境，充分体现了古代耕读文化的形态特征，吸引了大量游客前来观赏体验。

（2）民居建筑。由于自然条件和社会因素的差异，中国的民居建筑呈现不同的形式和风格，如徽州民居、浙江民居、北方四合院、闽南土楼、西南吊脚楼和傣家竹楼等。除了形式和风格的差异，凝结于建筑中的文化，如建筑理念、艺术装饰、文学作品等，都是聚落建筑旅游的主要凭借。

（3）民俗文化。中国是一个多民族的国家，民俗文化丰富多彩。作为一种活动的文化形态，民俗文化包括语言、服饰、礼仪礼节、节庆活动、民俗活动等，对游客具有极大的吸引力。例如，江西的流坑村就是以民俗风情作为旅游开发的一个切入点，其中一幅古村落老妇人打铜钱的摄影作品在海外发表，吸引来了大批日本游客。正是这些形态、风格、文化差异较大的乡村聚落，提供了丰富多彩的乡村旅游资源，成为乡村旅游产品中的亮点和看点。

2. 乡村生产性景观的旅游价值

生产性景观是乡村景观的主体，农业景观是其主要形式。从旅游开发的角度看，农业景观的旅游价值表现在以下三个方面：

（1）参与性强。农事活动是一种比较自由松散、悠闲的自然型生产劳动，适合都市人群放松。游客通过参与诸如耕锄、种植、采撷、捕捞等农事活动，能够获得轻松、愉悦的劳动体验。

（2）观赏性强。乡村生产性景观是生产劳动成果的形态表现，如梯田、莲池、果园、花卉园以及牧草地等都是人地长期相互作用的成果，具有景观季相变化明显、观赏性强的特点。观光农业、观光果园、观光花草园等都是以生产性景观资源开发的乡村旅游类型。

（3）农耕文化。乡村生产性景观虽然是一种经济活动，但其中却蕴含着丰富的文化内涵，如南方的水稻梯田，反映了当地精耕细作的耕作文化，以及对丘陵山地土地资源充分利用的经营思想。云南的红河和元阳地区、广西的龙胜地区都成功地开发了“梯田文化旅游”。

3. 乡村生态环境的旅游价值

按照中国传统文化所特有的风水观和价值观，中国传统村镇聚落的选址大多依山傍水，追求一种理想的生存与发展环境。背山面水、坐北朝南是传统聚落和建筑选址的基本原则和基本格局，这样形成的聚落环境，本身就是一个典型的具有生态学意义的例子，加之与自然环境巧妙地结合为一个有机整体，更赋予了乡村良好的生态环境和田园风光，而这种恬静、优美的环境正是都市人群所缺少和渴望的，符合他们的心理需求。乡村生态环境通过与乡村聚落游、现代农业游相结合，成为更丰富多彩的旅游产品。

二、乡村旅游开发策略

美丽乡村建设与乡村旅游发展相辅相成。美丽乡村建设为乡村旅游发展提供了良好的环境与硬件设施，可以进一步提升乡村旅游的发展水平；乡村旅游为美丽乡村建设提供了村庄活力与资金来源，可以进一步推动美丽乡村建设。因此美丽乡村建设与乡村旅游需要同步推进。

1. 规划先行，村庄建设与景区建设统一规划

坚持规划先行，将村庄建设与景区建设的需求统一考虑，完成村庄布局规划和旅游规划。要依据村庄自身区位条件，积极挖掘和突出生态特色，把村庄当作景区来规划，把村组当作景点来设计，并与相关规划相协调，使规划既能“看得远”，又能“行得通”。

2. 产业融合，旅游激活产业发展动力

将旅游产业与林业、渔业、种植业等以及文化、生态相融合，在现有产业的基础上发展特色乡村旅游。根据产业比重和主导性的差异，可以把村落分为“旅游主导型乡村”和“旅游参与型乡村”，使旅游产业和当地特色产业有机结

合，带动整体产业发展。

3. 景村合一，提升景观风貌与服务设施建设

以乡村环境整治为基础，把古建筑保护、传统文化保护和旅游开发相结合，保护村落景观风貌，提升旅游吸引力；从旅游接待层次上激活乡村环境和完善服务设施建设，包括基础设施提升、环境改造提升、绿化质量提升等。

三、乡村聚落旅游开发与景观规划设计案例

1. 概况

宏村地处安徽省黟县东北部，始建于南宋绍熙年间（1131 年）。它背倚黄山余脉，恰似山水长卷，融自然景观和人文景观为一体，被誉为“中国画里的乡村”（图 9.8）。宏村独特的聚落景观具有极高的旅游开发价值。20 世纪 80 年代中期宏村开始发展旅游业，进入 20 世纪 90 年代，宏村入境游客人数每年以 40.5%的速度增长。2000 年 11 月 30 日，宏村被联合国教科文组织列入世界文化遗产名录。

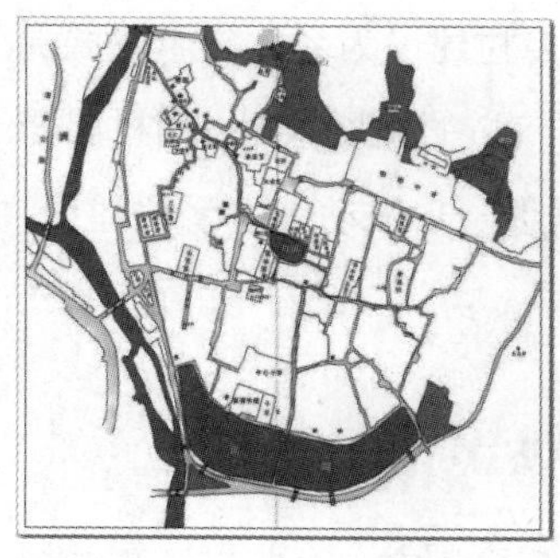

图 9.8　宏村平面及建筑

2. 乡村聚落旅游开发的景观资源凭借

黟县宏村旅游开发的主要景观资源凭借有三个方面的因素：

（1）独特的聚落形态。古代村落在遵循风水选址的基础上，着意使聚落轮廓按照某种图案构筑，以表达特定的心理趋向或空间意象，于整体形象中寄托强烈的心理追求和特定的精神象征。宏村正是这种象形聚落的典范。“山为牛头树为角，屋为牛身桥为腿，圳为牛肠塘为胃”形象地描绘了宏村独特的聚落

形态特征——牛形村落，整个聚落宛如一头牛静卧在青山绿水之中。在这独特的聚落形态中，水系发挥着重要的作用，不仅为居民生产、生活用水提供了方便，解决了消防用水，而且美化了环境，创造了一种“浣汲未妨溪路边，家家门前有清泉”的良好生态环境。

（2）精美的民居建筑。宏村民居是徽派建筑的典型代表，至今保存完好的明清建筑有 140 多幢。其中有精雕细镂、飞金重彩、被誉为“民间故宫”的承志堂、敬修堂，气度恢弘、古朴宽敞的东贤堂、三立堂，水园民居德义堂、树人堂、居善堂、碧园等。徽派建筑风格特色浓郁，粉墙黛瓦、鳞次栉比，外简内秀，砖、木和石三雕艺术精湛。徽派建筑布局之工、结构之巧、装饰之美、营造之精令人叹为观止，具有很高的研究和观赏价值。

（3）丰富的空间意境。宏村的建筑、街巷、溪流、月沼和南湖布局相宜，聚落空间变化有致，与周边的自然山水融为一体，营造了丰富的空间意境。宏村的“南湖春晓”“西溪雪霭”等十二景至今仍熠熠生辉，给人以“山深人不觉，全村同在画中居”的美好意象。

3. 乡村聚落景观规划设计

尽管宏村具有独特的景观旅游资源，但是也存在房屋质量老化、居住环境恶化、基础设施陈旧等问题，不利于旅游开发。乡村聚落旅游作为旅游项目，其旅游产品在很大程度上是经过了大量加工的，因此，需要对乡村聚落进行景观规划设计，以提升旅游形象，满足旅游开发的需要。

（1）建筑整治

建筑整治是传统聚落寻求发展必须面对的问题，应分类实施整治。按建筑的历史年代、形制、保存环境形态的完整性，分析其科学、文化、艺术价值，确定分类标准。根据《黟县古民居保护管理办法》将其分为保护建筑（传统建筑）和整治建筑（非传统建筑）两大类。保护建筑分为三级：一级是完全保护型，严格保护，加强维修，并严格控制和整治周围环境；二级是复原型和活用型，复原型要求内外恢复原貌，而活用型则要求内外基本保持原貌，两者都要求定期维修；三级是再生型，重点保护外观，内部可适当调整、更新，以满足现代生活的需要。整治建筑也分为三级：一级是指稍加改建、整治外观即可与周围环境协调的非传统建筑；二级是指与周围环境很不协调，而且平面及立面需进行改造调整的建筑；三级是指与周围环境格格不入的非传统建筑，应进行全部或局部拆除。

（2）空间整治

①西溪河两岸的整治

根据空间结构分析，西溪河沿河街道的四座桥地段与河有多种组合关系，分别对应不同的用途。对于这种关系的整治要充分考虑到与街河两岸建筑物的功能协调，并利用水埠、栏杆、沿廊等水乡独特的构件保持优美的视线走廊空间。

②识别性节点的整治

街河的交叉、村口、村落的转折处、大门停车场和售票口等形成识别性节点。对于这种空间节点要更多考虑空间的尺度和质感，把握好古村落风貌和街巷的宜人尺度，保持沿街建筑高度与路面宽度的良好比率关系，对户外广告、门面、招牌的材料、色彩、形式和尺度等要制定相应的规范。

③村落游览线路的空间整治

该地的水管、燃气管道和空中电力线、电话线等，有碍观瞻和欣赏古民居群，应加以改造，充分利用清渠绕户、青石路面的有利条件，采取地下铺设管网的方法，保护游览的视觉审美空间。

④村落空间环境的绿化整治

古村落受“五行”等思想观念的影响，一般较少植树，自然色调以青、黄为主。绿化整治主要是运用中国园林的水际绿化方法，即以疏朗取胜，营造水乡诗意景观，以柳和碧桃间植来代替香樟，用槐、女贞来代替梧桐，同时栽植松柏、古槐等，以体现古村落的悠久历史和千年遗存的理念。

（3）环境整治

水是宏村的生命线。目前宏村整体水环境保护较好，外围没有污染性工业设施的存在，但村内居民的生活污水大多直接通过户前的水渠直接排放到南湖，旅游者的旅游垃圾也是不容忽视的污染源。宏村应该注意旅游容量问题的研究，避免在宏村周围建设旅游宾馆、饭店、娱乐设施。宏村离黟县县城很近，旅游者可在县城解决“食、住、娱、购、行”等问题，这有利于减少旅游垃圾污染源的数量，也有利于古村落整体氛围的营造，淡化古村落商业气息，有效控制古村落旅游流量的扩散和疏导，有利于减少游客对旅游区的负面影响。

（4）视觉基本要素设计

旅游区视觉形象系统的直接要素构成包括区徽、标准色、标准字体、服装以及员工的视觉性规范行为，固定景点的视觉识别和活动型因素的视觉识别等，以形成强烈的内外感知气氛；并通过明确而又符合社会心理要求的形象，运用一定的传播程序，把旅游产品推向社会，形成轰动效应和持续效应。古村落整体旅游形象视觉设计应突出古村落的文化内涵，对宏村历史演变中遗存的“牛形”古村落布局、明清古建筑、传统街区、街道、古村落文脉以及代表性的人文和自然环境等，予以重点保护和整体保护，特别强调保护代表古村落的记忆和印象、值得纪念和保护的物质和非物质形态，维持古村落历史环境的延续性和历史性。

四、现代农业旅游与景观规划设计案例

现代农业旅游形式多样，包括以现代农村为原型的旅游开发，比如宁波奉化滕头村；以农业景观为原型的农业主题公园，如广东三水的莲花世界；以生态果园为原型的生态农业旅游，如江西南丰的里陈农场；以花卉盆景培育基地为原型的园艺旅游项目，如江西大余的金边瑞香园。其中，浙江宁波奉化滕头村具有比较特殊的意义，它不是以某一种原型作为旅游开发，而是以多种原型的农业综合旅游开发为特点。

1.概况

滕头村位于浙江省奉化市城北 6km 处，地处剡江流域的水网平原，距宁波市区 27km。原来的滕头村是一个远近闻名的贫困村，耕地中大多是坟墩沙丘。早在 1979 年，滕头村就开始编制村镇规划，并按照“功能分区，分步实施”的原则，先后建起了工业区、文教商业区和村民住宅区，为以后村庄的发展打下了良好基础。20 世纪 90 年代中期，随着村庄规模的扩大和经济社会事业的发展，村里及时委托宁波村镇规划建筑设计院编制了村庄发展规划。

2.生态和农业观光旅游开发

滕头村几十年的发展过程，也是一个保护环境、美化家园的过程。从 20 世纪 60 年代初期开始的历时 15 年的改土造田，初步奠定了滕头村生态农业发展的基础。1993 年，滕头村被联合国环境署授予“全球生态 500 佳”称号，除此以外，滕头村还先后获得了“首批全国文明村”“全国村镇建设文明村”“全国环境教育基地”等 20 多项国家级荣誉，滕头村的知名度越来越

高，前来参观学习的人络绎不绝。与此同时，在持续的村庄建设中，村领导利用当地资源、生态环境等优势，结合国内旅游业的发展，提出了“以商活村、以旅游促村”的发展之路，投入2000多万元，打造了“蓝天、碧水、绿色”三大工程，先后建成了江南风景园、百鸟园、农家乐、农民公园、盆景园等20多处生态景致，推出了生态和农业观光旅游。2001年1月，滕头村被评为“国家AAAA级旅游区”。滕头村的生态环境建设由此走上了以“游”养生态、以生态促“游”的可持续发展之路。

3. 旅游景观规划设计

（1）村口景观

村口有一株苍劲的连理古银杏，这并非是滕头村的历史见证，只是村里投资350万元，新栽植的400余棵大树和古树中的一棵，不过现在已经成为滕头村的入口标志。村口绿地占地约3200m^2，呈三角形，其南是环村的清河。六角形的攒尖小亭临水而建，在亭和古银杏树周围散落布置了一些四季花卉和假石（图9.9a）。

（2）柑橘观赏林

主要道路橘洲路东侧与环村河之间的柑橘观赏林是全国目前最大的柑橘观赏林，共有127个品种3400余株，分布在村庄的四周（图9.9b）。橘树下面是用于灌溉的暗管，与周边的明沟一起形成了明沟排、暗沟灌、交错成网的格局。

（3）果树花园

果树园位于整个村子的北面，一条东西向的葡萄架贯穿其中，南面是沿环村河的柑橘观赏林，北面是黄花梨基地。每到春花烂漫时，遍野的梨花竞相开放，景象壮观，形成了一幅乡村特有的田园景色。

（4）花卉盆景园

村里现有15000多亩苗圃基地，3000多种花卉品种，三个大小不等的盆景园，园中展示了造型各异、千姿百态的各类名贵盆景10000盆，成为全国最大的盆景基地。

（5）生态农业示范区

“滕头村高科技生态观光旅游农业示范园”包括高科技蔬瓜种子种苗基地、植物组织培养中心、花卉大棚等（图9.9c）。为了完善农业示范园区区域功能，

a. 入口景观

b. 柑桔园

c. 生态农业园

d. 农家乐园

图 9.9　滕头村景观

图片来源：go.ly.com/youji/2139695.html.

搭建了竹廊进行隔离，并在两旁种上北瓜、南瓜、葫芦和佛手瓜等十余种蔬菜瓜果品种，供游客观赏。

（6）农家乐园

该景观园林是滕头村生态旅游的一个重要组成部分，也是滕头村的一个主要景点，占地约 $3hm^2$，由耕作园、江南风情园和动物竞技场组成。耕作园分为室内和室外两部分，室内向人们展示了农耕文明以来，农业生产和田园生活中的主要农具和生活用具；室外由几小块耕地组成，是为都市人提供播种、插秧、收割等农事活动体验的场所。江南风情园利用园林中的水池向人们展示了祖先在水利上的成就，人们既可以观赏，也可以亲自尝试，参与性强（图 9.9d）。动物竞技场是一个圆形的场地，主要向游人们提供趣味性的活动。

在旅游项目策划上，先后开发了脚踏水车、手摇水车和牛拉水车等江南劳作工具系列，先后购入 200 多只野鸭及灰天鹅、小松鼠等，推出了笨猪赛跑、温羊角力、野鸭放飞以及松鼠撒果等动物表演，增添成群白鸽广场飞舞追逐的热闹场面，使广大游客能够与自然和谐共处。

（7）滕头公园

滕头公园是滕头村集中的公共性景观园林，占地超 $3hm^2$，一大一小两个圆形水面几乎占了整个公园面积的一半。公园内新建了九曲桥，湖中饲养了青鱼、红鲤鱼等，营造了“景衬人、人融景”的江南水乡风光。公园内主体建筑是一个六角形的亭子和一条沿河的竹制长廊，池边种植高大的柳树，游步道边配以龙柏、桂花、美人蕉及含笑等花木。

〔思考题〕

1. 乡村产业规划如何在空间环境层面落实和实施？

2. 如何理解乡村旅游开发的适度性原则？在环境设计方面如何进行适度设计？

10 乡村营建中的公众参与

◆ 第一节　当代乡村建设与公众参与
一、乡村建设主体的转变
二、乡村规划模式的转变
三、公众参与的基本方法
四、公众参与的多方力量及其作用
◆ 第二节　公众参与乡村营建的基本模式
一、政府主导型
二、社会推动型
三、内生发展型
◆ 第三节　公众参与下的乡村营建案例
一、内生力量发展的典型——袁家村自组织营建
二、民间非营利环保组织——“北京绿十字”的乡建实践
三、“无止桥”慈善基金项目——青灵村实践
四、专家团队推动下的社区参与——元阳阿者科村社区营造

第十章　乡村营建中的公众参与

第一节　当代乡村建设与公众参与

一、乡村建设主体的转变

在中国乡村建设的历史上，建设主体是多种多样的。根据建设主体的性质，可以分为正规主体和非正规主体两种类型。其中，正规主体是指象征国家权力的地方政府及相关机构，在乡村建设中一般就是县、镇政府和村委组织；非正规主体则是指不在国家权力或制度框架内的参与主体，主要包括村民、乡村的宗族、非体制内的精英及第三方等（图 10.1）。

在传统乡村建设时期（1912 年以前），乡村自治占有主导性地位。在乡村自治范式下的乡村建设，其建设主体主要以“地方精英”为主，包括了宗族领袖和科举制度下的读书人。传统乡村建设中，宗族主导下的乡村建设一般而言会形成以家族为中心，聚族而居的自然村落形态。到了近代乡村建设时期（1912 ~ 1949 年），乡村建设主体更加多样，既包括了传统地方的精英，还包括了政府、军阀，还有民间组织、国外组织。这些新兴的主体，无论是国家力量的代表，还是外来的非正规主体，都在乡村建设中注入了大量的现代化的要素，但总体而言，仍然是依托“乡村精英”来进行乡村建设。

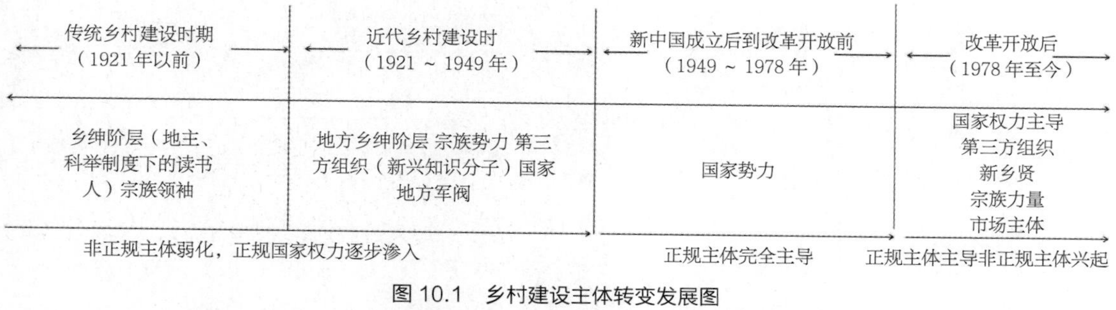

传统乡村建设时期（1921 年以前）	近代乡村建设时（1921 ~ 1949 年）	新中国成立后到改革开放前（1949 ~ 1978 年）	改革开放后（1978 年至今）
乡绅阶层（地主、科举制度下的读书人）宗族领袖	地方乡绅阶层 宗族势力 第三方组织（新兴知识分子）国家地方军阀	国家势力	国家权力主导 第三方组织 新乡贤 宗族力量 市场主体
非正规主体弱化，正规国家权力逐步渗入		正规主体完全主导	正规主体主导非正规主体兴起

图 10.1　乡村建设主体转变发展图

图片来源：朱新山著 . 乡村社会结构变动与组织重构 [M]. 上海：上海大学出版社，2004.

中华人民共和国成立后到改革开放前（1949 ~ 1978 年），国家权力开始全面介入乡村中。传统的乡村自治中起到非常重要的非正规主体——宗族力量、乡绅阶层以及第三方组织等都日渐式微。改革开放后，伴随“家庭联产承包制”的推进，原先占据绝对主导的国家权力在乡村的控制逐渐减弱，而一些非正规主体逐步发展，但是由于原有的乡村自治传统的破坏和乡村地区人才的大量流失，地方非正规主体力量仍然较为薄弱，在大部分乡村地区，正规的国家权力依旧是乡村建设中的主要力量。

近年来，随着对乡村建设的关注度持续提升，乡村建设非正规主体得到了快速的发展，新的地方精英——乡贤、宗族力量也发挥出更大的作用；在“乡愁”呼声下的乡村村民，特别是第一代进城务工并有所成就的村民，长期远离家乡后，决定返乡为家乡建设献出一份力量。越来越多的民间自组织团体开始意识到保护村落文化遗产的迫切性，参与到相关保护工作中来；城市的知识精英、市场主体也开始快速介入乡村建设中，成为乡村建设不可忽视的主体。

二、乡村规划模式的转变

1. 传统的“自上而下”规划模式

由于乡村规划在我国城乡规划体系中取得法定地位的时间并不长，很多技术手段都借鉴或直接移植自城市规划，导致乡村规划普遍未能脱离“从城市视角看乡村”。传统乡村规划是线性“自上而下”的规划，决策者（一般而言是地方政府）确定规划要达到的预期目标，规划师根据规划目标进行现场调研，针对问题制定相应规划对策，最后由决策者决策后，进行规划公示、实施程序。

在“自上而下”模式的主导下，政府的“简政放权”意识不够，乡村规划依旧以城市规划的摹本作为建设依据，导致“千村一面”的快餐式规划建设。在公众参与方面，地方政府发布行政指令进行决策，规划师依据技术标准和规划方法进行方案编制，农民被动地被告知、被要求进行建设；各主体之间缺乏沟通和相互理解，政府、企业和规划师拥有绝对的话语权，村民缺乏相应的参与组织和参与意识，在规划过程中失去了作为参与规划主体的能动性。

2. “自下而上”式的公众参与

公众参与最早起源于西方的政治参与，自 20 世纪 60 年代中期开始作为一种规划实践的重要手段在英、美等西方国家的城市更新和社区发展领域得到了普遍重视和应用。公众参与强调的是“倡导性规划”，以社会大众的判断来决定规划方案的选择，公众参与的层次在不同地区的社会经济背景下各有不同，按照民众享有的决策权力分为无参与、象征性参与和有实权的参与等。

在我国，随着“自上而下”模式弊端的显现，在 2008 年颁布的《城乡规划法》中，明确了乡、村庄与镇区的规划概念与规范的同时，也把公众参与列入了规划的法定过程中，规划中的公众参与成为制度化的协调利益手段。

三、公众参与的基本方法

公众参与规划的基本方法包括：问卷调查、开放式研讨会、关键人物访谈、巡回展示、规划模型展示、方案公示、村民座谈会讨论、填写意见簿、规划人员个人访谈、规划展览系统、规划方案网上咨询、规划委员会、规划听证会、贯穿规划过程的民意调查等。

1. 规划前期阶段

主要内容为规划宣传和问卷调查，通过规划的宣传，让村民了解规划、重视规划，激发村民在规划编制中的参与热情。

2. 规划编制阶段

规划人员根据规划前期的基础资料收集、问卷与访谈分析进行规划。在规划编制中如果遇到较为重大的建设项目，如较大规模的征地拆迁，应该通过村委会召开村民代表大会，向村民代表介绍项目概况，并听取村民代表的建议，最后共同来编制项目的规划方案。

3. 规划公示阶段

根据《中华人民共和国城乡规划法》规定，村庄规划在报送审批前，应当首先通过村民会议或村民代表会议讨论同意。同时规划在报送审批前，还应对公众进行公示，且公示时间不得低于 30 天。

我国公众参与规划的状况一直是停留在对公众参与概念的表象化理解和实践活动中的形式化运用上，与真正意义上的公众参与还有一定的距离。首先，在乡村规划编制和实施过程中，农民仅仅可以参与关切自身利益（如宅基地的相对位置）的部分内容，公共利益方面参与较少；其次，目前乡村规划主要由地方政府主导，乡村规划设计部门主要以政府社会经济发展目标为主，农民仅在乡村规划的调研阶段有一定参与，故参与形式较为被动，决策过程参与较少；最后，农民文化水平整体偏低、参与意识不足以及传统乡村规划的专业性和复杂性同样是阻碍农民参与的重要因素。

四、公众参与的多方力量及其作用

1. 正规主体

（1）政府

政府通过乡村规划、产业投资以及引导等手段参与乡村建设，主要起到领导与管理者的作用，拥有乡村规划的决策权。由于其具有宏观资源优势，从而能够在政策制定、程序监督、资金扶持、基础设施建设、组织建设和区域调控等方面发挥作用：通过相关政策和法规明确建设程序和各方职责，建立监督反馈机构，有效落实建设实践；整合各项资金，充分发挥资金的实际效益；对交通通信、水电网络等民生工程加大建设扶持；在村民自发的合作组织、民间组织中给予制度保障和支持；整合各区域资源，有针对性地进行区域间的资源调配和稀缺资源的保护与利用。

（2）村委会

村民委员会是我国最为广泛的村庄自治组织，是村民自我管理、自我教育、自我服务的基层群众性自治组织，是政府信息政策的传递者，又是村民意愿的代言者。村委会干部熟知政策及村庄内在需求，能够发挥协调组织能力，向村民传达建设理念并对村民内在需求进行整合和反馈，在乡村建设中起到先锋和模范带头作用，积极引导和动员村民参与乡村建设。

（3）规划设计单位

规划设计专业人员具备专业的规划知识和职业技能，负责具体的规划工作，对项目的确立、表达和实施等都有着较强的操作能力，能够将社会需求转化为具体的项目内容。除却专业技能之外，规划设计人员还必须承担起乡村规划过程中各参与主体之间的协调任务，起到村民和政府之间的桥梁作用。通过现场调查了解村民需求，并将其尽可能落实到规划之中，同时亦能及时了解规划实施进程，根据实际情况作相应调整。

2. 非正规主体

（1）村民

村民既是乡村规划的直接使用者，亦是乡村建设的最终受益者。其作为乡村生活的主体，长期生活在乡村之中，对于地方知识、社会资源和村庄内在需求把握最为精准，同时亦对乡村发展发挥持续性作用。在规划编制和实施之中承担着多种作用：既参与初期的建设建议，也是建设过程的投资者和建造者，同时亦对建设项目的参与、调节、监督、反馈发挥作用，是乡村规划和建设的核心主体。

（2）乡村精英

乡村精英发挥示范性作用。由于他们对外部理念和技术有较好的理解和实践能力，能够在较短时期内展现建设成果，从而对村民起到激励和示范作用，同时又由于他们与村民之间存在着密切联系，能够及时向村民传播建设经验，积极带动其他村民协同发展。

（3）专家学者

专家学者在乡村规划中主要对项目的定位、评价和反思调整起作用。专家学者知识结构及理论体系较为完善，对于项目的定位和建设方式能提出可资借鉴的建议和经验；同时其善于从实地调研及项目进行过程中发现乡村规划中存在的问题，并能及时针对问题提出相应的解决方案；项目结束时能够对项目进行整理、比较和评价，总结实践经验，从而有助于将个体乡村的建设案例逐步提升到目前乡村规划过程中较为可能实现的理论模式。

（4）开发商

以经济效益最大化为主要目标，主要关注建设活动的投资回报和经济效益，即降低单位土地面积的“投入产出比”，开发商主要关注投资开发项目的经济效益和投资利润。

（5）村社会组织

按性质分可分为政治管理类、经济互助类、社会服务与文化公益类等组织类型。村社会组织能够将乡村分散的资金和人力资源相对集中，并明确乡村的内在需求，善于利用地方社会资本对人际关系和矛盾冲突进行调解和改善，因而在项目调查、民众组织、地方知识运用和问题反馈中发挥作用，是村民参与的重要组织保障。

（6）无政府（NGO）组织

随着乡村建设实践的不断深入，越来越多的无政府组织（NGO）加入乡村规划建设中来。由于其拥有一定的资本及社会影响力，同时对于政策、资金以及技术等的运用较为熟悉，能够完成项目策划、执行等相关工作，起到独立开展项目或者辅助项目推进的重要作用，同时亦能充当政府和乡村之间的沟通协调桥梁。

第二节　公众参与乡村营建的基本模式

一、政府主导型

1. 模式内涵

政府通过制定政策，编制规划、重点示范推进，以倡导村庄建设政策、理念，统一组织乡村建设机构，以及进行财政资金的支持，制定相应的计划实施机制，推动乡村发展。其中，中央政府制定关于村落旅游发展战略的各项政策，地方政府则根据中央宏观规划推进地方政策落实，以试点的方式自上而下推动村落建设。除中央政府的政策外，其他部门如住房和城乡建设部、国家旅游局等与村落旅游发展有关的各个政府部门，共同参与村落环境建设。这种模式能推动全国乡村建设，是我国乡村建设的主要形式。

2. 参与机制

（1）政策引导

中央政府、各部委相继出台有关政策，地方政府结合本地发展建设现状，出台相应的政策条例等来指导本省（市）村落建设。政府由于政治权力和行动力优势，能推动贫困村和不具有先天资源优势、基础条件有限、缺少企业支持、内生力量不足地区的乡村发展。政府主导的乡村建设涉及村庄人、财、物等各个方面，在道路、电力、水利等村庄基础设施建设方面，政府承担全部或者大部分建设款项，充分调动资源，可在短期内提升乡村环境质量，完善公共服务，提高农民经济水平。

（2）村民参与

在村庄的规划流程中，村民的参与主要体现在前期基础调查与针对方案的村民意见征询两方面。在前期基础调查阶段，规划团队入户访谈，村民结合个人情况以及对村落的历史了解，向规划团队陈述、表达对村子现状的了解以及风貌改变与产业发展的希冀。规划团队成果公示阶段，以召开“村民大会”等形式集合村民讨论村庄规划图纸成果，村民在其中的角色是表达者、建言者、提议者。

二、社会推动型

1.模式内涵

在村落的内生力量发展困难与政府财政紧缺的情况下，由社会外部力量通过给予村落技术、资金等来扶持参与村落建设。一般通过精英引领、企业推动、社会力量援助等方式，基于国家政策导向，结合市场需求，创新乡村发展新途径，转变乡村发展模式，从不同层面自下而上地介入乡村建设，与村民一起助力推动乡村振兴。

社会力量的参与也需要借助当地政府的政策、资金的支持。村民在社会组织的推动下参与乡村规划建设实践，不再是被动接受的一方，而真正成为乡村发展的助推者、实干者。

2.参与机制

（1）社会精英＋村民

社会精英包括专家学者、设计团队等，结合村落的多次实地调研，在与村民实际探讨交流、掌握大量资料的基础上，运用其自身优势，为村庄带来环境改善和品质提升，并激活传统农村社区，带动产业发展。其中，村民是一种驱动力量，村民与设计团队是一种持久抗衡与合作的制约关系，需要设计团队的长期深入交流，取得双方彼此的信任。

（2）企业＋村民

以企业与政府合作或者企业单向援助的方式参与村落开发建设。企业因具有资金优势，能够以外部投资主体的形式、通过先进的经营理念参与乡村建设的投资开发、规划建设、经营管理等各个环节，尤其在旅游型村庄开发、特色小镇建设中。一般通过土地流转整合土地资源、通过规划优化功能布局、通过升级传统产业及拓展相关产业带动农村第三产业发展，实现农村生产、生活空间分离，增加就业岗位，转移农村剩余劳动力，全面提升农民收入和生活水平。企业在参与乡村营建过程中应关注村民利益诉求，转变“掠夺式”

介入乡村建设路径，让利于村民和村集体，保证各方面利益均衡，让乡村建设得到良性循环。

（3）非政府组织 + 村民

各种非政府组织、基金会、社会团体等，作为乡村建设中新兴外来力量，以房屋重建、养老问题等村民迫切诉求为切入点，关注灾后重建、少数民族群体或传统村落发展，着力于乡村经济发展、生态环境保育和文化教育。除了少数社会组织会通过直接提供资金或者技术的“造血式”强干预模式介入乡村建设，大多社会组织一般不直接提供乡村建设资金，更多是采用弱干预形式，通过“架桥”协调资金和各乡村建设参与角色的关系，培育乡村社区共同体，通过集体行动达到“永续经营”目的。

三、内生发展型

1. 模式内涵

内生发展型村落主要的参与者是村委会、村民、村精英等。村民在村委会带领下，以村集体组织或合作社的方式集聚村内部集体社会资本，或者由村民根据自身经营需要自发建设。通过集体的方式对村落的景观环境进行整体更新改造，带动村落相关产业的发展，是一种由内而外、自下而上的自主发展建设模式。

2. 参与机制

内生发展型村庄建设需要村组织带领，集体组织结合村内村民力量通过一定的组织形式，聚拢资金，协调各方，通过完善村落景观风貌，壮大乡村产业发展。集体组织村民参与村落建设讨论，在村民座谈会上提出意见和建议，提高村民参与性，激发村民的参与意愿和参与程度。

由村庄成立的集体组织以村民利益为核心，立足村庄发展和需求，村民收益更多，也更有利于保护村庄的传统文化与乡土特色。由于村民获得了更多的自主性和经济利益，村民的参与动力得到激发，能更好地投身村落景观更新和旅游产业的建设中，使村落发展形成自我造血式的良性循环。

第三节　公众参与下的乡村营建案例

一、内生力量发展的典型——袁家村自组织营建

1. 袁家村概况

袁家村是陕西省著名的乡村旅游地之一，处在西咸半小时经济圈内（图 10.2）。村落选址布局凭借自然，与山水天然相容，表现出与时空的高度和谐及对生活环境艺术质量的重视。房舍布局是传统的正南正北，方正有序；街巷也横平竖直，排列有致。其弦板腔皮影戏被列入国家级非物质文化遗产。

2. 袁家村自组织营建机制

袁家村的自组织力量来源于村委会、驻村工匠、村民、乡村精英及民间组织。通过旅游开发搭建创业平台，吸引外出人口回流，以资金鼓励手艺人留在村里，提高村民参与的积极性。在村落的旅游开发建设中，袁家村村集体没有因为与政府和社会组织的合作参与而丧失村民自身的自主决策权。

袁家村采用行业协会 + 村委会 + 旅游公司 + 县委县政府驻袁家村综合服务办公室的组织管理形式。以村集体为基础建立的关中印象旅游公司是袁家村主要的组织管理单位，主要负责袁家村旅游市场的管理运营状况，负责对袁家村的建设与经营进行引导、协助以及监督管理。通过公司化的运营方式进行利益捆绑，使得村民的参与机制变得规范而条理，整个乡村组织的管理变得有机且实效，推动了村落旅游事业的发展；公司一部分的运营收入同时用于完善村落基础设施建设以及保障财政平衡。

图 10.2　袁家村入口

各行业协会是村民的自组织团体，包括农家乐协会、小吃街协会以及酒吧街协会三个协会，由各行业协会成立专人小组负责相应管理事宜，每天定点定时抽查食品质量、卫生及环境状况，并及时组织村民交流房屋

改造、装修经验等，实现村民的自我组织与管理。

村委会兼顾经济与社会发展，拥有袁家村规划编制及实施的决策权，主导袁家村的整体发展方向和规划建设及管理等所有事务，并负责对其进行监督管理，对村落整体资源、资金、人力等情况拥有实际决策及调度权，是袁家村组织中的最高决策机构。

政府驻村综合服务办公室由县政府相关部门人员组成，利用专业知识对袁家村景区进行帮扶，并整改各项问题。

3. 村民参与下的景观改造

村落的整体风貌和规划由村委会把控，村委会引导村民自行建设农家乐，并在建设过程中起监督作用，村民对自己的房屋有主控权，在符合村落发展现状要求基础之上可自行设计、建造。具有商业性质的房屋建筑也可由经营者自行定位装修，经由村委会确认符合村落整体风格后可自行施工，赋予村民极大的自主权，也赋予村落景观以弹性（图 10.3）。

目前村中老街道经重新修整，分别建成了以传统手工作坊为主打的康庄老街、民俗小吃街、酒吧与美术馆等（图 10.4 ~图 10.6）。把老村改造为民俗体验区结合农家乐的形式，这样的模式不仅有利于展示民俗文化，还让人们感受到不一样的新鲜感，体现了民俗特色产业的活态化。新建的古镇街区将商业店铺与民俗建筑融合，体现了传统与现代文化的交织。离宝宁寺不远建了农业观光园区，对传统农耕产业加以开发利用。

图 10.3　村民参与建设

图 10.4　袁家村小吃街

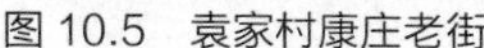

图 10.5　袁家村康庄老街

图 10.6　袁家村小吃街

二、民间非营利环保组织——“北京绿十字”的乡建实践

“北京绿十字”是民间非营利环保组织，创办于 2003 年 12 月。成立初期在北京的学校和社区开展环境教育活动，现主要从事农村建设活动，开展了多种模式的新农村建设。

“北京绿十字”的理念是“把农村建设得更像农村”、“财力有限，民力无限”、“乡村，未来中国人的奢侈品”等。“北京绿十字”以乐观积极的态度看待农村、正视农村的问题，同时肯定农民的优点，用农民能听懂的语言，引导农民参与自己家乡的建设。一方面以先进的理念“先生产，后生活”，帮助农民过上更好的日子，另一方面保持清醒的头脑，自始至终贯彻着“把农村建设得更像农村”的理念，为农民守住了原汁原味的生态乡村。

1.“五山模式”：建设社会主义新农村典型标本

2003 年 8 月，绿十字在湖北省谷城县五山镇堰河村进行了一系列环境改善及生态农业的实践，被称之为“五山模式”（图 10.7）。

（1）“生态五山”时期

2003 ~ 2006 年为项目起步时期，也称为“生态五山”的建设时期。绿十字团队对村庄的自然和人文环境开展前期调研工作，团队成员凭借自身的专业和经验与堰河村的农民、村干部、外出务工人员、村里的生意人等进行交流和对话，对堰河村的河流、山地、土地、茶厂及其他现有资源进行深层次的实地调研。根据堰河村自身的特点，结合绿十字独特的生态理念，制定出了堰河村合作治理项目的具体方案，从改善生产生活环境入手，动员村民进行垃圾分类，在村中建沼气，改水、改厕、改灶等，一系列整治措施改变了传统的不良卫生习惯，进而改善了村容村貌。为了在精神层面为村民建立信仰，建设了“五山茶坛”作为当地茶文化的象征载体，通过开坛、祭坛等活动凝聚村落内在精神力量，促进绿色经济和绿色文化内涵价值的植入。

图 10.7　堰河村自然景观

图片来源：www.xinhuanet.com.

（2）“精品五山”时期

2006 ~ 2009 年为项目发展时期，即“精品五山”的建设时期。绿十字强调使村民形成“先生活，后生产”的理念，强调“以自然为前提”，在服从生态条件约束的基础上兼顾生活与生产。在村书记和其他村干部的配合和帮助下，召集村民开会推广和宣传环保理念，通过村民教育和沟通，将其生态建设的理念灌输和传递给村民。

在垃圾处理方面，由村民配备专门的垃圾桶，每户村民各分三个，分别盛放干、湿和有害垃圾等；同时在每三个农户院落之间垒砌一组三格分类垃圾池，用于盛放农户收集的垃圾；村里雇的保洁员挨家挨户清理垃圾桶内的垃圾，并将小桶内的垃圾运往垃圾处理池。对于收集的湿垃圾，主要采用生物堆肥和引进蚯蚓进行生物分解的方法进行处理，最后处理得到的有机肥料可归田使用；垃圾中的可再生资源，集中卖给镇里的垃圾回收中心；对于难处理的有害物品，如废旧电池、农药瓶、油漆罐之类则由垃圾处理中心集中存储。通过宣传示范带动更多的村民参与其中，同时与堰河小学合作，组织村里的学生小分队对各农户家的垃圾分类情况进行监督，形成多方的良性互动和督促。

堰河村的污水处理项目及中水回用项目采用的是生物一体化污水综合处理技术。经过处理后的活化用水，其水质可以达到三级以上标准。村民家庭、茶庄以及农家乐饭店等地方产生的生活废水，最后都会流经中水回用设施进行处理，可以直接用于村庄道路冲洗、村庄绿化用水、农田灌溉等，有效实现水资源的循环利用。同时，在处理污水的过程中，由于生物化学反应，还可以产生沼气，作为茶庄、农家乐等的燃料。堰河村生活污水处理系统的建立和使用，使得其在水资源回收利用方面走在了五山镇甚至是襄阳市的前列，成为名副其实的生态村。

（3）"复制五山"时期

2000 ~ 2011 年为项目的培训与推广时期，即"复制五山"的乡村建设实践时期。出版了《五山模式》、《农道》和《新农村建设方法与实施》等书籍和培训教材，实现单一亲力亲为方式向实践与培训相结合的转变。

通过产业升级，发展生态茶产业；产业扩张，助力乡村旅游产业；建立制度，成立旅游专业合作社等方式将堰河村的乡村经济盘活，在发展旅游业的同时，合作社还进行当地土特产的加工和推广，建立了 2 所村生态食品厂，用于向游客提供"堰河香"系列产品，包括土鸡肉、土鸡蛋、绿茶、香菇、木耳、杜仲等绿色食品。

2. "北京绿十字"提出的乡村建设与营造原则

在十几年的乡村建设中，绿十字专家尊重民俗，尊重地域特色，与规划设计师、乡镇干部、文化与文物保护工作者组建一支综合专家组，经过对我国村镇农村的调研，制定一套适应农民与农村的《乡村建设与营造原则》，坚持制度为项目服务的乡村动态式的工作方法，用于动态与成长过程中的农村规划营造建设。

（1）乡村营造要求

①以村干部为主体，规划设计专家为指导，政府为协调，建立一支能落地的综合性专业规划设计团队；村庄规模因地制宜，坚持村庄自治自建自生，鼓励建房用坡地山地，节约农耕用地。

②新村建设应尊重原村庄肌理，以农田、山水大格局为前提，合理合情合法地制定新的村庄规划；将新农村建成农民熟悉的家园，使乡村内的构筑物形成具有本地建筑的风格。可尊重传统设计，也可在传统基础上创新。

③老村改造提升。建议村组中无人的自然村，拆迁恢复耕地；有人居住的老村进行改造提升，由村"两委"班子对新建房屋进行控制，防止乱建乱搭。

尽可能恢复传统文化标识，如老房古建、大树与庙塔等。对乡村非物质文化遗产，要作重点保护与收集；古树木、河流、道路、老建筑等设施红线保护标识予以保留，维持公共休息与聊天的空间。

房屋场地标高结合地形设计，尽量不要破坏原有地形，保持村庄原有的风貌；追求室内舒适、干净、现代，保持农民庭院小农经济，节约成本，因地制宜；

可适当保持门前晒场与空间，风格符合本地建筑特性。

（2）基础设施建设

①乡村道路遵循地形，依据地势修建，有高、低、弯道，强调自然，依山就势。减少道路硬化，确保地下微生物通行；路灯应尽量避免使用城市化路灯，其他设施也尽量避免使用城市设施，如垃圾分类桶、大理石与瓷砖、非本地树种等。

②注重给排水设施，采取雨污分流的形式，建立完善的传统生态污水处理系统，供给标准饮用水源。

③消防通道尽量保留，消火栓间距按规范设置，也可恢复乡村传统消防手段，倡导恢复具有防火功能的传统建筑。

④科学合理配置生态型公共厕所，家庭污水净化，保持粪肥回田养地的功能；可保留猪圈，保留农家菜地。建设资源分类中心，注重垃圾干湿分离，控制好厨房湿垃圾，建立完善的资源分类收集系统。

⑤公共设施部分使用混凝土要控制比例，除必要的晒场外，道路与广场、庭院地面尽量使用本地材料，合理利用废料（如三合土地面、废弃混凝土块、砖头等），做到生态、美观、实用。

⑥坚持千年建坝筑塘法则——“深作潭，浅作堰”方法。除防洪需要护堤护坎，尽量保留河湾、堰塘等小型水体。保障农业灌溉，形成水域景观。河、堰应结合地域文化与当地生活习俗建设，在达到质量要求前提下，尽可能减少硬化工程。

⑦景观植物选择。所有树种应种植本地树种，追求四季落叶而非四季常青，其中 30% 左右是有果实的树，给鸟类提供足够的食品。每户人家种植乔灌木 16 种以上，一个村庄乔灌木 260 种以上，禁止种植城市草坪、非本地的花草，形成稳定的树种系统和安全防护。

⑧完善乡村社区服务功能，积极引导小学生（幼儿园）小手拉大手促进村庄环境卫生。根据条件修建家族祠堂、卫生室、便民超市、农贸菜场、交通站点、文化站等新型社会设施建设。

在“五山模式”的基础上，“北京绿十字”完成了一系列成功的乡村建设实践项目案例，如枝江市问安镇“五谷源缘，绿色问安”乡镇建设项目、广水市武胜关镇桃源村“世外桃源计划——乡村文化复兴”项目、河南省信阳市平桥区深化农村改革发展综合试验区郝堂村的“郝堂茶人家”项目等。所参与建设的乡村（镇）大多被评为“绿色幸福示范村镇”和“美丽乡村建设”的典范；部分入选农业部全国“美丽乡村”创建试点；郝堂村入选住建部第一批“美丽宜居村庄”并位列第一名。

三、“无止桥”慈善基金项目——青灵村实践

1.“无止桥”及青灵村项目概况

“无止桥”慈善基金于2007年在香港成立，旨在推动香港和内地大学生合作，通过鼓励香港和内地大学生运用环保理念，义务为国内贫困和偏远的农村设计和修建便桥及村庄设施，促进香港和内地的沟通，改善内地偏远、贫困农村的生活环境，启发社会尊重、欣赏和保护地方文化。

2015年，无止桥慈善基金与香港大学、重庆大学团队合作，在青灵村进行乡村建设实践项目，并通过社会募集的途径取得了香港九龙仓集团的项目资金赞助。重庆大学团队的成员主要来自建筑、规划、景观以及其他与工程相关的工科专业，主要提供工程、建设相关的技术支持；香港大学团队的成员则更加多元化，除建筑外，还涉及公共卫生、机械等各个专业。高校团队内的人员会按照其兴趣以及专业特长划分为若干个不同职能的小组，例如后勤、建设、民生走访、医疗、教育等。

在青灵村实践中，起到社区协调作用的人有很多，除了村两委，还有村中热心社区发展的村民、乡村精英等。高校团队兼项目组织、项目监督、设计与实施等多种职能。项目中各参与方所承担的责任与权利有投资、行政管理、项目组织、项目监督、社区协调、设计、实施、使用受益等（图10.8）。

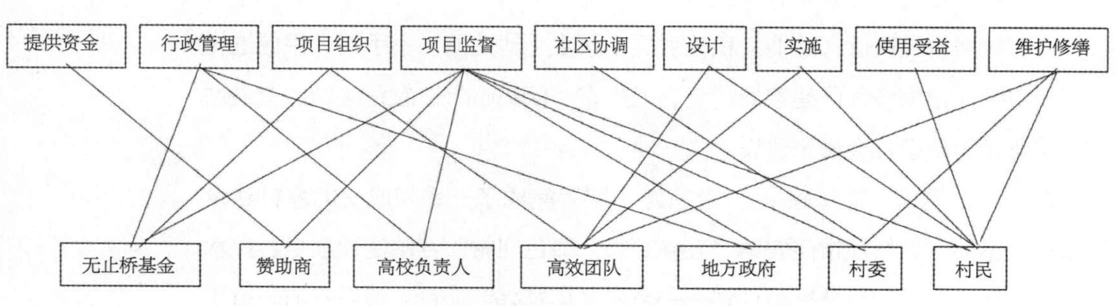

图10.8 青灵村实践合作机制

图片来源：王凌云．当代乡村营建策略与实践研究——以重庆青灵村建设为例[D].重庆大学，2016.

2. 青灵村项目实践过程及效果

（1）实地调研，确定目标

团队深入乡村，通过实地调研、走访农户及学校、与政府积极沟通等，了解到青灵村的现状以及村民的需求等。结合乡村实际情况与高校学生自身的能力，制定了两项工作目标：一、满足村民最迫切的需求，修建沟通万家沟两岸的桥梁；二、改善青灵小学教学条件及环境。团队依照这两项目标制定详细的工作计划，并多次实地勘察、与村民沟通、听取意见，论证项目的可行性，不断修正设计，完善工作计划，使之更加切合乡村的实际情况，以保障建设的顺利开展和项目投入使用的有效性。

（2）一桥的设计与建造

桥址选择在河流下游两支流交汇处河岸较平直、河床宽度较小的地方。团队对现场进行了地质地形勘察与测绘并进行了初步的桥体设计，通过就地取材、现场手工搭建完成一座“网箱型”人行便桥。桥架采用钢结构，坚固耐久，适宜手工搭建。出于对耐久性的考虑，桥面板选用钢板网替代传统网箱桥的竹夹板，网箱桥的基础与桥墩由镀锌钢丝网编制成，其内部由取材于当地的毛石块填充（图 10.9）。

此种构造设计便于志愿者和村民协力参与，并使村民通过参与搭建学习建

图 10.9　青灵村一桥建造过程

图片来源：王凌云 . 当代乡村营建策略与实践研究——以重庆青灵村建设为例 [D]. 重庆大学，2016.

桥的技术，以便未来对桥体进行维护和修理，同时让村民参与自身社区的建设中来。通过与村民的合作建设，团队与村民建立起了良好的默契和友谊，赢得了村民的认可和信任。

（3）北桥建造及小学改造

青灵村北桥所在位置河道较窄、水流较急，桥梁设计采用钢材简支的形式，支撑在两岸的毛石混凝土桥墩上。北桥的建造也是在高校团队以及村民的协力合作下逐步完成的。

对于青灵小学的改造涉及校园建筑环境改善以及儿童卫生意识培养两方面。团队志愿者趁暑假时间对教室的室内墙面进行了重新粉刷，利用闲置的教室布置出一间活动室，摆放通过社会募捐到的图书、学习用具、益智玩具等；对小学卫生间的设施进行改造，设计安装了通水系统和通风百叶，并向小学生传授环保知识以及卫生习惯。

（4）项目后期实践

项目 2015 年后的实践包括凉亭修建、古庙复原与展示等，通过注重公共活动空间以及配套基础设施的乡村规划指导，为未来乡村的建设提供参考，另外通过一系列适用的基础设施建设完善乡村物质环境。

3. “青灵村实践”经验总结

青灵村实践改善了乡村的物质环境，增进了村民的凝聚力和发展家乡的信心，为青灵村注入了活力，高校团队也从中获得了宝贵的实践经验。通过两座桥的修建，联通了乡村主要的步行交通系统，保障了雨季村民的出行；通过对青灵村小学进行教室、图书室、休闲设施和卫生设施等的改善，提升了青灵小学的形象和环境；通过凉亭的建设，为村民提供了娱乐休闲聚会的场所，并保留了当地传统的建造技术；通过古寺复原、规划指导、民居记录等工作，记录了青灵村民值得骄傲的记忆和传统文化，并为乡村发展提供了建议；通过一系列基础设施的完善，进一步提升了乡村的生活水平。

无止桥团队在青灵村连续三年进行乡村营建，深入乡村，通过切身的、长期的调研和体会，充分了解乡村的现实情况以及所面临的问题。营建立足于对于乡村问题的深入挖掘，对村民生产生活习惯的尊重，保证了建设内容切合乡村实际，建设成果真实有效。正因如此，无止桥团队获得了村民的信任并逐步融入乡村，获得了良好的社区反响，这也是乡村营建工作得以顺利推进的基础。

四、专家团队推动下的社区参与——元阳阿者科村社区营造

1. 参与式设计的背景

云南红河哈尼族彝族自治州元阳县境内的哈尼梯田，是联合国教科文组织认可的世界文化景观遗产保护核心区。阿者科则是哈尼梯田世界遗产核心保护区内聚落空间形态较为成熟、传统风貌和传统景观延续较好、村寨传统要素保留较完整的村落之一。村落的“山林—水系—村落—梯田”四要素保存完整，传统文化空间——磨秋场、祭祀房等保存较为完整，传统民居蘑菇房也保存完好。传统的习俗有祭祀仪式、竹编制作、植物染织与民族服饰制作等（图 10.10、图 10.11）。

图 10.10　阿者科聚落环境

图片来源：范居正，范霄鹏．层镜之上——元阳哈尼族村寨阿者科．室内设计与装修，2020（5）：128-131.

图 10.11　阿者科蘑菇房民居

图片来源：范居正，范霄鹏．层镜之上——元阳哈尼族村寨阿者科．室内设计与装修，2020（5）：128-131.

2015 年昆明理工大学朱文良教授带领的团队先后编制了《元阳阿者科和牛倮普传统村落保护发展规划》和《元阳县阿者科村旅游规划》。在朱文良教授的引介下，非政府组织“伴城伴乡”启动了“关注阿者科计划”和“红米计划”。2017 年 6 月阿者科的基础市政设施施工基本完成，2018 年中山大学旅游学院保继刚教授团队进入，具体指导阿者科旅游产业的发展，元阳县陌上乡村旅游开发有限责任公司成立并开始了旅游营业。旅游收入实行公司和村民三七开，体现了“全民参与，人人受益”的原则。自 2018 年起“阿者科计划”将乡村振兴、传统村落保护、文旅融合发展、农耕技艺传承等四位一体同步发展，逐步使古老的村落焕发生机（图 10.12）。

图 10.12　阿者科旅游产业分红大会

图片来源：易世樱．专家团队主导的元阳阿者科传统村落社区营造．西南林业大学学报，2019（6）：29-37.

2. 社区营造的运作模式与机制

（1）专家团队发挥自身能动作用

专家团队改变了原有的保护发展方式，采用“驻地工作”模式，将工作场所直接移入村落。通过参与村“两委”会议和村民大会，收集村民对村落建设的真实意见，让村民真正成为公共决策主体，从而积极引导村民参与经营村落，提高村民政治参与能力与意识，建设出真正适合当地保护和发展的宜居乡村。

（2）原住居民的文化自信和参与主动性的激发

原住居民作为乡村的守护者、农耕梯田的耕作者、乡村的建设者、文化的继承者全程参与传统村落的保护发展，并充分发挥劳动者的智慧、能力和经验，成为传统村落产业可持续且健康发展必不可少的力量。元阳哈尼梯田及乡村聚落的参与式保护和传承促进了村民的深度参与，政府通过政策引导、活动参与、经济措施等激发出了村民的积极性、主动性和创造性。

（3）形成多方交流合作的互动机制

阿者科社区营造的成功得益于多方相互合作，政府引导、旅游企业管理、专家学者、规划师加入、NGO 帮扶、媒体宣传等多元主体在宣传、设计、建设、运营等板块中分工合作，解决了传统村落社区建设、经济发展、社会和谐等问题，完成了传统村落的保护与发展。

3. 社区营造的内容

参与阿者科社区营造的专家团队包含了对阿者科进行规划实施和改造蘑菇房的团队，开发民宿红米产业的非政府组织团队，经营阿者科乡村旅游业发展的团队等，致力于保护、发展阿者科的文化和经济，提升元阳梯田文化的品牌效力。

（1）原住居民意识形态引导和素质提升

通过引导村民使其提高对传统民居价值的认识进而理解和接受可持续发展的理念，保护好梯田和蘑菇房；通过引导和规约阿者科村乡村旅游，使其良性发展，培养本地居民参与旅游经营的主体性，增加居民的经济收入；通过改变政府发展思路，为政府提供传统民居的多种保护方法，不只整治外表更重视内部的功能改造和居住条件提升。

（2）传统文化创所营造

在阿者科社区环境整治施工过程中，考虑到祭祀房是村寨原始的祭祀场所，专家与政府沟通后决定将原先以混凝土材料改造的祭祀房恢复成以传统材料建造的祭祀房，对破坏村落传统风貌的鼓楼等加以改造。

（3）传统民居建筑改造及公共空间营造

通过“关注者客栈”项目尝试改造阿者科传统民居蘑菇房。改造成功的蘑菇房获得了当地村民的认可，并有效推动了对传统村落的活化保护。对寨门、路灯等进行设计和改造，以保持村落风貌的乡土性特征（图 10.13）。

（4）产业发展布局和产业方向引导

通过“原舍·阿者科”项目利用当地传统住宅等闲置资源，结合当地人文自然景观、生态环境本底及农林渔牧生产活动等进行适度整合改造和品质提升，为游客提供具有乡土风情特色的民风民俗体验场所，实现乡村农房的价值开发和经营增收。在实施乡村振兴目标的同时，盘活农村闲置农房资源、培植乡村新型业态。

通过“红米计划”引起社会对阿者科的关注。以红米为切入点，围绕红米价值挖掘与红米相关稻米文创产品设计与开发，通过阿者科红米的公益售卖筹资为阿者科做 15 件事，致力于传统村落的复兴行动。通过对世遗村落经济的振兴，哈尼文化的挖掘、乡村教育的关注，探索村落的可持续发展模式。

底层改造前　底层改造后：牛栏酒吧　底层改造后：卧室

二层改造前　二层哈尼文化空间的火塘　二层改造后：主卧

三层改造前：粮仓　三层改造后　三层改造后：通铺

图 10.13　阿者科蘑菇房改造效果

图片来源：易世樱 . 专家团队主导的元阳阿者科传统村落社区营造 . 西南林业大学学报，2019（6）：29-37.

〔思考题〕

对比公众参与乡村建设的几种模式，学习和分析各地公众参与乡村营建的典型案例，并思考设计师在其中的角色定位。

参考文献

专著

[1] 陈威．景观新农村：乡村景观规划理论与方法 [M]. 北京：中国电力出版社，2000.
[2] 梁雪．传统村镇实体环境设计 [M]. 天津：天津科学技术出版社，2001.
[3] 段进，季松等．城镇空间解析：太湖流域古镇空间结构与形态 [M]. 北京：中国建筑工业出版社，2002.
[4] 朱新山．乡村社会结构变动与组织重构 [M]. 上海：上海大学出版社，2004.
[5] 孙大章．中国民居研究 [M]. 北京：中国建筑工业出版社，2004.
[6] 张杰主编．村镇社区规划与设计 [M]. 北京：中国农业科学技术出版社，2007.
[7] 付军，蒋林树．乡村景观规划设计 [M]. 北京：中国农业出版社，2008.
[8] 王浩，唐晓岚，孙新旺，王婧．村落景观的特色与整合 [M]. 北京：中国林业出版社，2008.
[9] 杨大禹，朱良文．云南民居 [M]. 北京：中国建筑工业出版社，2009.
[10] 程建军．风水与建筑 [M]. 北京：中央编译出版社，2010.
[11] 顾小玲著．新农村景观设计艺术 [M]. 南京：东南大学出版社，2011.
[12] 朱莉，王忠义，李勋．农田景观构建指南 [M]. 北京：中国科学技术出版社，2014.
[13] 李明．美好乡村规划建设 [M]. 北京：中国建筑工业出版社，2014.
[14] 王军．西北民居 [M]. 北京：中国建筑工业出版社，2015.
[15] 孙君，王磊．中国乡村民居设计图集 夏湾村 [M]. 北京：中国轻工业出版社，2014.
[16] 赵之枫．传统村镇聚落空间解析 [M]. 北京：中国建筑工业出版社，2015.
[17] 宇振荣，李波．乡村生态景观建设理论与技术 [M]. 北京：中国环境出版社，2017.
[18] 张天柱，李国新．美丽乡村规划设计概论与案例分析 [M]. 北京：中国建材工业出版社，2017.
[19] 张晋石．乡村景观在风景园林中的意义 [M]. 北京：中国建筑工业出版社，2017.
[20] 罗德胤编著．传统村落从观念到实践 [M]. 北京：清华大学出版社，2017.
[21] 薛林平，潘曦，王鑫著．美丽乡愁 中国传统村落 [M]. 北京：中国建筑工业出版社，2017.
[22] 彭一刚．传统村镇聚落景观分析：第 2 版 [M]. 北京：中国建筑工业出版社，2018.
[23] 宁志中．中国乡村地理 [M]. 北京：中国建筑工业出版社，2019.
[24] 柳建．中国乡村建设系列丛书 把农村建设得更像农村 [M]. 南京：江苏凤凰科学技术出版社，2019.
[25] 孙君，廖星臣．农理 – 乡村建设实践与理论研究 [M]. 北京：中国轻工业出版社，2014.
[26] 孙君．农道 – 没有捷径可走的新农村之路 [M]. 北京：中国轻工业出版社，2011.
[27] 刘豪兴．农村社会学 [M]. 北京：中国人民大学出版社，2015.

学位论文

[1] 李蕊．中国传统村镇空间规划生态设计思维研究 [D]. 河北工业大学，2012.

[2] 张晓瑞．道教生态思想下的人居环境构建研究 [D]. 西安建筑科技大学，2012.

[3] 陈英瑾．乡村景观特征评估与规划 [D]. 清华大学，2012.

[4] 郭锐．基于自组织理论的传统村落当代更新模式研究 [D]. 华中科技大学，2013.

[5] 田银城．传统民居庭院类型的气候适应性初探 [D]. 西安建筑科技大学，2013.

[6] 李甜．陕北地域传统雨水利用智慧及其现代应用研究 [D]. 西安建筑科技大学，2015.

[7] 宁杰．合作治理：农村生态建设中的地方政府、ENGO 与农民 [D]. 华中师范大学，2015.

[8] 燕萌．地域文化视野下的陕南移民搬迁点建设研究 [D]. 西安建筑科技大学，2015.

[9] 李素珍．基于“美丽乡村”建设目标的新疆传统村落保护和发展研究 [D]. 湖南师范大学，2015.

[10] 薛恺强．新型城镇化下豫南地区村庄环境整治规划设计研究 [D]. 苏州科技大学，2016.

[11] 王凌云．当代乡村营建策略与实践研究 [D]. 重庆大学，2016.

[12] 徐敬瑶．社区参与视角下的传统村落活态保护研究 [D]. 昆明理工大学，2016.

[13] 余咪咪．新型城镇化背景下安康移民搬迁安置区营建模式及策略研究 [D]. 西安建筑科技大学，2017.

[14] 李赫竹．社区营造视野下的吉林省乡村聚落公共空间设计研究 [D]. 吉林建筑大学，2019.

[15] 蒙媛媛．淄博市蝴蝶峪村公共空间设计实践与研究 [D]. 山东工艺美术学院，2020.

[16] 胡春霞．袁家村：自组织视野下乡村营建模式研究 [D]. 西安建筑科技大学，2016.

[17] 王韬．村民主体认知视角下乡村聚落营建的策略与方法研究 [D][博士论文]. 浙江大学，2014.

期刊

[1] 卢兵友．典型农村景观生态工程建设效益分析：以山东省西单村为例 [J]. 自然资源学报，2001（1）：54-58.

[2] 王云才，刘滨谊．论中国乡村景观及乡村景观规划 [J]. 中国园林，2003（1）：56-59.

[3] 刘冠生．城市、城镇、农村、乡村概念的理解与使用问题 [J]. 山东理工大学学报（社会科学版），2005（1）：54-57.

[4] 李郇．自下而上：社会主义新农村建设规划的新特点 [J]. 城市规划，2008，252（12）：65-67.

[5] 闵宽洪，郁桐炳．浙江青田“稻鱼共生”系统发展的新模式：从传统田鱼生产到现代渔业文化产业 [J]. 中国渔业经济，2009，27（1）：25-28.

[6] 谢琳，罗必良．中国村落组织演进轨迹：由国家与社会视角 [J]. 改革，2010（10）：46-55.

[7] 戴帅，陆化普，程颖．上下结合的乡村规划模式研究 [J]. 规划师，2010，26（1）：16-20.

[8] 赵恒生. 浅谈焚烧秸秆的危害及解决问题的方法探索 [J]. 城市建设理论研究（电子版），2012（26）.

[9] 陈喆，周涵滔. 基于自组织理论的传统村落更新与新民居建设研究 [J]. 建筑学报，2012（4）：109-114.

[10] 蔡斯敏. 乡村治理变迁下的农村社会组织 [J]. 西北农林科技大学学报（社会科学版），2012，12（5）：115-119.

[11] 许岩，储若男. 浅析关中合院式民居建筑的历史沿革 [J]. 建筑遗产，2013（19）：245-245.

[12] 李大庆，赵光辉，刘腾飞. 宏村古水系工程的朴素生态思想探微 [J]. 四川建筑，2014，34（3）：14-15.

[13] 张萍，张明莉，李慧剑，张彩云. 冀东农村综合环境整治实施与规划指导 [J]. 城乡建设，2014（2）：33-34，4.

[14] 何峰，熊小丽，古仁刚，等. 南郑县秸秆综合利用调查及利用方向概述 [J]. 中国农业信息（上半月），2014（11）：136-136.

[15] 徐晓全. 新型社会组织参与乡村治理的机制与实践 [J]. 中国特色社会主义研究，2014（4）：86-89.

[16] 朱红霞. 乡村文化遗产保护现状及公众参与治理可行性初探：以山东、浙江乡村记忆工程为例 [J]. 城乡社会观察，2015：189-198.

[17] 陈建华. 社会组织参与美好乡村建设的路径探索：以安徽省合肥市包河区美好乡村建设为例 [J]. 安徽农业大学学报（社会科学版），2015，24（5）：8-12.

[18] 金巧巧，顾金土. 浅析美丽乡村环境治理中的公众参与 [J]. 辽宁农业科学，2015（6）：43-46.

[19] 边防，赵鹏军，张衔春，等. 新时期我国乡村规划农民公众参与模式研究 [J]. 现代城市研究，2015（4）：27-34.

[20] 吴祖泉. 建设主体视角的乡村建设思考 [J]. 城市规划，2015，39（11）：85-91.

[21] 张书函. 基于城市雨洪资源综合利用的“海绵城市”建设 [J]. 建设科技,2015（1）：26-28.

[22] 杨建辉，岳邦瑞. 响应水资源特征的多尺度陕北地域景观图式语言 [J]. 风景园林，2015（2）：74-79.

[23] 高茜，董亮. 党家村古村落空间形态研究 [J]. 西安建筑科技大学学报（社会科学版），2015（34）：78.

[24] 范霄鹏. 社会组织：乡村规划及乡村建设的基础 [J]. 西部人居环境学刊，2016，31（2）：18-22.

[25] 刘小蓓. 日本乡村景观保护公众参与的经验与启示 [J]. 世界农业，2016（4）：135-138.

[26] 王帅，陈忠暖. 现阶段我国乡村规划中公众参与问题分析及对策 [J]. 江苏城市规划，2016（1）：34-38.

[27] 李冰倩. 姜氏庄园外部空间环境分析 [J]. 建筑与文化 .2016（6）：39-40.

[28] 朱良文. 对贫困型传统民居维护改造的思考与探索：一幢哈尼族蘑菇房的维护改造实验 [J]. 新建筑，2016（4）：40-45.

[29] 焦雯珺. 全球重要农业文化遗产：浙江青田鱼稻共生系统 [J]. 中国农业大学学报，2017（10）：26-28.

[30] 镇列评，蔡佳琪，兰菁. 多元主体视角下我国参与式乡村规划模式比较研究 [J].

小城镇建设，2017（12）：38-43.

[31] 韩佳冰．社会组织参与乡村治理的机制研究：以湖北省建始县河水坪综合农协为例 [J]. 管理观察，2017（27）：75-77.

[32] 张晓瑞．道教生态思想下的人居环境构建 [J]. 中国道教，2017（6）：39-41.

[33] 张琳．旅游视角下的乡村景观特征及规划思考：以云南元阳阿者科村为例 [J]. 风景园林，2017（5）：87-93.

[34] 易世樱，徐海妙，齐君．专家团队主导的元阳阿者科传统村落社区营造 [J]. 西南林业大学学报（社会科学），2019，3（6）：29-37.

[35] 高巍，胡敏，靳晓娟．基于角色参与的当前我国乡村建设模式分析 [J]. 城市发展研究，2019，26（3）：21-27，32.

[36] 程海帆，张盼，朱良文．作为文化景观遗产的村落保护性改造试验：以红河哈尼梯田遗产区阿者科村为例 [J]. 住区，2019（5）：82-88.

[37]《常熟市海虞镇铁店弄村庄建设与环境整治规划》项目介绍 [J]. 江苏城市规划，2019（2）：12-15.

[38] 范居正，范霄鹏．层镜之上：元阳哈尼族村寨阿者科 [J]. 室内设计与装修，2020（5）：128-131.

[39] 王莹．楚雄州农村人居环境整治对策 [J]. 云南农业，2020（6）：28-32.

[40] 周庆华，刘涛．旅游介入下的乡村公共空间设计策略研究：以岳西县水畈村为例 [J]. 城市建筑，2020，17（1）：150-152.

[41] 付雪薇，管艳民，吴菲．美丽乡村建设背景下农村公共空间生态设计策略研究 [J]. 建材发展导向，2020，18（12）：31-33.

[42] 李莹．美丽乡村视野下乡村景观规划的原则策略研究 [J]. 大众文艺，2020（1）：76-77.

[43] 张溦，刘磊．乡村振兴背景下的乡村公共空间营造策略：以重庆北碚柏林村为例 [J]. 安徽农业科学，2020，48（10）：46-49.

[44] 刘芳荣．农村新型能源的开发与利用 [J]. 化工管理，2013（24）：202-202.

[45] 韦娜，王伟．西部山地乡村景观环境生态设计研究 [J]. 生态经济，2015，31（6）：195-199.

[46] 韦娜，刘加平，高源．陕南山地乡村生态民居设计实践 [J]. 四川建筑科学研究，2012，38（3）：255-259. DOI：10.3969/j.issn.1008-1933.2012.03.062.

[47] 黄金城．西部生土低技民居建筑的再生设计研究：以南疆新型石膏土坯墙结构房屋为例 [J]. 四川建筑科学研究，2010（3）：304-309.

会议论文

[1] 徐宁．艺术骨架、特色营村：苏南村庄特色整治的实践思考 [C]. 中国城市规划学会．多元与包容——2012 中国城市规划年会论文集（11. 小城镇与村庄规划）. 中国城市规划学会：中国城市规划学会，2012：728-748.

[2] 赵坤．生态文明乡村背景下的村庄环境整治规划：以山东省招远市为例 [C]. 中国环境科学学会 .2014 中国环境科学学会学术年会（第三章）. 中国环境科学学会：中国环境科学学会，2014：1215-1220.

[3] 蒋琳莉，张俊飚，何可．农业用资材废弃物资源回收利用行为研究——湖北省的经验数据 [C]// 北京农业经济学会学术年会 . 2014.